安哥拉山羊公羊

安哥拉山羊母羊

安哥拉山羊群体

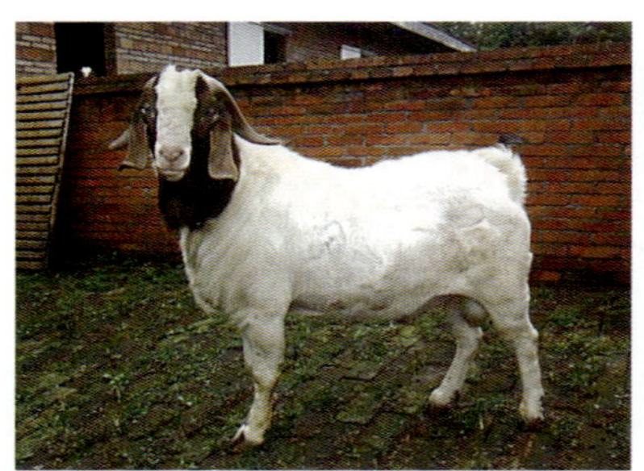
波尔山羊公羊

波尔山羊母羊

波尔山羊群体

黄淮山羊公羊

黄淮山羊母羊

黄淮山羊群体

辽宁绒山羊公羊

辽宁绒山羊母羊

辽宁绒山羊群体

马头山羊公羊

马头山羊母羊

马头山羊群体

萨能奶山羊公羊

萨能奶山羊母羊

萨能奶山羊群

长江三角洲白山羊公羊

长江三角洲白山羊母羊

长江三角洲白山羊群体

上海市新型职业农民培训系列教材

山羊养殖与经营管理

◎ 章伟建 刘 炜 主编

中国农业科学技术出版社

图书在版编目（CIP）数据

山羊养殖与经营管理 / 章伟建，刘炜主编 .—北京：中国农业科学技术出版社，2019. 10

ISBN 978-7-5116-4467-1

Ⅰ. ①山⋯ Ⅱ. ①章⋯②刘⋯ Ⅲ. ①山羊-饲养管理 Ⅳ. ①S827

中国版本图书馆 CIP 数据核字（2019）第 238687 号

责任编辑 白姗姗
责任校对 贾海霞

出 版 者 中国农业科学技术出版社
北京市中关村南大街 12 号 邮编：100081
电　　话 (010)82106638(编辑室) (010)82109702(发行部)
(010)82109709(读者服务部)
传　　真 (010)82106650
网　　址 http://www.castp.cn
经 销 者 各地新华书店
印 刷 者 北京富泰印刷有限责任公司
开　　本 850mm×1 168mm 1/32
印　　张 11. 375 彩插 8 面
字　　数 308 千字
版　　次 2019 年 10 月第 1 版 2019 年 10 月第 1 次印刷
定　　价 49. 80 元

《山羊养殖与经营管理》

编 委 会

主　　编： 章伟建　刘　炜

副 主 编： 薛　霞　卫龙兴　周志强　沈晓晖

编写人员： 章伟建　刘　炜　薛　霞　卫龙兴
林月霞　卢春光　成建忠　黄松明
周志强　王福泉　周　瑾　吴婷婷
张淑珍　李守富　沈晓晖

前　言

养羊历来是上海市郊区农民的主要副业之一，最兴旺时年饲养量达到100万只以上，主产于崇明、金山、青浦、奉贤、嘉定、闵行等地。近年来，随着上海市畜牧业产业结构的调整，养羊业也随之减少。与传统的生猪、奶牛、家禽等产业相比，养羊产业具有草食、污染少、产品中药物等残留低、高营养价值等特点，至今还保留了一席之地。据不完全统计，上海市现有山羊饲养20多万只，湖羊饲养近3万只。但这样的饲养规模，与上海每年100多万只的羊肉消费量相比，还有较大的供应缺口。特别是奉贤庄行镇还在每年的大伏天举办“羊肉节”，极大地促进了本地羊肉的消费。因此，在当前本市生猪业深受环境和疫情双重压力的窘况下，适度扩大现有养羊产业的规模和饲养水平，是一个值得思考的选择。

山羊是长江三角洲山羊，在上海一直作为畜牧业的主要补充产品，自21世纪初开始，上海的山羊产业，在政府的支持下，逐渐从个体分散饲养向规模化养殖转变，随着对新型职业农民的培育培训，涌现出了一批养羊专业合作社和龙头企业。其中，最有代表性的是崇明白山羊，不仅被确定为上海市畜禽遗传资源保护品种，建立了原种场，而且在规模化、标准化、信息化等建设方面，也取得了令人欣慰的成果。

为了进一步做好本市畜牧行业从业人员的培育培训工作，使培训更加精准、培育更加有的放矢，上海市动物疫病预防控制中心宣教科专门组织了本市多年从事养羊研究、教育、农民培训和服务的相关专家、学者及资深从业人员，结合本市山羊养殖的特点和规模，编写了适合于本市山羊养殖与经营的新型职业农民培育培训系列教材丛书——《山羊养殖与经营管理》。

本书共分9章，主要叙述了山羊的生活习性和生理特点，介绍了山羊的地方品种与特征，结合本市养殖场选址和布局，提出了羊舍的建设和设施设备配置方面要求。根据羊的种类和不同生长阶段，对饲养管理，饲料的配制、加工与调制提出了相应的建议和方法，对山羊的繁殖与配种、卫生保健及常见病防治提供了常见的治疗原则和技术要点。另外，从产业化经营的角度，还就山羊的屠宰与加工、羊场的经营与管理等提出了可行性建议。本书与其他学术性著作的区别在于：本书更加侧重于满足新型职业农民培育培训的需求，更加侧重于促进养羊专业合作社和龙头企业农商对接、农超对接的需要，为本市乡村振兴战略提供畜牧业方案。

在本书的编写过程中，作者广泛参阅和引用了现有的论著和成果，在此谨向有关学者和同行表示由衷的感谢！本书的编写，得到了上海市奉贤区动物疫病预防控制中心、崇明区动物疫病预防控制中心、金山区动物疫病预防控制中心、上海市农业科学院畜牧兽医研究所、上海市特种养殖业行业协会等单位的大力支持，得到了上海市动物疫病预防控制中心领导和同事的支持和帮助，在此一并表示诚挚的谢意！

由于编者的水平有限，书中难免有不妥之处，敬请同行及读者批评指正。

编者

2019 年 9 月

目　　录

第一章　品种与生活习性

第一节　品　　种

山羊是适应性强和地理分布较广泛的家畜，对自然条件有很强的适应能力，可在严寒、酷热等各种气候条件下繁衍生存。在人类居住的大部分地区，几乎都有山羊的分布。

一、地方品种及特征

我国山羊品种分布遍及全国，北自黑龙江，南至海南省，东到黄海边，西达青藏高原。由于各地自然条件相差悬殊，山羊经过多年自然选择和人工选育，逐步形成各地区具有不同遗传特点、体型、外貌特征和生产性能的品种。

1. 长江三角洲白山羊

长江三角洲白山羊属笔料毛型山羊地方品种。

(1) 产区及分布。中心产区位于江苏省东南部的南通市和盐城市，主要分布于长江三角洲地区的江苏省南通市、苏州市和镇江市，上海市崇明区，以及浙江省的嘉兴市等。

上海把产于崇明区的长江三角洲白山羊称为崇明白山羊。历史上白山羊随居民迁入岛上而进入崇明，经 1 000多年的自然选择而成现在的崇明白山羊种群。崇明岛的自然环境、社会经济等条件，尤其是耕作制度对崇明白山羊的形成产生较大

影响。

（2）体型外貌特征。长江三角洲白山羊全身毛色洁白，被毛紧密、柔软、富有光泽。公羊颈背及胸部背有长毛，大部分公羊额毛较长。皮肤呈白色。体格中等偏小，体躯呈长方形。头呈三角形，面微凹，耳向外上方伸展。公、母羊均有角，向后上方伸展，呈倒八字形；公母羊均有须。公羊背腰平直，前胸较发达，后躯较窄；母羊背腰微凹，前胸较窄，后躯较宽深。蹄壳坚实，呈乳黄色。尾短而上翘（表 1–1）。

表 1–1　长江三角洲白山羊体重和体尺

性别	体重（kg）	体高（cm）	体长（cm）	胸围（cm）	胸宽（cm）	胸深（cm）	管围（cm）
公	35. 9±3. 8	62. 3±3. 8	65. 4±3. 7	80. 9±3. 7	17. 4±2. 1	28. 9±2. 6	9. 0±1. 2
母	20. 0±3. 7	58. 4±3. 2	52. 1±3. 4	62. 2±4. 4	13. 0±1. 4	23. 0±1. 9	6. 3±0. 3

（3）生产性能。

产毛性能：长江三角洲白山羊所产笔料毛，主要是当年公羔颈脊部羊毛，挺直有锋、富有弹性，是制湖笔的优良原料，其中以三类毛中的细光锋最为名贵。长江三角洲白山羊笔料毛分类比例见表 1–2，单根笔料毛的特性见表 1–3。

表 1–2　长江三角洲白山羊笔料毛分类

性别	总产毛量（g）	拣出块毛率（%）	三类毛比例（%）	二类毛比例（%）	一类毛比例（%）
公	278. 1	59. 13	7. 06	19. 63	32. 44
羯	277	59. 28	0. 31	20. 93	38. 04
母	266. 5	60. 68	0	28. 97	31. 71
阉母	244. 8	61. 93	0. 09	28. 75	33. 09

表 1-3 长江三角洲白山羊单根笔料毛特性

类别	自然长度（cm）	伸直长度（cm）	细度（μm）	纤维强度（g）
中光锋	8.0±0.5	8.7±0.3	35.5±2.4	18.2±1.8
老光锋	12.5±0.6	12.8±0.4	42.2±3.2	26.4±2.1
透爪锋	8.5±0.3	8.7±0.3	41.4±3.3	24.8±2.3
盖尖锋	8.0±0.3	8.2±0.3	41.3±3.2	24.4±2.4
常盖锋	14.5±0.8	15.1±0.5	43.1±4.3	26.6±2.6
粗光锋	12.5±0.5	12.7±0.6	44.1±4.5	28.6±2.6
直锋	9.0±0.7	9.4±0.4	42.7±4.5	27.8±2.5
细光锋	10.5±0.6	10.8±0.5	44.4±5.1	28.6±2.6

产肉性能：长江三角洲白山羊周岁羊屠宰性能见表 1-4。

表 1-4 长江三角洲白山羊周岁羊屠宰性能

性别	宰前活重（kg）	胴体重（kg）	屠宰率（%）	净肉率（%）	肉骨比
公	21.2	10.1	47.6	39.4	4.8
母	14.2	6.0	42.3	34.4	4.4

繁殖性能：长江三角洲白山羊公、母羊均在 4~5 月龄性成熟，初配年龄公羊 7~8 月龄、母羊 5~6 月龄。母羊常年发情，发情多集中于春、秋季，发情周期 18.6 天，发情持续期 2.5 天，妊娠期 143.75 天；两年三产或一年两产，产羔率 230%，最高一胎产 6 羔。羔羊平均初生重 1.37kg、45~60 日龄断奶重 8kg 左右。

（4）饲养管理。长江三角洲白山羊以舍饲为主，冬季舍饲期补饲一定精料。管理粗放，羊舍简陋，小群户养。饲料来源主要是田间杂草和农作物秸秆。

2. 马头山羊

马头山羊属肉皮兼用型山羊地方品种。

（1）中心产区及分布。马头山羊产于湖南、湖北西部山区。中心产区为湖北省的郧西、房县、郧县、竹山、竹溪、巴东、建始等县以及湖南省的石门、芷江、新晃、慈利等县，陕西、四川河南与湖北、湖南接壤地区亦有分布。

（2）体型外貌特征。

外貌特征：马头山羊全身被毛绝大多数为白色，次为杂色、黑色、麻色。被毛粗短、有光泽，公羊被毛较母羊长。体质结实，结构匀称。头大小中等，公、母羊均无角，皆有胡须；眼睛较大而微鼓，公羊耳大下垂，母羊耳小直立。颈细长而扁平。体躯呈圆桶状，胸宽深，背腰平直，部分羊背脊较宽（俗称“双脊羊”），十字部高于鬐甲，尻稍倾斜，后躯发育良好。四肢坚实，蹄质坚硬、呈淡黄色或灰褐色。尾短小而上翘。

马头山羊成年羊体重和体尺见表1-5。

表1-5　马头山羊成年羊体重和体尺

性别	体重（kg）	体高（cm）	体长（cm）	胸围（cm）	胸宽（cm）	胸深（cm）
公	43.8±5.1	65.2±4.8	77.1±6.8	82.9±4.4	19.2±2.5	31.8±3.7
母	35.3±4.3	62.6±4.6	72.2±4.3	78.4±3.5	18.4±2.1	29.1±1.8

（3）生产性能。产肉性能马头山羊屠宰性能见表1-6。

表1-6　马头山羊周岁羊屠宰性能

性别	宰前活重（kg）	胴体重（kg）	屠宰率（%）	净肉率（%）
公	36.2±8.9	19.8±5.1	54.7±1.6	47.78±1.9
母	28.9±2.7	14.5±1.5	50.2±0.8	42.6±1.2

皮板品质：马头山羊皮板质地柔软、洁白、韧性强、弹性好、张幅大，平均面积 8 190cm^2、皮厚 0. 3mm。每张皮板可剖分为多层。

繁殖性能：马头山羊公、母羊 4~5 月龄性成熟，5~8 月龄初配。母羊常年发情，但多集中在春末与深秋配种；发情周期 17~21 天，发情持续期 48~86h，产后 18~42 天发情；妊娠期 143~154 天，产羔率 270%。初生重公羔 1. 8kg，母羔 1. 8kg；2 月龄断奶重公羔 13. 8kg，母羔 12. 4kg。羔羊断奶成活率 98%。

（4）饲养管理。马头山羊采食能力强、耐粗饲、易管理，春、夏、秋三季以放牧为主，冬季多为舍饲与放牧相结合。饲草有玉米秸秆、豆荚、干青草、菜叶、萝卜叶等，很少补喂精饲料。

3. 黄淮山羊

俗称槐山羊、安徽白山羊或徐淮白山羊，属皮肉兼用型山羊地方品种。

（1）中心产区及分布。黄淮山羊原产于黄淮平原，中心产区位于河南、安徽和江苏三省接壤地区，分布于河南省周口地区的沈丘、淮阳、项城、郸城等县（市）；安徽省北部的阜阳、宿县、亳州、淮北、滁州、六安、合肥、蚌埠、淮南等县（市）；江苏省的睢宁县、丰县、铜山区、邳州市和贾汪区等县（区、市）。

（2）体型外貌特征。

外貌特征：黄淮山羊被毛为白色，毛短、有丝光，绒毛少，肤色为粉红色。分有角、无角两个类型，具有颈长、腿长、腰身长的“三长”特征。体格中等，体躯呈长方形。头部额宽，面部微凹，眼大有神，耳小灵活，部分羊下颌有须。颈细长，背腰平直，胸深而宽，公羊前躯高于后躯。蹄质坚硬，呈蜡黄色。尾短、上翘。

体重和体尺：黄淮山羊成年羊体重和体尺见表 1-7。

表 1-7　黄淮山羊成年羊体重和体尺

性别	体重（kg）	体高（cm）	体长（cm）	胸围（cm）	胸宽（cm）	胸深（cm）
公	49. 1±2. 7	79. 4±2. 6	78. 0±3. 6	88. 6±3. 9	24. 3±1. 5	34. 2±1. 3
母	37. 8±7. 4	60. 3±4. 5	71. 9±6. 4	81. 4±6. 8	17. 9±2. 3	29. 2±2. 7

（3）生产性能。

板皮品质：黄淮山羊板皮品质好，以产优质汉口路山羊板皮著称，其中以河南省周口地区生产的槐皮质量最佳。黄淮山羊板皮呈浅黄色和棕黄色，俗称“蜡黄板”或“豆茬板”，油润光亮，有黑豆花纹，板质致密，毛孔细小而均匀，每张板皮可分 6~7 层，分层薄而不破碎，折叠无白痕，拉力强而柔软，韧性大且弹力强，是制作高级皮革“京羊革”和“苯胺革”的上等原料。

产肉性能：黄淮山羊周岁羊屠宰性能见表 1-8。

表 1-8　黄淮山羊周岁羊屠宰性能

性别	宰前活重（kg）	胴体重（kg）	屠宰率（%）	净肉重（kg）	净肉率（%）	肉骨比
公	18. 8±1. 51	9. 6±1. 12	51. 1±2. 00	6. 8±0. 76	36. 2±1. 57	2. 4±0. 25
母	26. 3±1. 76	13. 5±1. 88	51. 3±3. 85	9. 7±1. 44	36. 9±3. 04	2. 6±0. 25

繁殖性能：黄淮山羊公、母羊均为 2~3 月龄性成熟，初配年龄公羊 9~12 月龄、母羊 6~7 月龄。母羊四季发情，但以春、秋季发情较多，发情周期 18~20 天，发情持续期 1~3 天，妊娠期 145~150 天；一年产两胎或两年产三胎，产羔率 227%~239%，最高一胎可产 6 羔。公、母羔平均初生重 2. 6kg，羔羊 117 日龄断奶，断奶重公羔 8. 4kg、母羔 7. 1kg。羔羊断奶成活

率 96%。

(4) 饲养管理。黄淮山羊常年以圈养为主，青草季节有时放牧。规模羊场饲草以青贮玉米秸秆、粉碎麦秸为主并适当补充青绿饲草及蔬菜嫩叶。羔羊于 10 日龄开始训练采食饲草，直至 4 月龄。饲料有豆饼、玉米、麸皮、胡萝卜、白萝卜等。

4. 辽宁绒山羊

属绒肉兼用型绒山羊地方品种。

(1) 中心产区及分布。辽宁绒山羊主产于辽宁省东部山区及辽东半岛地区，主要分布于盖州、岫岩、本溪、凤城、宽甸、庄河、瓦房店、新宾、辽阳等县（市）。现已推广到内蒙古、陕西、新疆等 17 个省、自治区。

(2) 体型外貌特征。

外貌特征：辽宁绒山羊体质结实，结构匀称。被毛全白，外层有髓毛长而稀疏、无弯曲、有丝光，内层密生无髓毛、清晰可见。肤色为粉红色。头轻小，额顶有长毛，颌下有髯。公、母羊均有角，公羊角粗壮、发达，向后朝外侧呈螺旋式伸展；母羊多板角，稍向后上方翻转伸展，少数为麻花角。颈宽厚，颈肩结合良好。背腰平，后躯发达，四肢粗壮，坚实有力。尾短瘦，尾尖上翘。

体重和体尺：辽宁绒山羊体重和体尺见表 1-9。

表 1-9　辽宁绒山羊体重和体尺

性别	体重（kg）	体高（cm）	体长（cm）	胸围（cm）	胸宽（cm）	胸深（cm）
公	81. 7±4. 8	74. 0±4. 24	82. 1±5. 26	99. 6±5. 27	30. 5±2. 11	37. 65±2. 06
母	43. 2±2. 6	61. 8±3. 18	71. 5±1. 96	82. 8±3. 77	20. 95±1. 95	30. 95±1. 46

(3) 生产性能。

产绒性能：辽宁绒山羊成年羊产绒量及羊绒物理性状见

表1-10。

表 1-10　辽宁绒山羊成年羊产绒量及羊绒物理性状

性别	产绒量（g）	绒自然长度（cm）	绒伸直长度（cm）	绒细度（μm）	净绒率（%）
公	1 368±193	6. 8	9. 3±1. 7	16. 7±0. 9	74. 77±8. 15
母	641±145	6. 3	8. 3±1. 2	15. 5±0. 77	79. 20±7. 95

产肉性能：据辽宁绒山羊原种场测定，12 月龄公羊宰前活重 25. 00kg，胴体重 11. 25kg，屠宰率 45%，净肉率 36. 04%，肉骨比 4. 02；12 月龄母羊宰前活重 25. 67kg，胴体重 11. 04kg，屠宰率 43. 01%，净肉率 30. 78%，肉骨比 3. 11。

繁殖性能：公、母羊 5~7 月龄性成熟，15~18 月龄初配。母羊常年发情，多集中在 10 月下旬至 12 月中旬，发情周期 17~20 天，发情持续期 24~48h，妊娠期 147~152 天，产羔率 115%。羔羊初生重公羔 3. 05kg，母羔 2. 86kg；羔羊成活率 96. 5%。

（4）饲养管理。辽宁绒山羊已经由传统的放牧饲养，逐步转变为半舍饲的饲养方式。夏、秋季节牧草灌木生长茂盛，以放牧为主、补饲为辅；冬、春季节则以补饲为主、放牧为辅。封山育林地区，实行全年舍饲。精饲料主要有玉米、豆粕、麦麸、稻糠，粗饲料有玉米秸、草粉、豆秸、青干草、干树叶等，青绿饲料包括块根、块茎、青贮饲料、苜蓿草等。

二、引进品种及特征

1. 萨能奶山羊

乳用山羊品种。

（1）原产地与引入历史。萨能奶山羊原产于气候凉爽、干燥的瑞士伯尔尼西部柏龙县的萨能山谷，地处阿尔卑斯山区，产区地势较高、清泉遍布、草地丰茂，适合奶山羊的繁育。

1904 年由德国传教士及其侨民将萨能奶山羊带入我国。1932 年我国又从加拿大大量引进萨能奶山羊，最初饲养在河北省定县，1936 年和 1938 年两次从瑞士引进萨能奶山羊，在西北农学院（今西北农林科技大学）建立萨能奶山羊繁育场。经过多年的选育，该地区的萨能奶山羊成为适应我国农区条件下的高产奶羊群体，1985 定名为“西农萨能奶山羊”。

（2）体型外貌特征。萨能奶山羊全身被毛为白色短毛，皮肤呈粉红色，具有奶畜典型的“楔形”体型。体格高大，结构紧凑，体型匀称，体质结实。具有头长、颈长、体长、腿长的特点。额宽，鼻直，耳薄长，眼大突出。多数羊无角，有的羊有肉垂。公羊颈部粗壮，前胸开阔，尻部发育好，部分羊肩、背及股部生有少量长毛；母羊胸部丰满，背腰平直，腹大而不下垂，后躯发达，尻稍倾斜，乳房基部宽广、附着良好、质地柔软，乳头大小适中。公、母羊四肢端正，蹄质坚实、呈蜡黄色。

（3）生产性能。

体重和体尺：萨能奶山羊成年羊体重公羊 75~95kg，母羊 55~70kg；成年羊体高公羊 80~90cm，母羊 70~78cm。

产奶性能：萨能奶山羊泌乳性能好，乳汁质量高，泌乳期一般为 8~10 个月，以第三四胎泌乳量最高，年产奶 600~1 200kg，最高个体产奶记录 3 430kg。乳脂率 3. 8%~4. 0%，乳蛋白含量 3. 3%。

繁殖性能：萨能奶山羊性成熟早为 2~4 月龄，初配时间为 8~9 月龄。母羊发情周期 20 天，发情持续期 30h，妊娠期 150 天。繁殖率高，产羔率 200%左右。羔羊初生重公羔 3. 5kg，母羔 3. 0kg；断奶重公羔 30. 0kg，母羔 20. 0kg；周岁重公羊 50. 0~60. 0kg，母羊 40. 0~45. 0kg。

（4）推广利用情况。萨能奶山羊是世界公认的最优秀的奶山羊品种。目前，除气候极为酷热或严寒的地区外，世界各国几乎均有分布。在我国的平原、丘陵地区均可饲养，适应性强。该品种用作改良父本效果十分显著，在西农萨能奶山羊、关中奶山羊、崂山奶山羊及文登奶山羊等品种的培育过程中发挥了重要作用，并为全国许多省、自治区提供种羊万余只，建成 29 个基地县。

2. 安哥拉山羊

毛用山羊品种。

（1）原产地与引入历史。安哥拉山羊原产于土耳其首都安卡拉（旧称安哥拉）周围，中心产区为气候干燥、土壤瘠薄、牧草稀疏的安纳托利亚高原。

1985 年我国首次引入 20 只安哥拉山羊（8 只公羊，12 只母羊），繁育在陕北米脂县，随后内蒙古、河南、青海、山西等 12 个省、自治区陆续引进该品种羊，并与当地山羊进行杂交，取得较好效果。后因“马海毛”市场疲软，纯种羊数量逐渐减少，目前约有纯种羊 3 000只。

（2）体型外貌特征。安哥拉山羊全身被毛为白色，由波浪形或螺旋状的毛辫组成，较长者垂至地面，具美观的绢丝光泽。公、母羊均有白色扁平角，公羊角大、角间距宽，向后、向外、尖端向上弯曲；母羊角比公羊角捻曲显著，尖端下弯。颜面平直，头轻而干燥，颌下有须，耳大、稍下垂，嘴端或耳缘有深色斑点，颈部细短。体格中等，背腰平直，体躯稍长。四肢端正，蹄质坚实。为短瘦尾。

（3）生产性能。

产毛性能：安哥拉山羊被毛由两型毛和无髓毛组成。一年剪毛多为一次，产毛量 3 岁公羊（3. 6±1. 14）kg，5 岁公羊（4. 4±0. 40）kg；3 岁母羊（3. 1 ± 0. 07）kg，5 岁母羊（3. 2 ± 0. 07）kg。羊毛自然长度 13～16cm，最长可达 50cm；伸直长度成年公

羊（19.6±2.63）cm，成年母羊（18.2±2.33）cm。羊毛细度成年公羊（34.5±2.81）μm，成年母羊（34.1±3.18）μm。相当于50~48支，属同质半细毛。净毛率公羊65%、母羊80%。

繁殖性能：性成熟较晚，公、母羊初配年龄一般为18月龄。每年8—10月是母羊发情配种的高峰期，发情周期17.9天，发情持续期44.7h；母羊妊娠期（149.95±1.99）天，产羔率160%，其中第一胎151%、第二胎158%、第三胎175%。

（4）推广利用情况。1985后我国数次引进安哥拉山羊，与当地山羊杂交，杂交改良效果明显，并出现大批杂种后代。进入20世纪90年代后，由于市场疲软、产品滞销，影响了杂交改良工作的进展。

3. 波尔山羊

肉用山羊品种，以体型大、增重快、产肉多、耐粗饲而著称。

（1）原产地与引入历史。波尔山羊是由南非培育的肉用型山羊品种，1995年1月我国首次从德国引进25只波尔山羊，分别饲养在陕西省和江苏省。通过适应性饲养和纯繁后，逐步向四川、北京、山东等省、直辖市推广。1997年以后又陆续引入该品种羊，2005年后在我国山羊主产区均有分布。

（2）体型外貌特征。波尔山羊体躯为白色，头、耳和颈部为浅红色至深红色，但不超过肩部，广流星（前额及鼻梁部有一条较宽的白色）明显。体质结实，体格大，结构匀称。额突，眼大，鼻呈鹰钩状，耳长而大、宽阔下垂。公羊角粗大，向后、向外弯曲；母羊角细而直立。颈粗壮，胸深而宽，体躯深而宽阔、呈圆桶状，肋骨开张良好，背部宽阔而平直，腹部紧凑，臀部和腿部肌肉丰满。尾平直，尾根粗、上翘。四肢端正，蹄壳坚实、呈黑色。

（3）生产性能。

肉用性能：波尔山羊周岁体重公羊50~70kg，母羊45~

65kg；成年体重公羊 90~130kg，母羊 60~90kg。

肉用性能好，屠宰率 8~10 月龄 48%，周岁 50%，2 岁 52%，3 岁 54%，4 岁时达 56%~60%。其胴体瘦而不干，肉厚而不肥，色泽纯正。

繁殖性能：母羊 5~6 月龄性成熟，初配年龄为 7~8 月龄。在良好的饲养条件下，母羊可以全年发情，发情周期 18~21 天，发情持续期 37.4h；妊娠期 148 天，产羔率 193%~225%；护仔性强，泌乳性能好。羔羊初生重 3~4kg；断奶重 20~25kg；7 月龄体重公羊 40~50kg，母羊 35~45kg。

（4）推广利用情况。从 1995 年开始，我国先后从德国、南非、澳大利亚和新西兰等国引入波尔山羊数千只，分布在陕西、江苏、四川等 20 多个省、自治区、直辖市。种羊引入后，各地采取加强饲养管理、采用繁殖技术，加快了扩繁速度，使其迅速发展。同时，用波尔山羊对当地山羊进行杂交改良，产肉性能明显提高，效果显著。

三、培育品种及特征

1. 关中奶山羊

我国培育的优良乳用山羊品种，由西北农业大学（今西北农林科技大学）和陕西省各基地县畜牧技术部门共同培育。

（1）产区和分布。关中奶山羊主产于陕西关中地区的富平、三原和泾阳等县，主要分布于渭南、咸阳、宝鸡、西安市等市各县（区）。关中奶山羊是从 20 世纪 30 年代起，利用萨能奶山羊同当地山羊进行杂交，经过长期繁育和有计划选育形成的。品种育成与当地优越的自然生态条件、丰富的饲草饲料资源和群众的精心饲养管理有密切关系。1990 年通过国家畜禽品种验收鉴定，并正式命名。

（2）体型外貌特征。

外貌特征：关中奶山羊体质结实，乳用体型明显。毛短色白，皮肤为粉红色。头长，额宽，眼大，耳长，鼻直，嘴齐。部分羊体躯、唇、鼻及乳房皮肤有大小不等的黑斑。有的羊有角、额毛、肉垂。公羊头颈长，胸宽深。母羊背腰长而平直，腹大、不下垂，尻部宽长、倾斜适度；乳房大、多呈方圆形、质地柔软，乳头大小适中。公、母羊四肢结实、肢势端正，蹄质坚实。

体重和体尺：关中奶山羊成年羊体重和体尺见表1-11。

表1-11　关中奶山羊成年羊体重和体尺

性别	体重（kg）	体高（cm）	体长（cm）	胸围（cm）
公	66. 5±20. 4	87. 2±7. 8	87. 3±8. 5	99. 0±12. 1
母	56. 4±9. 9	75. 0±4. 3	78. 9±5. 9	94. 2±6. 5

（3）生产性能。

产奶性能：据测定，74只关中奶山羊年产奶量平均为684kg，其泌乳性能以二、三、四胎产奶量最高，鲜奶乳脂率4. 1%。关中奶山羊鲜奶的化学成分见表1-12。

表1-12　关中奶山羊年产奶量及鲜乳成分

只数	产奶量（kg）	水分（%）	干物质（%）	粗蛋白（%）	粗脂肪（%）	乳糖（%）	其他（%）
74	684. 4	87. 2	12. 8	3. 35	4. 12	4. 31	0. 02

产肉性能：关中奶山羊屠宰性能见表1-13。

表1-13　关中奶山羊屠宰性能

性别	宰前活重（kg）	屠宰率（%）	净肉率（%）	肉骨比
公	34. 3	53. 3	39. 5	4. 1
母	34. 6	51. 6	37. 4	3. 9

繁殖性能：关中奶山羊 5~8 月龄性成熟，公羊 8 月龄左右、母羊 6~9 月龄为初配年龄。母羊发情周期 20 天，发情持续期 30h，妊娠期 50 天，产羔率 188%。

公羔初生重 3. 7kg，1 月龄断奶重 9. 5kg，平均日增重 200g；母羔初生重 3. 3kg，1 月龄断奶重 8. 5kg，平均日增重 200g。羔羊断奶成活率 96. 9%。

（4）推广利用情况。关中奶山羊体质结实、乳用体型明显，产奶性能好、抗病力强、耐粗饲、易管理、适应性广、肉质结实，是我国优良的乳用山羊品种。20 余年来关中奶山羊存栏数逐年上升，由 1981 年的 61. 36 万只增加到 2006 年的 129. 4 万只。建立了陕西中北富平关中奶山羊原种场、淳化奶山羊良种繁殖场等，现实行活体保种。关中奶山羊目前已经推广到全国各地，每年推广种羊近 10 万只，对全国各自然生态环境条件表现出广泛的适应性。

2. 南江黄羊

是我国培育的肉用型山羊品种。

（1）产区和分布。2005 年共存栏南江黄羊 52. 94 万只，其中南江县 31. 95 万只、通江县 10. 46 万只、巴州区 8. 14 万只、平昌县 2. 39 万只。

培育过程：于 20 世纪 60 年代开始，以努比山羊、成都麻羊为父本，南江县本地山羊、金堂黑山羊为母本，采用复杂杂交育成。

（2）体型外貌特征。

外貌特征：南江黄羊被毛呈黄褐色，毛短、紧贴皮肤、富有光泽，面部多呈黑色，鼻梁两侧有一条浅黄色条纹。公羊从头顶部至尾根沿背脊有一条宽窄不等的黑色毛带；前胸、颈、肩和四肢上端着生黑而长的粗毛。公、母羊大多数有角，头较大，耳长大，部分羊耳微下垂，颈较粗。体格高大，背腰平直，后躯丰满，体躯近似圆桶形。四肢粗壮。

体重和体尺：南江黄羊体重和体尺见表 1-14。

表 1-14　南江黄羊各年龄段的体重和体尺

性别	年龄	体重（kg）	体长（cm）	体高（cm）	胸围（cm）
公	6 月龄	27.83±2.53	63.33±2.12	60.75±2.17	69.60±2.56
	周岁	37.72±2.04	69.40±2.37	66.40±2.14	77.03±2.56
	成年	67.07±4.91	82.65±3.28	76.55±2.78	93.03±2.57
母	6 月龄	22.84±2.34	58.16±3.38	55.14±2.66	64.89±2.96
	周岁	30.75±1.99	64.34±2.35	61.80±2.39	72.91±2.95
	成年	45.60±3.69	72.15±3.12	66.05±2.83	82.67±3.14

（3）生产性能。

产肉性能：在放牧条件下，南江黄羊 6 月龄羊宰前体重（21.55±2.58）kg，胴体重（9.71±4.43）kg，净肉重（7.09±1.21）kg，屠宰率 45.06%±1.21%；12 月龄羊为宰前体重（30.78±3.22）kg，胴体重（15.04±2.09）kg，净肉重(11.13±1.67）kg，屠宰率 48.86%±1.41%；成年羊宰前体重（50.45±8.38）kg，胴体重（28.18±5.00）kg，净肉重（21.91±4.46）kg，屠宰率 55.86%±3.70%。其羊肉细嫩多汁、膻味轻、口感好。

羊皮品质：南江黄羊皮板致密，坚韧性好，富有弹性，抗张强度高（42.05N/mm），延伸率大（16.4%）、板皮面积大，周岁羊6 593cm²、成年羊8 842cm²，是皮革工业的优质原料。

繁殖性能：南江黄羊母羊常年发情，8 月龄时可配种，年产两胎或两年产三胎，双羔率达 70%以上，多羔率 13%，平均产羔率 205.42%。

（4）推广利用情况。南江黄羊具有体格大、生长发育快、四季发情、繁殖率高、泌乳力好、抗病力强、适应能力强、产肉率高、板皮品质好、杂交改良效果好等特性。自育成以来，已累计向全国25个省、自治区、直辖市推广种羊10万余只，从杂交效果看，杂种一代周岁羊体重比地方山羊提高23.3%~67.8%，成年羊体重提高43.5%~63.8%，效果明显，经济效益显著。

第二节　生活习性

山羊属偶蹄目牛科羊亚科动物，是最早被人类驯化的家畜之一。最初家养山羊由野山羊驯养、选育而成，所以仍然保持着其祖先的许多习性，具有繁殖率高、适应性强、易管理等特点。中国饲养历史悠久，早在夏商时期就有文字记载，是世界上山羊品种资源最为丰富的国家，共有40余种，分布地区广，遍及全国。

一、集群觅食性

山羊是草食动物，能采食600多种植物。牧草、作物秸秆、菜叶、果皮、藤蔓、农副产品等均可采食，但不爱吃有刺毛或带有蜡脂的草。山羊具有长、尖、薄而灵活的嘴唇，上唇中央有一纵沟，运动自如，下颚有4对切齿，稍向外弓，齿利舌灵，十分有利于采食地面矮草、灌木嫩枝，适应在各种牧地放牧。山羊的合群性比较强，容易建立群体架构，常3~5只或数十只成群结队生活。在其自然群体中，头羊一般由年龄较大、后代较多的母羊担任，可以混合组群，但在采食牧草时，彼此分成不同的小群，很少均匀地混群采食。在日常饲养管理过程中，合理利用其集群行为，可以节约大量的人力和物力，也为羊只的转场提供便利。同时，有利于形成竞争采食，增加羊群的整体采食量，促进生长。但需注意少数羊一旦受惊跑动，其他羊只也会狂奔，管理上应该注意预防。

二、早熟多胎性

山羊性成熟早，妊娠期为 5 个月，一些地方品种周岁时即可分娩生成第一胎。多数山羊可两年三胎甚至一年两胎。有些品种繁殖率高，每胎能产 2~3 只，产羔率高达 250%~300%。山羊的母性较强，分娩后母羊会舔干羔羊体表的羊水，并熟悉羔羊的气味，母仔关系一经建立就比较牢固，羔羊平时自由玩耍，需哺乳时才主动寻找母羊，母羊通过叫声来表现攻击或躲避行为。

三、喜干恶湿

山羊喜高燥、恶潮湿，适宜居住在干燥凉爽的山区或者干燥、向阳和空气流通的羊舍。山羊有高度发达的嗅觉，喜欢饮清洁的水，吃干净的草。遇到草料霉变，被粪尿污染，或者被自己践踏过的饲草，宁愿忍饥受渴也不采食。在羊舍选址时应选择干燥地区建场。羊舍修建时，羊床要高出地面 1m 左右。在潮湿的环境下，易发生寄生虫病和腐蹄病。在饲养管理上，平时尽量不要在低洼潮湿地放牧，避免雾露雨淋，喂给洁净的草料和清水，少给勤添，食槽经常清扫，以保证羊只健康。

四、喜动爱攀登

山羊行动敏捷，喜好攀登，在山区的陡坡和悬崖上也能够行动自如，甚至攀登上其他畜种无法达到的悬崖峭壁。当高处有喜吃的牧草和树叶时，能将其前肢攀在岩石或树干上，后肢直立去采食，因此可以充分利用山羊这一特性使用其他畜种难以使用的草场放牧，从而扩大草地资源的利用范围。

五、鸣叫行为

通常人们认为山羊的叫声就是“咩咩”，但是不同时期，它

们的鸣叫声的长短和间歇也会变化。

（1）肚子饿了鸣叫。跟所有动物都一样，羊儿在饭点时肯定会叫，叫声一般偏长，声音不高不低。

（2）母仔分离时鸣叫。在羊群中，母仔分离后，母羊找羊仔的鸣叫是较长声带点喉音（咩—喀—咩），当羊仔找到妈妈后，母羊叫声短而轻柔，舔羔羊，羔羊一边找母奶，一边轻柔、亲和地（嗯—嗯）短叫一两声。

（3）发情过程中鸣叫。发情过程中鸣叫声是变化的，发情开始几个小时内是（咩—）尖叫，叫声长。发情 10h（中期）则叫声渐短，且尾声越低沉（咩—哎），到接近排卵期，叫声短促（咩喀、咩喀）。

（4）山羊肚腹疼痛时鸣叫。山羊肚腹疼痛时鸣叫往往是忧郁低沉（嗯—嗯）无力的叫声。

（5）临产前、产出后鸣叫。临产前，母羊“咩—咩”尖叫，产出后叫声短促、低频，边用舌头舔羔羊，边发出“嗯、嗯”的叫声。

（6）见到陌生人会鸣叫。其实就是害怕的叫声，带点试探，叫声一下快、一下慢。

第三节　生态适应性

一、山羊的生态适应能力

山羊对外界各种气候条件具有良好的适应性，能在良好的条件下生长，亦能在恶劣的环境中生存，分布范围极为广泛，具有耐粗饲、耐饥渴、耐炎热、耐严寒和抗灾度荒等能力，在极端恶劣的环境中，也有很强的生存能力。热带地区的山羊一般体型较小，毛短，无绒毛，易于散热；寒冷地区的山羊一般体型较大，

被毛较长，长有大量绒毛，利于保温。

二、体温调节能力与特点

山羊是恒温动物，调节体温能力强，适生范围广。在不同的环境温度下，山羊为保持体温的相对稳定，进行着各种方式的生理调节。当环境温度下降时，山羊的维持消耗增加，通过提高代谢率来维持体温；当环境温度上升时，山羊的维持消耗需要减少，通过减少采食、动用一切方式散热以及躺卧休息等来维持体温。

从热带、亚热带到温带、寒带地区均有山羊分布，许多不适于饲养绵羊的地方，山羊都能很好地生长。山羊能忍受缺水和高温，较好地适应沙漠地区的生活环境，这说明山羊调节体温、适应环境的能力是很强的。热带地区的山羊一般体型较小，毛短，无绒毛，易于散热；寒冷地区的山羊一般体型较大，被毛较长，长有大量绒毛，利于保温。

山羊的体温只有保持在适度范围内（38.5~39.7℃），才能进行正常的生理活动。经实践发现，山羊最适宜的环境温度母羊为7~24℃，初生羔羊24~27℃，哺乳羔羊为5~21℃，羊舍或周围环境湿度以50%~70%为宜，适宜气流冬季应为0.1~0.2m/s，夏季应加大气流速度，冬季普通羊舍不能低于0℃，羔羊舍不能低于8℃，产房保持在10~18℃为宜。

三、消化吸收能力与特点

山羊是复胃家畜，具有容量较大的胃。饲喂的草料必须有一定的容积，才能让它吃饱，因而可以多喂青绿多汁的饲料。由于瘤胃中微生物的作用，羊不但能很好地采食粗饲料，而且能充分消化利用粗饲料。

四、抗病能力与特点

山羊整体上有较强的抗病力，但是因为品种不同使其抗病力出现强弱之分。一般来说，粗毛山羊的抗病力比细毛羊和肉用品种要强，山羊抗病力比绵羊强。定期做好防疫和驱虫，给足草料和饮水，满足其营养需求，一般山羊较少生病。体况良好的山羊对疾病的耐受力较强，耐受较轻时一般不表现症状，有的甚至临死前还能勉强跟群吃草。因此，在放牧和舍饲管理中，必须细心观察，才能及时发现病羊。若等到羊只已停止采食或反刍时再进行治疗，效果往往不佳，还会对生产带来很大的损失。

五、生活适应能力与特点

山羊能在寒带、温带和热带生活，也能生活在山地、丘陵和平原以及农区、牧区和农牧交叉地区。比较耐饥寒和暑热，且对粗纤维含量较高的粗劣饲料消化利用能力较强，不仅能充分采食各类野草，还能采食灌木丛及树枝叶。能忍受自然放牧条件下营养上的四季变化，当夏、秋季节气候温暖、牧草丰盛时能利用放牧场地迅速抓膘，冬、春季节营养差则渐渐消瘦。其饲养管理相对方便，利用其较强的生活适应能力为降低饲养成本创造了条件。

第二章 羊舍建设与设施设备

我国地域宽阔，各地的地理环境和气候差异也较大，北方地区干燥寒冷和南方地区炎热多雨与潮湿多变的气候特点，对山羊养殖的环境条件提出了较高的要求，因此在建造羊舍时应充分考虑羊舍通风、保暖等要素，以满足规模养殖的要求，力求在规划布局、建筑结构及配套设施等方面予以完善。

第一节 场址选择与规划布局

一、场址选择

山羊养殖的场址选择首先应符合当地的土地利用规划，同时应根据养殖规模，对地势、地形、土质、水源及居民的分布与交通、电力等物资供应条件进行全面考虑，并在充分考虑羊场饲料、饲草供应条件的基础上，还要考虑当地的社会自然条件和羊的生活习性；归纳起来主要有以下 5 个方面。

1. 地势

首先地势要选择开阔、平坦高燥、背风向阳和阴凉通风的地方，且历史上应无水淹和发生疾病的记录，切忌在低洼涝地、水道和风口等处建场。

2. 交通

要求交通方便，以便饲料等投入品及产品的运输。但羊场应

离国道、省道500m以上，县道300m以上，乡村道路200m以上；同时应远离车站、码头、饮用水源和城镇居民居住区、公共场所等1 000m以上，且应远离高压电线，并有专用道路连接羊场和临近公路。

3. 防疫

羊场周边3 000m内应无大型工厂、采矿场、畜牧场、屠宰场、肉类加工厂和皮革厂等污染源，远离传染病和寄生虫疫区，且羊场周围建有围墙或防疫沟，并建有完善的绿化隔离带。

4. 水源

要求四季供水充足，水质良好，防止污染；最好是使用达标的自来水，如采用流动的河水、泉水或地下水作水源，须进行消毒和净化处理，以保证水中的固体物、硝酸盐和亚硝酸盐含量及致病菌总数符合卫生标准。

5. 饲草料资源

羊场建设应充分考虑饲草料等条件，在以舍饲为主的农区必须要有足够的饲草、饲料基地或优质便捷的饲草、饲料来源；而在以放牧为主的牧区则必须具有足够的放牧场和打草场。

二、规划布局

羊场的规划布局不仅应符合卫生防疫、生产流程及设施配套与美化环境等要求，而且还要充分考虑节约投资、资源利用、便于管理和劳动生产率的提高等要求，具体建设时应遵循以下原则。

1. 便于管理

羊舍及辅助建筑物不仅要合理配置，符合规划与发展的要求，而且还应方便管理，利于整体工作效率的提高，特别是在运输及水、电供应等系统的设置方面应力求便捷。

2. 利于防疫

羊场的整体布局应充分考虑周边环境和防疫要求，特别是当地的常年主导风向、水流、地势以及场内各区间的上下游关系。其最外围应设有围墙或防疫沟，各区间设隔离围栏或绿化带，出入口设消毒池或消毒通道，以利于疫病防控。

3. 符合作业流程

一般来说，规模化羊场主要分为生活区、生产区和隔离区三个功能区，其中生活区包括羊场行政管理及员工生活福利等建筑设施；生产区包括羊场羊舍及饲料贮存与加工调制等建筑设施；隔离区包括兽医室、隔离舍及无害化处理等建筑设施。

规划建设时，各区间应保持 30m 以上间隔距离，并设置隔离栏或隔离绿化带。各区的排列位置应遵循以人为本的原则，并根据当地主导风向、地势及社会接触的频发度，设上风口或地势最高处为生活区，然后依次为生产区和隔离区。羊舍的排列则依次为种公羊、种母羊、羔羊、后备羊和育肥羊等棚舍。

在具体布局安排时，生活区应安排在上风口和地势较高地段，并与生产区严格分开且保持一定距离；生产区在稍靠后位置，各羊舍（含运动场）之间应保持适当距离并尽量防止场外人员和车辆直接进入，以便防疫和防火安全，辅助设施位置要适中，且应离羊舍近一些，便于减少草料运送的强度；隔离区应设在下风口或地势稍低处，并应与生产区间隔 100m 以上，区内除隔离舍外，还应分别设有养殖粪污和病死羊的无害化处理设施，并按照生态循环的模式实现资源化利用。

4. 节省投资

羊场建设应充分利用丘陵、缓坡等非耕地，尽量少占用耕地，经济高效地利用土地。在羊舍建造时应就地取材，在降低造价和设备投资的同时，还应充分考虑施工方便和消防安全。

第二节　羊舍分类与建筑类型

一、羊舍分类

由于我国地势辽阔，南方和北方的气候差别也很大，因此羊舍的类型众多，但主要有3种分类方法。

1. 根据封闭程度分类

根据封闭程度，可把羊舍分为封闭式、开放式和棚舍三种类型。

封闭式羊舍的四壁完整，有较好的保暖性能，适合于寒冷地区；开放式羊舍为三面有墙，一面无墙或只有半墙，通风采光好，但保温性能较差，适合于较温暖地区；棚舍为只有屋顶而没有四壁，只能防雨和太阳辐射，适合于我国南方地区或牧区的放牧休息棚。

2. 根据建筑材料分类

根据不同的建筑材料，可把羊舍分为砖瓦结构、土木结构和木质结构3种。

砖瓦结构的羊舍为瓦盖顶、砖砌墙、四周设有门窗，舍内用水泥、木条、竹片等为板条材料架设离地羊床；土木结构的羊舍主要是利用空闲旧房改造而成，泥地台、草屋顶和土坯墙等简易结构是其主要特点，内设用当地木条制成的离地羊床；木质结构羊舍为全木构成，分为单列式和双列式两种。

3. 根据屋顶的形状分类

根据屋顶的形状，羊舍又可分为单坡式、双坡式、拱式、钟楼式、双折式、平屋顶等类型。

单坡式羊舍的跨度较小，自然采光好，投资较少，适合于小规模养羊；双坡式羊舍跨度大，有较大的实施安装空间，适合于

大型羊场使用，但造价较高。在寒冷地区，还可选用拱式、双折式、平屋顶等类型，在炎热地区可选用钟楼式羊舍。

二、羊舍建筑类型

羊舍建设主要是满足夏季防暑降温、通风良好，尽量缩小冬季舍内外温差的要求。

1. 双列半开放式羊舍

为双坡式屋顶结构，下设拼装式漏缝地板，便于定期清扫和消毒；漏缝地板下地面为斜坡式结构，便于清粪和冲洗；羊舍两侧为运动场。这类羊舍的特点是舍内环境控制较好，但造价较高。

2. 敞开式羊舍

为南方地区较多采用的一种羊舍，其三面有墙、一面无墙并向运动场敞开，有顶盖。其特点是有一定保温效果，通风、采光良好。

3. 凉棚式羊舍

也是南方地区较常用的一种羊舍，也可作为放牧羊群午休的场所。羊舍四周敞开，上有屋顶，四周只设置围栏。其特点是通风性能好，但只适应于特定的气候环境。

4. 楼式羊舍

适宜于炎热潮湿地区采用的羊舍结构，一般楼台为半开放式，双坡式屋顶，跨度 6m 左右，四面或南北二面墙高约 1.5m，圈底与地面距离 1.3~1.8m，漏缝地板间隙 1.5~2cm，漏缝地板下做成斜坡形的积粪面和排尿沟；运动场在羊舍南面，面积为羊舍 2~2.5 倍，围栏高 1.3m 左右，运动场内设置与敞开式羊舍相同，围栏外侧设置饲草栏。整栋羊舍的建筑材料可用砖、木板、木条、竹竿、竹片或金属等构建。

5. 吊楼式羊舍

为就近借助缓坡（坡度在20°左右）修建羊舍，一般羊舍距地面高度1.2m，成吊楼式双坡面屋顶，南北二面墙高1~1.3m、门宽1.5~2m，漏缝地板间隙1.5~2cm，羊舍南面设运动场，场内设置与敞开式羊舍相同。由于羊舍背依山坡，为防止雨水冲毁羊舍，应在羊舍背面修建排水沟，并保证山坡流水通畅。

第三节　羊舍建筑要求

一、环境要求

羊舍建筑应防热防潮、干燥通风、冬暖夏凉、光线充足、清粪便捷，羊舍周围应有树木遮阴，每栋羊舍前有1~2倍于羊舍面积的运动场，并间有高大落叶树木，以保证冬晒太阳、夏有阴凉。

二、羊床面积

羊床应尽可能选用离地高床，面积应较宽敞，以免羊感到拥挤，一般每头羊占有羊床面积为：种公羊2.0~2.8m^2、成年母羊0.8~1.0m^2、哺乳母羊1.8~2.0m^2（需小圈饲养）、后备（幼龄）公母羊0.5~0.6m^2、育肥羊0.7~0.8m^2。

三、羊舍高度

应根据存栏数量和羊舍类型来决定，一般单列单层羊舍檐高2.6~3m即可，双列单层羊舍可适当增加檐高至3.5m左右。

四、门窗设置

为保证羊舍内有充足阳光，羊舍窗户的有效透光面积应占羊

舍地面面积的8%以上，设置高度为离地面1.3~1.5m，并应确保材质坚固耐用；羊舍大门为外开式，宽高分别为2m×2.5m，以利人畜快速疏散和生产车辆的进出。

五、墙壁

用料应坚固耐用又具有防寒保暖功能；用材以红砖为主，但切不可使用石料砌墙；育成、育肥羊舍的朝阳面可砌成半墙或矮墙，以增加通风并防兽害。

六、屋顶

最好盖瓦或彩钢夹芯板，坡度可相对较小。若盖茅草等则应适当提高坡度，以防漏水。

七、地面

羊舍内的地面应高于舍外20~30cm，要求结实、平坦无裂缝，并有合理的集排水处理设施，一般使用6cm厚的混凝土浇制；走道不可太光滑，并从内到外有合理的排水坡度；高床栏下的地面和排水沟应力求光滑，并有一定的排水坡度，以利粪尿清除。

第四节　设施设备

一、主要生产设施

羊场的生产设施主要有栅栏及饲喂、青贮等设施。

1. 栅栏

主要是用于各类羊只的临时隔离，可选用钢管、钢筋、铁丝网、木板、木（竹）条等制成，包括母仔栏、羔羊补饲栏、分群栏、活动围栏等种类，一般高 1~1.2m，长度可根据需要制成 1.2m、1.5m、2.0m、3.0m 及以上等，并在栏的两侧或四角装有挂钩或插销等；折叠式围栏可用铰链连接，以方便使用。

（1）母仔栏。为便于母羊产羔和羔羊吃奶，可用两块栅栏（板）中间用铰链或插销连接而成，并成直角展开，另两端与羊舍墙角相连形成 1.2m×1.5m 的母仔栏，内可供一只母羊及其羔羊使用，一般羊场母仔栏的数量为母羊数的 10%~15%。

（2）羔羊补饲栏。主要用于羔羊的补饲；一般用多个栅栏、栅板或网栏在羊舍或补饲舍内靠墙围成一定面积的小栏，栏上设有小门供羔羊自由出入，内设羔羊专用的补食槽，而母羊则不能进入。

（3）分群栏。是由多块栅栏组合而成的宽度比羊体稍宽的通道，主要用于羊只鉴定、防疫注射、药浴驱虫等分群操作工作。一般通道的宽度比羊只稍宽、在入口处用围栏围成一进入口；出口处可用栅道设置 3~4 节活动门的羊圈，以利顺利分群和相关操作；也可将分群栏的中间通道扩大后用于放牧羊群的管理。

（4）称重笼。在普通地秤或小型地磅上用竹、木或钢筋制成一长 1.4m、宽 0.6m、高 1.0m 的长方形羊笼，两端安置活动门供羊进出；可用于各类羊只的称重。

2. 饲喂设施

主要有食槽、草架和饮水槽（器）三大类。

（1）食槽。用于饲喂羊的饲料、饲草、青贮或全混合饲料，主要有固定式和移动式两种。

①固定式食槽：适用于舍饲为主的羊场，主要有长方形和圆形两种，一般由砖和水泥砌成，并固定在羊舍或运动场内。

长方形食槽：一般每列羊栏设一列食槽并靠近走道一侧，槽口宽约 50cm、槽底稍窄呈半圆形，深 20~25cm、离地高度 40~

50cm。食槽长度按存栏羊只数量而定，一般成羊30cm/只、仔羊20cm/只；在靠近羊栏的一侧还应加装横向可调节的活动栅栏，间距大小依羊的大小和是否有角来灵活调节，以防止羊只进入食槽踩踏，确保食槽和饲料卫生。

圆形食槽：圆形食槽的中间砌成圆锥形，四周砌成一圆形槽，形状与长条形食槽基本相同，并同样应设有防止羊只进入的可调节横向栅栏；也可在槽的外沿砌一高50~70cm、可使羊头进入的带孔砖墙，以使羊只分散在食槽外周采食。

圆形食槽主要用于放牧场和运动场的补料。

②移动式食槽：包括长条形和悬挂式两种。

长条形食槽：长条形食槽主要用于冬春季舍饲妊娠母羊、泌乳母羊、羔羊、育成羊和病弱羊的补饲。常用厚木板或镀锌铁皮制成高50~70cm，尺寸视补饲羊只大小、数量而定。为防羊只踩踏和挤翻食槽，可在饲槽两端安装临时性可拆卸的固定架。

悬挂式饲槽：适合于断奶前羔羊补饲用，主要是将长方形食槽的两端木板加高至高出上檐约30cm，并在顶端各开一圆孔，用绳索从圆空中穿过后将食槽悬挂于羊舍补饲栏上方，离地高度以羔羊方便采食为准。

（2）草架。山羊具有爱清洁、喜食干净食物的特性，因此在山羊养殖时，利用草架喂养，可有效防止羊践踏草料，减少浪费。常用的草架有舍内饲喂的单面草篓和运动场用的双面草槽，其形状有三角形、U形、长方形。

单面草架一般用竹、木或铁丝编成，上口宽约55cm、底宽约25cm、深60cm，长度依羊数量而定，并依墙固定，隔栅距离为9~10cm或可放宽至15~20cm，以便羊头伸入。

双面草槽可有红砖和水泥砌成，一般底离地面约6cm，草槽内呈倒梯形，里边高约20cm、外边高约45cm，上口宽约40cm，底宽约25cm，一侧槽壁呈瓦坡形，槽的一端底角留有小孔，以利洗刷；也可按单面草篓的模式制成双面草架并在两端有效固定，以利采食。

（3）水槽与饮水器。山羊用的水槽一般采用砖、水泥或镀锌铁皮等制成并固定在羊舍或运动场上，也可用塑料桶改造而成。一般在水槽的一侧下部设置排水口，以利清洗。水槽的高度一般以方便羊只饮水为宜。

规模羊场的自动饮水器主要有浮子式和真空泵式两种，其原理是通过浮子的升降或真空调节器来控制饮水器中的水位，以达到自动饮水的效果。

浮子式自动饮水器主要有一个饮水槽或一连串的水杯、水碗和在其侧后壁安装的一个前段带浮子的球阀调整器；使用中通过球阀调整器的控制，可保持饮水器（水槽、水杯、水碗等）内的盛水始终处于一定的水位，并通过球阀不断补充并饮用的水量，使饮水器中的水质始终处于新鲜、清洁状态，具有饮水方便、圈舍干燥、减少浪费和控制疫病发生等优点。

真空调节式饮水器是一种全新的自动饮水系统，主要采用乳头式或碗式饮水器，一般每 3m 安装一套，以确保羊只饮水。

3. 青贮设施

用于制作和保存青贮饲料。主要有窖、壕、塔和青贮袋等几种。

（1）青贮窖。一般为圆筒形，底部呈锅底状，常可分为地上式、半地上式和地下式三种。

要求尽可能建在地势高燥处，窖壁和底部用砖、卵石或水泥等砌成并做好防雨水渗漏。窖的大小应根据羊只数量和青贮制作量而定，一般直径为 2.5～3.5m、深 3m，深度太大则不利于取用。

（2）青贮壕。一般为长方形结构，壕的壁和底均为砖石和水泥切成，而壕壁应有 15°～18°的向外倾斜度，以防倒塌，使壕

的断面呈上大下小的倒梯形。壕宽一般为2.5~3.5m、高3~4m，长度依青贮制作量而定，并在壕的外周0.5~1m处修建一排水沟，以防污水倒流。

(3) 青贮塔。是由砖石、钢筋、水泥等修建的一种塔式青贮设施，虽然该设施投资较大，但具有容积大、损失小、质量好和经久耐用、取用方便等优点，适合于饲养量大的羊场使用。

(4) 青贮袋。这是一种近年来刚研制成功并正在快速推广的青贮技术，具有投资少、制作容易、质量上佳、运输方便和利用率高等优点，值得推广，但应注意防止破损和鼠害。

二、主要机械设备

羊场的机械设备较多，归纳起来主要有饲草处理设备、饲料处理设备、TMR饲喂设备、通风降温设备、消毒防疫设备、装卸运输设备和无害化处理设备等，这里主要介绍羊场饲草料处理的一些设备。

1. 饲草处理设备

用于对各类饲草的收割、切短、揉制、打捆等处理，主要有牧草收获机械、牧草切制机械和牧草固型机械等。

(1) 牧草收获机械。现代养羊业必不可少的主要机械之一，其作用是通过割、搂、集、捆、垛等工序为养羊生产贮备优质干草；按其用途，此类机械又可分为割草机、搂草机、饲草压扁机、拾草捆草机和装载集垛机等。

联合收割机是一种大型的现代化牧草收获机械，按结构可分为直接切碎式、直流式和通用式三大类。直接切碎式主要用于收割青绿牧草、燕麦、甜菜茎叶等矮秆作物；直流式的生产效率高，实用性广；通用式按其割台不同又可分为多种型号，全幅割台主要用于收割牧草等平播作物，中耕割台主要用于收割青贮玉米，捡拾器主要用于捡拾萎谢青饲料和捡拾牧草、草条等进行低水分青贮。

（2）牧草切割机械。主要有铡草机及秸秆调制设备等。

①铡草机：可分为大型、中型、小型和固定式、移动式以及圆盘式、滚刀式、轮刀式等机型，但不论何种机型，一般均要求能切割各种作物茎秆、牧草和青饲料，压碎粗秸秆，切割长度能在 3～10cm 范围内调节，切茬平整，自动喂出料，运转负荷均匀，能量消耗小。

②秸秆调制设备：用于对秸秆的软化处理，主要由喂入器、铡刀、喷液泵、搅拌器和输出管道等，也可附加将秸秆压裂、使碱液渗入秸秆组织的设备；调制时首先通过喂入器将秸秆送入铡刀口切成 1～2cm 的短段，同时通过喷头喷入高温水蒸气，使秸秆温度达到 100℃、湿度为 68%，再由喷液泵喷入秸秆重量的 4%～10%、浓度为 30% 的烧碱液，然后进入搅拌器充分混匀，最后通过输送管道送入饲草库贮存待用。

（3）牧草固型机械。主要用于牧草等的压粒、压块处理，以利运输与贮藏。有压粒和压块两种类型，包括牧草、秸秆粉碎、添加精料、凝结剂等，喂入与计量、混合、压粒（块）、冷却等生产流程，具有压制密度高，便于装载、运输、贮存、饲喂和降低相关成本等优点。

在压制过程中，可定量加入氢氧化钠、氨水、尿素等碱性物质进行碱化处理，以提高粗饲料的消化率；还可加入矿物质、微量元素等添加剂及其他营养物质，以便配制全价饲料；制成草颗粒（块）后的牧草、秸秆等粗饲料，可提供牲畜采食量 30% 以上，使牲畜采食速度加快、适口性增强，并降低劳动强度和饲养成本。

2. 饲料处理设备

主要有粉碎机、搅拌机和制粒机等机械。

（1）粉碎机。常用的有锤片式和齿爪式两种。

锤片式粉碎机按进入方式可分为切向和轴向两种类型。具有通用性广、粉碎质量好、调节粉碎度便捷和使用维修方便等优点；缺点是动力消耗大，而且切向粉碎机易发生缠绕主轴的现象。

齿爪式粉碎机由机壳、主轴、喂入斗、环形筛、动齿盘和定齿盘及卸料扣等组成，结构紧凑、体积小、重量轻，适于粉碎颗粒饲料。

（2）搅拌机。主要用于各种饲料原料和维生素、矿物质、微量元素等的均匀混合。有立式和卧式两种。

立式搅拌机是一种非连续作业的设备，由料斗、搅拌（含外壳）、圆形料筒、卸料活门、支架和电机等组成，作业一次一般需 15~20min，生产效率较低，且卸料不充分，适合于小型羊场混合少量的干粉料。

卧式搅拌机有“H”形料槽、外搅拌叶片、内搅拌叶片、主轴、叶片连接杆和卸料活门等构件构成。工作时，可在动力驱动下，由连接在叶片连接杆的内处搅拌叶片将饲料等原料做相向运动，并在完成均匀混合的同时将饲料由卸料口排出，具有混合效率高、质量好、卸料快等优点。

（3）制粒机。是将粉状饲料按照一定比例混合后经机械压制形成柱状体，并经切刀割成颗粒的一种机械设备。可分为成型窝眼孔式、齿轮圆柱孔式、螺旋式、平模式和环模式 5 种，具有颗粒搅拌均匀、外形整齐、便于贮藏等优点。其中平模式制粒机常用立式，环模式制粒机常用卧式，具有结构简单、模具制作简单、造价较低和修复便捷等优点。

3. TMR 饲喂设备

TMR 是全混合日粮的简称，是指将粗饲料、青饲料、预混饲料和其他辅助饲料按照一定的比例充分混合后，制成适宜于反刍动物采食的一种营养相对平衡的混合饲料。其所具有的特点是每一部分饲料都具有均衡的营养，从而有利于提升饲料利用率和生产效率。TMR 饲喂系统是用于加工全混合日粮的机械，具有自动称重、切割、搓揉、搅拌和混合等功能，有些设备还增加了取料、卸料等设备。根据作业模式可分为固定式和移动式（包括牵引式和自行式）两种。

（1）固定式 TMR 搅拌站。主要适用于受羊场道路、饲喂通道和饲槽等限制而使 TMR 饲喂系统无法直接投料的羊场。特点是结构简单、能耗和故障率低、噪声和废气排放小、维修保养简便；缺点是物料搬运和人工、辅助设备费用较高以及管理难度较大等。

（2）牵引式 TMR 饲喂系统。适用于可以自由进出饲喂通道的羊场，特点是可移动设备降低了物料搬运成本，直接撒料可保证饲料的新鲜度以及工作循环时间短、生产效率高等。具有初期投入低、设备结构简单、维修方便等优点。

（3）自行式 TMR 饲喂系统。是当今的发展方向，具有一机多用、省工省料、运行平稳、转弯半径小、撒料方便、搅拌简单等优点，非常适合于牧场设备的信息化管理。

第三章　饲养管理

第一节　饲养方式

羊是草食动物，其饲养方式归纳起来主要有舍饲、放牧和舍饲结合放牧三种，但最终选择哪种饲养方式，则应根据当地草场资源、牧草种植、农作物秸秆数量、山羊品种、羊舍面积和生产方向等来确定。在保证羊群正常生长发育和生产性能充分发挥的前提下，应充分利用天然草场进行放牧或充分利用秸秆等粗饲料补饲，以尽量降低饲养成本，提高经济效益。

一、舍饲饲养

舍饲饲养是把羊群关在羊舍中饲喂。在缺乏放牧草场的农区和城镇郊区，肉用羊的育肥期、高产奶山羊等均可采用完全舍饲的方式。舍饲饲养要有充足的草料来源、较宽敞的羊舍和饲喂草料的饲槽和草架，并开辟一定面积的运动场，供羊群活动锻炼。舍饲减少了放牧游走的能量消耗，有利于肉羊的育肥和奶山羊形成更多的乳汁。

搞好舍饲饲养必须收集和贮备大量的青绿饲料、干草和秸秆，以保证全年饲草的均衡供应。高产羊群需要营养较多，在喂足青绿饲料和干草的基础上，还必须适当补饲精料。舍饲饲养方式的人力物力消耗较大，因此饲养成本较高，必须引进高产良种，提高羊群的生产力和出栏率，才能获得较高的经济效益。

二、放牧饲养

除暴风雪和强降雨天气外，一年四季羊群都采取在草场上放牧的饲养方式。我国北方牧区、青藏高原牧区、云贵高原牧区和半农半牧区，拥有面积广大的天然草原、林间和林下草地、灌丛草地，均可用于放牧山羊。毛用和绒用山羊应选灌丛较少、地势高燥、坡度不大的草山草坡放牧。肉用山羊被毛短，行动敏捷，喜食细嫩枝叶，适宜于山地灌丛草场放牧。

放牧饲养投资小、饲养成本低。若能有计划地利用草场组织好放牧管理，能取得良好的生产效率。如果草场面积小、质量差，单纯依靠放牧羊群不能获得足够的营养，便应进行补饲，否则就会影响羊的正常生长和繁殖，降低生产性能。

三、半放牧半舍饲饲养

这是一种放牧与舍饲相结合的饲养方式。根据不同季节牧草生产的数量和品质、羊群本身的生理状况，确定每天放牧时间的长短和在羊舍饲喂的次数与数量。夏秋季节牧草、灌木生长茂盛，通过放牧可以充分采食、满足营养需要，此期可以不补饲或少补饲。冬春牧草枯萎、量少质差，单纯放牧不能获得足够营养，必须在羊舍进行较多的补饲。肉用山羊和奶山羊为了加速育肥和提高产奶量，在放牧的基础上还需进行补饲。这种饲养方式结合了放牧与舍饲的优点，适合于饲养各种生产方向和品种类型的山羊。

第二节　种公羊饲养管理

一、种公羊饲养的总体要求与主要饲料

1. 总体要求

应常年维持良好的健康状况，在非配种期应有中等或中上等的营养水平，膘情良好但不过度肥胖，健壮活泼、精力充沛、行动敏捷，这样才能保证在配种期有旺盛的性欲和体力以及良好的精液品质。而过度肥胖则会显著降低种公羊的配种能力和精液品质。在管理上应采取单只单栏（圈）饲养，并保持足够的运动量。

2. 主要饲料

饲料营养的全价性和日常管理的合理性对种公羊的配种能力和精液品质具有决定性的作用。

种公羊的饲料要求品质好、体积小、适口性好、易消化，并力求搭配多样化，以使营养全价。常用的优质粗饲料主要有优质的青草干、苜蓿干草、青燕麦干草和三叶干草等；优质的精料有玉米、高粱、豌豆、黑豆、豆饼、大麦、燕麦等。另外，小米能提高精液品质，但易使羊肥胖，喂量不宜过多；优质的多汁饲料有胡萝卜、马铃薯、甜菜和青贮玉米等。

二、不同阶段的饲养方法

根据不同的生产季节和生理特点，种公羊的饲养可分为非配种期和配种期两个阶段。一般情况下，种公羊从 10 月上中旬开始配种，至 12 月中旬左右结束，这段时间称为配种期，除此之外的其他时间总称为非配种期。

1. 非配种期

非配种期的种公羊，虽无配种任务，但它直接关系种公羊全年的膘情、配种期的配种能力和精液品质等要素，因此这一阶段的种公羊一定要坚持常年放牧饲养为主、舍内补饲为辅的原则，并保证能量、蛋白质、维生素和矿物质等营养素的充分供给与平衡。

根据非配种期种公羊的生理特点与营养需要，具体的饲养方法可分为增膘复壮期、严冬盛夏期和配种预备期 3 个不同阶段。

（1）增膘复壮期。是指种公羊在结束配种后转入调养机体、恢复体能的时期，时间约一个月；一般种公羊在经过两个多月的高强度配种后，体力和营养消耗很大，同时气候又转入冬季，因此这个阶段应重点做好以下三项工作：一是减少运动，节省体能消耗；二是继续按配种期的营养标准饲喂，不要立即停喂精料，而是逐步减少精料用量；三是让种公羊在放牧时充分采食，返舍后还需精心补饲，使种公羊快速增膘复壮。

（2）严冬盛夏期。这一时期涵盖了冬季、晚春和盛夏等季节，一般从 1 月中下旬到 8 月底，历经冬季的寒冷、春季的多变和夏季的酷热等气候特点，因此在饲养上，除供给足够的热能外，还应注意蛋白质、维生素、矿物质等的充足供给。冬春季节一定要保证放牧的时间和距离，并保证补饲草料的数量与质量，增强种公羊体质；晚春与夏季，除加强放牧外，每日应饲喂混合精料 0.3~0.4kg，并切实保证各种营养素的需要。

（3）配种预备期。一般为冬、春两季，此阶段除加强放牧、运动外，还应按照配种期营养标准，把营养水平逐渐提高到 60%~70%，并定期检查精液质量，发现问题及时调整完善；也可在公羊精料中添加万分之一的二氢吡啶，以保证配种期种公羊的精液品质。

2. 配种期

配种期种公羊的体力和营养消耗很大，因此此时日粮要求营养丰富全面、体积小且多样化、易消化、适口性好，特别是蛋白质、矿物质和维生素应充分满足。饲料饲喂量为：混合精料 1~1.5kg/（头·天），青贮、胡萝卜等多汁饲料饲喂 1~1.5kg/（头·天），可适当提供优质青干草及富硒饲料。

混合精料组成为谷物饲料（以豆粕为主的 2~3 种谷物）占 50%，豆类（含豆饼）占 40%，麸皮 10%，混合后每天分 2 次放在料槽内饲喂；青干草应放在料槽内饲喂；每天饮水 2~3 次，每天早晨采精前驱赶运动 30~60min，然后在上午和下午各驱赶运动 2~3h；配种任务较重时，每天还可适当提高食盐的补饲量。

三、日常管理

种公羊的日常管理应注意以下几个方面。

（1）羊舍应坚固、宽敞，清洁干燥，定期消毒。公母分群饲养，种公羊舍与母羊舍保持一定距离。

（2）做到单圈饲养，防止角斗消耗体力；放牧时也应做到公母分群饲养，避免单配和滥配，同时也利于保持种公羊的体力和配种能力。

（3）配种（采精）频率一般以每日 1~2 次为佳，且连配 2~3 天后宜休息一天；个别配种能力特强的种公羊，其每日的配种（采精）次数也不宜超过 3 次。

（4）定期做好免疫、驱虫等保健工作；舍饲种公羊每天运动 1.5~2h 和体表梳刷 1 次，并检查体外寄生虫和皮肤病，定期修蹄。

（5）夏季炎热时应特别注意种公羊的防暑降温，尽力创造凉爽舒适的条件；增喂优质青绿、多汁饲料，保持充足的优质饮水。

(6) 配种（采精）前，种公羊不宜采食过饱；配种（采精）后不能立即暴饮冷水，须休息 10~15min 后才能饮水。

第三节 种母羊饲养管理

一、种母羊饲养总体要求

种母羊是山羊养殖的基础群体，数量较大，且承担着配种、妊娠、哺乳和提高后代生产性能等繁重的生产任务，因此必须给予种母羊良好的饲养管理条件，以提高受胎率、产羔率和羔羊成活率。

总体要求是：在保持良好营养水平的条件下，应注意保持羊舍的通风干燥和清洁保暖，以实现种母羊良好的繁殖和多胎、多产、多活、多壮的“四多”目标，特别是对舍饲羊和半舍饲羊的舍饲期，应特别注意配种前、妊娠期和哺乳期的饲养，注意加强补饲；对个别体况差的种母羊应当给予短期优饲，使种母羊保持在较高的营养水平和膘情状况下，以促进排卵发情的整齐度、产羔集中度和多羔顺产度，有利于日常管理，更好地完成配种、妊娠和哺乳等任务。

二、种母羊不同阶段的饲养方法

根据不同的生理状态和营养特点，种母羊的一个生产周期可分为空怀期、妊娠期和哺乳期 3 个阶段，不同时期的饲养重点和营养需求也各不相同。

1. 空怀期母羊饲养

空怀期是指母羊分娩断奶后至配种前以及青年母羊达到配种能力但未配种受孕的时期。这一时期的母羊是整个生产周期中所需营养最少的时期，其饲养的重点是及时整齐断奶、抓膘复壮，为日后的发情和妊娠贮备营养。资料显示，饲养和营养的好坏可直接影响配种和妊娠状况；如配种前体重每增加 1kg，可望增加产羔率 2%左右。因此，一般在配种前对空怀母羊进行短期优饲，以达到种母羊群 7～8 月龄配种，促进母羊整齐发情和多排卵。但在优饲结束时应逐渐减少优饲日粮，以防在受精卵着床期间因营养水平的突然下降而导致胚胎死亡。

2. 妊娠期母羊饲养

母羊妊娠期平均为 150 天左右，生产中一般将妊娠的前 3 个月称为妊娠前期，后 2 个月为妊娠后期；妊娠期母羊饲养的主要任务是保好胎，并使胎儿良好发育。由于受精卵在母羊子宫内着床后的最初 3 个月，对母体营养物质的需要量并不大，但以后随着胎儿的不断发育，对营养的需要量也越来越大，而此期又是获得初生重大、毛密健壮羔羊的重要时期。因此，在妊娠后期应精心饲喂，补饲精料要比空怀期高 30%～40%营养单位、可消耗粗蛋白高 40%～60%。但应根据母羊的生产性能、膘情和草料的质量而定。

妊娠前期的胎儿发育较慢，母羊可维持空怀期时的饲料量，主要任务是保膘和保胎；日粮可由 50%青草或干草、40%的青贮料和 10%混合精料组成；高产纯种母羊每天还应另外补饲 0. 3～0. 5kg 的混合精料，并注意补充多汁饲料。初配母羊的营养水平应略高于成年母羊 5%～10%。

妊娠后期胎儿发育很快，其初生体重的 90%是在此期形成，而且母羊自身也需要为产后泌乳作大量的营养储备，因此母羊对营养物质的需要应增加 40%～60%，而且对钙磷的需要增加 1～2 倍，饲料应以体积小、营养价值高的优质干草和精料为主，注意补饲胡萝卜、食盐和骨粉，控制能量水平，增加蛋白质含量，并适当添加鱼肝油乳剂，以促进钙磷吸收和胎儿发育。

妊娠母羊的精饲料可由 41%玉米、26%麸皮、15%豆粕或麻饼、10%黑豆或早熟豌豆、2%鱼粉、2%骨粉、1%酵母粉和1%食盐及0.5%小苏打和1%微量元素等组成；产前10天可增喂一些多汁饲料和混合精料，以促进乳腺发育；一年2产或二年3产的母羊应全年补饲精料，日喂量为体重的0.8%；产双羔和三羔的母羊每天还需分早、晚二次另增加0.2~0.3kg精料。

三、哺乳母羊饲养管理

母羊产后即进入哺乳期，开始泌乳哺育羔羊，这一阶段的主要任务是保证母羊有充足的乳汁哺育羔羊。在生产实践中，山羊的哺乳期一般为90天左右，分为哺乳前期和哺乳后期两个阶段。哺乳前期主要是指羔羊出生后的前2个月，这一阶段羔羊的营养来源主要是依靠母乳；而断奶前一个月则被认为是哺乳后期，此阶段羔羊已具有一定的采食和消化能力，母乳仅作为一种补充。

研究结果表明，羔羊每增重1kg需消耗母乳5~6kg，而母羊分泌1kg母乳需消耗0.6个饲料单位的能量、66g可消化蛋白，2.4g磷和3.6g钙，因此在哺乳前期为满足羔羊快速生长发育的需要，特别是在产后的前20~30天，应根据母羊膘情、泌乳量高低及羔羊数量，加强母羊补饲；饲料配制应尽可能以优质干草、青贮料和多汁饲料为主，并保证充足的优质饮水，以促进母羊的泌乳功能。但在产后的前3~5天，如母羊膘成较好时可不加或少加精料，只喂优质青干草，以防消化不良或乳腺炎；也可在温水中加喂少量红糖、麸皮，以促进恶露排出，并调节母羊消化功能；一周后逐步过渡到正常营养水平。

哺乳前期母羊的饲喂应按照不同的产羔数区别对待。一般产单羔母羊每日应饲喂混合精料0.4~0.5kg、青干草或苜蓿干草0.5kg、多汁饲料1.5kg；而产双羔母羊每日应饲喂混合精料0.6~0.8kg、苜蓿干草1kg、多汁饲料1.5kg。

哺乳后期母羊的泌乳能力下降，而此时羔羊也有了较强的采食能力，因此母羊的精料饲喂量可逐渐减少至0.2~0.4kg，纯种和高产母羊可控制在0.4~0.5kg，有条件时可实施以放牧为主、补饲为辅，并逐步取消补饲；进入空怀期饲养，只有在母羊膘情较差时，可酌情进行补饲。在羔羊断奶前5~7天，还应逐步减少母羊的多汁饲料、青贮料和精料的喂量，以防止断奶后发生乳腺炎，但应使母羊保持中等膘情。

日常管理方面，泌乳母羊舍应保持天天打扫、清洁干燥，及时清除胎衣、毛团、烂草、石块等污物，以免羔羊舔食引发疾病；经常检查乳房，发现异常，及时处理；放牧时应避开灌木丛或荆棘多的地方，以防造成乳房外伤，并防止母羊贪食而远走丢失。

四、日常管理

种母羊的管理工作应注意以下几个问题。

1. 保持日粮优质

始终不能采食霉败、有毒草料，如发霉玉米、配合料、霉败的青干草及野外的各种毒草等。配种初期的一个半月内应慎喂酒糟类辅料或纯青贮料；冬春季节不能吃冰霜水和草，宜给温热饮水。

2. 严防流产

在日常生产中应禁忌惊吓、急跑和蹦跳等剧烈动作，尽量避免互相斗殴打架；妊娠后期母羊应单独饲喂或放牧；不宜使用大剂量的泻药和子宫收缩药，也不宜进行免疫注射。

3. 合理配制日粮

对刚停止泌乳的妊娠母羊，由于机体未能得到较好的恢复，因此应特别注意加强营养，供给充足的优质饲料，满足母体和胎儿生长发育；对于身体尚未完全成熟而妊娠的青年母羊，应添料添草，精心饲养；对妊娠后期母羊应逐渐增喂蛋白质、矿物质和

维生素等含量丰富的精料和多汁饲料，但在产羔前5天应控制精饲料用量。

4. 搞好羊舍卫生

羊舍要保持清洁卫生、干燥温暖，做到防贼风、防漏雨、防潮湿，勤换垫草、勤打扫、勤清粪的“三防、三勤”，同时做到每5~7天消毒一次圈舍。

5. 合理饲喂

舍饲母羊的饲喂应做到定时、定量、定质；放牧母羊在秋季牧草好时应多放牧，并保证每天3~4次饮水时间；夏季天气炎热时应早晚放牧，中午在羊圈休息；冬春季由于牧草较差应进行适当补饲或采用舍饲饲养；妊娠母羊应采取近牧，特别是重胎母羊，在保证运动的同时，应尽可能就近放牧，以便分娩。

6. 加强疫病防治

应按照防重于治的原则，一般在母羊空怀期做好各项免疫和驱虫保健工作，平时还要注意观察妊娠母羊的精神、行为、饮食和粪便等情况，发现异常立即报告兽医进行治疗。

第四节　羔羊饲养管理

羔羊是指从出生到断奶这一阶段的仔羊。初生羔羊体质较弱、抗病能力较差、易发病，但生长速度快、可塑性大；因此，搞好哺乳羔羊的饲养与护理，科学进行羔羊的培育，可充分发挥其先天潜能，增强对外界环境的适应能力，提高羔羊成活率。而其中的关键是“三早三查”，即“早喂初乳、早开饲、早断奶；查食欲、查精神和查粪便”，重点是使哺乳羔羊由以乳为主逐步健康过渡到以乳为辅、采食为主，并成功健康断奶。

一、羔羊生理特点

1. 适应性差、抗病能力弱

新生羔羊的大脑和胃肠等生理功能尚未完全发育，特别是体温调节和皮肤保护功能差、神经反射迟钝，消化道黏膜也极易感染病菌而引发疾病，因此必须给羔羊创造一个良好的生活环境。

2. 生长发育快，但消化功能弱

哺乳阶段是羊的一生中生长发育最快的时期；一般从初生到断奶，体重可快速增加 5～8 倍，相等于成年体重的 25%～40%；因此，对各类营养物质，特别是蛋白质的需求较高，而此时的羔羊前胃（瘤胃、网胃、瓣胃）尚未发育完善，主要是通过真胃（皱胃）消化吸收营养成分。

3. 可塑性大

山羊是一种群居动物，具有较强的可塑性和接受调教的能力，但易受外界环境影响而发生变化。因此，在羔羊的生长发育过程中，可采用铃声或口哨等对羔羊加强集群调教，可显著减轻劳动强度或减少放牧损失（包括走失或损害庄稼等）。

二、哺乳羔羊的饲养

按照母羊的泌乳特性，哺乳羔羊可分为初乳期、常乳期和末乳期三个阶段。

1. 初乳期

母羊产后 5 天分泌的乳称为初乳，它是此期羔羊唯一的营养来源。初乳营养丰富，除含有 17%～26% 的优质蛋白质、9%～16%的脂肪及维生素、矿物质等营养物质外，还富含各类免疫物质，具有提供营养、增强体质、抵抗疾病和排除胎粪等作用，因此应尽可能让羔羊多吃初乳，促进增重，增强体质。

一般情况下，羔羊落地、在母羊舔干胎水后，很快就会站起

来并寻找奶头吸乳，生后 20 天内羔羊每隔 1h 吸奶一次；以后随着日龄增加，吸奶间隔时间拉长，次数减少，直至断奶。每次吸奶时，单羔羔羊一般交替吮吸母羊两侧乳头；双羔羔羊则固定乳头，产三羔及以上则需要找保姆羊寄养或人工喂养，而且要尽可能在前 3 天吃到初乳。

2. 常乳期

母羊产后 6~60 天分泌的乳称为常乳。这一阶段母羊泌乳较多，母乳营养好，是羔羊体重、体长增长最快的时期；但羔羊所需的营养则从以母乳为主逐步转移到以饲料为主。因此，饲养中应注重羔羊的早开食，尽早训练羔羊吃草食料，以促进前胃发育、增加营养来源。一般羔羊在 10 日龄左右可将幼嫩青干草捆成把，悬挂在羔羊保育栏上，使羔羊能自由采食的位置，开始训练吃草；20 日龄开始在保育栏料槽内补饲开食料，训练羔羊开始吃料。

放牧羊场初生 7 天内应母仔同圈饲养，以利初生羔羊吃足初乳；7~20 天时母羊可白天放牧，羔羊留在圈内，晚上母仔同圈饲养；20 天后，羔羊可随母羊一起放牧。

3. 末乳期

母羊分娩 60 天后进入末乳期。此阶段母羊分泌乳汁显著减少，而且营养成分明显降低；此阶段羔羊应注意喂以优质青干草和配制合理、适口性好的补充料，以增加羔羊的采食，逐步降低对母乳的依赖，直至断奶。

三、哺乳羔羊哺育

1. 尽早吃饱初乳和常乳

应保证羔羊在产后半小时内尽早吃到初乳、多吃初乳；对因特殊原因吃不到初乳的羔羊，应采用各种方法让其吃其他母羊的初乳；对不会吃乳的羔羊应进行人工调教，方法是用干净绵纸擦

净母羊乳头后，轻轻捏开羔羊嘴角，将母乳头塞入羔羊口中，再用手挤出乳汁，辅助吸吮4~5次；对不愿哺乳的母羊，应将母羊稍加保定后，让羔羊自己寻找乳头吸乳，并坚持5~6次即可；对产后羔羊由于体质纤弱造成的不会吃奶，则应人工挤出初乳后，用消毒注射器吸取乳汁灌入羔羊口中，并坚持第一天灌服8次以上（晚上不少于3次）、第2~3天6~8次、第4~5天6次（晚上2次），以后即可训练羔羊自己吸乳。

产双羔的母羊往往会出现哺乳不足的现象。此时应让母羊哺育相对较纤弱的羔羊，而把相对较强健的羔羊转至产单羔的母羊代哺；对初生孤羔、一胎多羔和母羊产后缺奶的羔羊，应保证吃到初乳或及时安排保姆羊寄养，或在保证吃到母羊或保姆羊初乳的基础上，实行人工哺乳。

2. 代哺、换哺

采用代哺、换哺的方法由饲养保姆羊或者是在羊群中选择单产、健康、多奶的母羊进行寄养。但寄养的羔羊应与保姆羊所生羔羊的体格相似。在生产实践中，彻底清除寄养羔羊的原胎气味和涂抹保姆羊的粪尿、奶汁或胎液是成功寄养的关键，具体方法如下。

按临产羊体况和往年产羔记录事先收集好单胎、膘壮、多奶母羊的胎液、胎衣等装入塑料袋，并注明羊号、产期后备用。

将准备寄养（代哺）的羔羊（最好能先吃到母羊初乳）放入40℃左右的温水盆中用肥皂清洗掉全身、特别是羔羊头顶、耳根、尾根等部位原来的气味，擦干。对清洗后的寄养羔羊涂以预先准备的保姆羊的胎液，尤其是重点涂好母羊爱嗅的羔羊头顶、耳根、尾根等部位，待稍烘干后送给指定保姆羊即能顺利代哺。

3. 人工哺育

人工哺育的方法较多，一般采用新鲜牛奶、人工奶粉或羔羊

代乳料哺育；但在实践操作时一定要严格把握定人、定时、定量、定温的“四定”要求。

（1）定人。定人就是自始至终固定专人喂养，利于熟悉不同羔羊的生活习性，掌握每只羔羊的饱感、食欲和健康状况，同时哺乳人员平时应尽量少接触病羊，并严格做好清洁卫生和消毒工作。

（2）定时。定时就是每天固定哺喂羔羊时间，一般初生羔羊每天喂6次，10天后每天喂4~5次，到20~30天羔羊开始吃料，每天可减少至3~4次。

（3）定量。定量就是严格掌握每次的饲喂量为羔羊的七成饱左右，切忌饲喂过饱。

（4）定温。定温就是要掌握好人工乳的温度在37~39℃，一般以奶瓶贴在脸上或手背上感觉不烫不凉即可。

人工哺乳所需的奶可直接采用新鲜牛奶，也可由羊场自行配制。主要成分为脱脂奶粉、牛奶、乳糖、玉米、淀粉、面粉、磷酸钙、食盐和硫酸镁等；配制时首先将各种营养物质按比例混匀后，用40℃左右的温水溶解，然后按每头羔羊每天200g人工乳和加水1 000ml的比例制成后分6~8次哺喂；有条件的羊场还可自行配制代乳粉，主要成分有大豆、花生、豆饼、玉米面、糖、磷酸二氢钙、碳酸钙、碳酸钠和食盐等，将上述物品按比例炒熟、磨碎、混匀后，按1∶5比例用40℃左右温开水调成稀糊状，搅拌均匀即可。

4. 早期补饲

青粗饲料能刺激羔羊前胃功能的发育、增大肠胃容积，有助于羔羊提前形成反刍和提高消化能力，因此在羔羊初生后10~15天即可开始训练吃草，但应同时添加铜、铁等微量元素，以防贫血。方法是将羔羊喜食的幼嫩的豆科类青干草吊挂在羔羊补食栏内或切碎后放在补食槽内任其自由采食；20天左右开始训练采

食混合精料，此时所用的精料可由玉米、小麦、麸皮、豆饼、食盐等组成，应确保粗蛋白含量在18%以上、粗纤维含量在6%以下；配制时可将所有原料炒熟，以使饲料质地疏松、易于采食消化和提高适口性，也可在配制时加入酵母、麦芽等以提高羔羊的消化能力；待全部羔羊都能自己采食补饲精料时，即可转入定量饲喂，但应注意饲喂量应由少到多，少给勤添。

到1月龄时每只羔羊每天精料的补饲量为25~50g，青干草自由采食；50日龄后，随着母乳分泌减少，应逐步以采食为主、哺乳为辅，逐渐增加饲料饲喂量；此时的日粮中应注意添加豆粕等优质蛋白质饲料，使羔羊对蛋白质的需求逐步转到补饲的草料上，以利断奶，并促使羔羊快生长、多增重。对以放牧为主的羔羊，应在归牧后哺喂混合精料150~250g；在对羔羊进行早期补饲时还应注意严格控制麸皮用量不可超过混合精料总量的15%，以防引发羔羊、特别是公羔的尿结石。

四、羔羊的日常管理

做好羔羊的日常管理，对促进羔羊的生长发育、提高羔羊成活率具有非常重要的作用。在实际生产中应重点做好以下几方面工作。

1. 关注气候对羔羊的影响

（1）春季。春季所产羔羊正值气候逐渐转暖、万物生长、饲草充足，能满足羔羊生长发育的需求，也利于母羊产后恢复和发情配种产秋羔，实现一年2产。但春季气候变化大，羔羊易患感冒，应注意日常保护；母羊如青饲料不足时也可适当增补精料，以确保母羔营养需求。

（2）夏季。夏季的青绿饲料质优量大，因而此阶段的母羊奶水充足，羔羊体大结实。但夏季气候炎热，应注意做好防暑工作。

（3）秋季。由于母羊怀胎期间饲草充足，因而所产羔羊个体大、发育好、抗病能力强、适应性高，而且母羊膘肥体壮、饲料充足、乳汁充盈，产后恢复快，可采用早期断奶后促发情配种，以使来年产春羔。

（4）冬季。冬季气候寒冷，可以锻炼羔羊体质，增强对环境的适应能力，而且产冬羔母羊均是在夏秋季饲草丰富、体质健壮时所配，因而羔羊个体大、体脂高、抗病能力强；但由于气候寒冷，造成母羊产后恢复慢，而且羔羊接产、保暖不及时可使死亡率明显增加。

2. 保持良好的生活环境

初生羔羊的体温调节能力、生活能力和对疾病的抵抗能力等都较差，因此必须保持羔羊舍环境的清洁干燥，空气应清新无贼风，地面或高床最好垫一层干净垫草，冬季室温应保持适宜的温度。

3. 做好初生羔羊的防寒保暖工作

初生羔羊的体温调节能力不健全，因此，做好初生羔羊特别是对冬羔和早春羔的防寒保暖工作至关重要。

（1）母羊临产前应移入产房，而且产房要有良好的保温或供暖设施，如没有专门产房，应把羊舍门窗封好，地面铺垫干净柔软的干草，必要时还应增设红外线灯等取暖设备。

（2）羊舍温度应不低于 8℃，并尽量使羊舍温度能保持在 15~25℃；当羊舍温度适宜时，可见母羊和羔羊安静地卧在一起；过高时则母子卧地的距离较远，而当羊舍温度过低时，则仔羊会蜷缩在母羊身旁。

（3）羔羊出生后，应立即让母羊舔干羔羊身上的黏液，可促进羔羊体温调节，有利于母仔认同。

4. 注意防病

（1）母山羊进入产房前，应对产房及周边环境进行彻底消毒，各类用具、羊体等也应彻底消毒；产后应注意羔羊脐带消毒，防止污染。

（2）注意哺乳、饮水和圈舍卫生。经常观察羔羊食欲、精神、粪便等状况，特别是7~10天的羔羊（此阶段最易发痢疾），发现异常及时处理。

（3）发现病羔及时隔离，死羔及污染物及时无害化处理，并注意环境的彻底消毒。

（4）注意勤换垫草、打扫卫生、保持羊舍清洁干燥。

5. 合理编群

对规模较大或集中产羔的羊场，可在羔羊出生后对母仔羊进行编群饲养，以便管理。

（1）编群方法。一般按出生后天数来分群，可将出生后3~7天内的5~10只母羊（带羔羊）合为一小群进行单独管理（日龄相差越小越好）；7日龄后可将产后天数相近的2~3群带羔母羊合成10~15只的中群；羔羊20日龄后可合成大群饲养。

（2）分群原则。羔羊日龄越小，羊群应越小；羔羊日龄逐步增大，编群也应逐步扩大；同时还应考虑到羊舍大小、羔羊强弱等因素，尽可能将发育状况相似的母仔编在一起。

6. 去角去势

山羊性喜好斗，有角时可因打斗而造成伤亡、致残、流产，因此在生产中应将角去掉。羔羊去角时间一般在7~10日龄，去角时先充分保定羔羊后，将角基外的毛剪掉呈凹形、周围涂上凡士林，然后用烧碱棒轮换摩擦两个角基，先稍用力、后轻擦，直至角基微出血为止；也可用烧红的烙铁烙角基进行去角；经去角处理的羔羊应单独饲养并采取相应的防感染措施，待伤口干结后即可归群。

对不留作种用的公羔应在20日龄时进行去势。一般是选择晴天的上午进行，以便全天对手术羔羊进行重点保护；对体弱或

患病羔羊，可推迟去势时间。去势方法一般采用手术法和结扎法；手术法就是用阉割刀摘除两侧睾丸的方法；结扎法就是将公羔的睾丸挤到阴囊的外缘，然后用橡皮筋等扎住精囊部，20~30天后阴囊和睾丸可自行萎缩脱落。

7. 补饲管理

（1）羔羊刚开始补饲时，不管是否吃完，每天都应将剩余料清除扫干净，并换上新鲜饲料，待全部羔羊都会吃料后，转为按日定量饲喂。

（2）羔羊补饲栏的面积一般为 0.15m^2/只，进出口宽约20cm、高 38~46cm，确保羔羊能自由进出但母羊进不去。

（3）应保证羔羊补饲栏 3 天消毒 1 次，补饲槽等每天清洗、消毒 1 次，确保卫生。

（4）适当运动。羔羊一周龄以后，可利用晴天的中午舍外自由运动、晒太阳，促进钙磷吸收和维生素 A、维生素 D 转化。初期晒半小时，后根据情况逐渐延长。

8. 适时断奶

（1）羔羊的断奶时间一般为 3 月龄左右。但随着饲养技术的发展，羔羊早期断奶技术的成功应用使羔羊断奶日龄提前至45~60 日龄。

（2）羔羊在出生后 50 天左右时已转为以采食植物性饲料为主，对母乳的依赖大为降低。因此，在经过一段时间的适应性饲养后即可顺利断奶。

（3）断奶方法有一次性断奶法和逐步断奶法两种。

规模较大的羊场一般采用一次性断奶法进行羔羊断奶，以便于生产管理。方法是在原羊圈内留羔移母，且不再合群，利用该羔羊对周围环境熟悉的有利条件顺利断奶；逐步断奶法就是逐渐减少羔羊的哺乳次数，经过 7~10 天完成断奶，这一方法的优点是可防止母羊发生乳腺炎，并增加羔羊的适应性。

（4）采用早期断奶时必须早日调教羔羊采食饲草饲料、促进羔羊前胃发育；断奶方法宜采用一次性断奶法，并加强断奶后的补饲，弥补因早期断奶造成营养不足。

（5）断奶后7~10天内应经常检查断奶母羊的乳房变化情况，如发现母羊乳房充盈时，应人工挤去乳汁，防止“胀奶”引发乳腺炎。

9. 科学编号

编号是一项经常性工作，常用的方法有耳标法和剪耳法两种，时间一般在羔羊出生后的5~7天。

（1）耳标法。此法所用的耳标有金属耳标和塑料耳标两种，形状有圆形、长条形和凸字形等。使用金属耳标时需先用钢字针将编号打在耳标上，然后佩戴；塑料耳标则需用记号笔将编号写在耳标上即可，具有成本低、实用性强等优点。

①编号原则：生产场编号一般第一个字符代表年份的最后一位数，第二、第三字符代表月份、后面是个体号，位数根据羊群规模决定。种羊场的编号一般按照公单母双的原则进行，如某一羔羊编号“6113462”的首位6代表2016年、后2位11代表11月、最后4位3462双数则代表顺序号为第3462号母羊个体。

②佩戴方法：耳标一般佩戴在左耳上，佩戴时先用碘酊消毒耳标钉和佩戴部位，然后在靠近耳根软骨部避开血管处用专用耳标钳佩戴耳标。

（2）剪耳法。一般在种羊场作等级标记时使用。方法是利用耳标钳在羊耳朵上剪缺口，不同耳缺代表不同数字，再将同一部位的耳缺数相加后形成耳号。

①编号原则：原则是“左大右小、上1下3、公单母双”。解读为左耳：上缘和下缘的缺口分别代表10和30、耳尖缺口和中间圆孔分别代表300和3 000；右耳：上缘和下缘的缺口代表1

和 3,、耳尖缺口和中间圆孔分别代表 100 和 1 000；如某羊左耳尖 1 个缺口，上缘、下缘各 1 个缺口，右耳上缘、下缘、耳尖部各 1 个缺口，则表示该羊为 444 号母羊。

②操作方法：先保定，用碘酊消毒耳钳、打洞器和羊耳，然后用相应器械标号，操作时应注意避开血管。

第五节　育成羊饲养管理

育成期山羊习惯上又称为青年山羊，一般是指从羔羊断奶至第一次配种的公母羊（4 月龄至 1 周岁）。这一阶段的育成羊，正处于骨骼和器官充分发育阶段，因此，日常饲养管理的好坏将直接影响羊的体型、体质、体重及繁殖性能。

育成期山羊的饲养以半舍饲半放牧的饲养方式为最佳，总的原则是以保证育成山羊充足的优质青草或青草干供应，每天补充含 15% 可消化蛋白的混合精料 75 ~ 300g/头（纯种波尔山羊 300g/头），同时应加强运动，及时做好免疫、驱虫、选种、编号及整群去势、修蹄等工作。

日常管理上应注意以下几点。

一、合理的饲养方式和方法

羔羊断奶转入育成后，刚断奶时应继续延用一个阶段的羔羊补饲料，待羔羊渡过断奶应激期后再逐渐改变饲料，此后每天补饲精料 0. 2 ~ 0. 25kg/天，延续 15 ~ 30 天，但日粮应以青粗饲料为主。同时应注意补充钙、磷和盐，最好的办法是在育成羊舍内吊挂专用的微量元素舔砖，也可用吊挂底部打孔的盐竹筒的方式进行补盐。

饲料类型应针对育成山羊体型和生长发育需要，以优质干草和充足运动为主；因为优质干草不仅有利于促进消化器官的充分

发育，而且对母羊体格、乳房发育和产奶量都有明显促进作用；而充足的阳光和运动，可使羊只胸宽体壮、心肺发达、食欲旺盛，避免形成草腹和恶癖。

二、适当的精料水平

育成期山羊，由于是刚实施早期断奶羔羊，瘤胃容积和功能还不完善，对粗饲料的利用能力较差，满足不了快速生长发育的需求。因此，育成早期青年山羊的日粮应以精料为主，并补给充足的优质干草和青绿多汁饲料，同时注意矿物质和微量元素的补充。

三、分群饲养

羔羊断奶时，应根据留种目标和需求对断奶羔羊进行第一次选种，对不宜留作种用的个体从育成羊群中剔除，经阉割后育肥。

种用羊群按照年龄、性别、体重等要素分别组成公、母育成羊群进行分群饲养，可获得良好的增重效果（最初几个月内）；其次，不同性别羊群对饲养条件的要求不同，一般公羊的生长发育快，对营养需要也较多，对营养丰富的高水平饲养具有较好的应答反应；若营养水平较差时，则生长发育可能不如母羊，而高水平饲养对母羊则不宜，因为过高的营养水平将降低机体的生殖性能。

四、定期抽测体重

为准确了解育成山羊的发育情况，可每月固定日期进行体重抽测。称重一般安排在早晨未饲喂前，牧区也可在放牧前测量最佳。

五、适时配种

育成山羊的过早配种会影响下一阶段的生长发育，影响体型和种羊使用年限，而过晚配种又可使种羊的育成期延长，增加饲养成本，延长世代间隔。

一般认为，母山羊的最佳配种日期为8~10月龄，育成体重达到成年体重的70%左右时即可初配。但应根据不同品种灵活掌握；育成公羊的初配日龄应掌握在1~1.5岁，但也不能太迟，以免影响配种能力。

育成母羊的初情一般不如成年母羊明显，应加强发情鉴定，同时应尽量放弃初情期配种，待发情期稳定后再行与配。

第六节　育肥山羊的饲养管理

商品肉山羊育肥是商品肉山羊在出栏或屠宰前经过一段时间的育肥，使其活重增加、屠宰率提高、肉品质改善，从而提高山羊养殖生产效率和经济效益的常用手段。商品肉山羊的育肥包括当年羔羊和历年老残淘汰羊的育肥两种类型。一般来说，当年羔羊的育肥可减轻养殖场越冬饲草的压力，降低饲养成本，提高出栏率；而老残淘汰羊的育肥可适当提高能繁母羊比例，提高经济效益。

肉用山羊的育肥应突出经济效益，选择合适的饲养标准，合理供给日粮，不要盲目追求增重的最大化，尤其是在舍饲育肥时，此举往往是以精料日粮为基础，因而造成饲养成本的上升。因此，在设定预期的育肥强度时一定要以最佳经济效益为唯一衡量标准，合理组织生产，确定最佳育肥时间并按照当地市场规律确定最佳育肥体重，适时屠宰，以获得最佳经济效益。

一、育肥方式

归纳起来主要有舍饲育肥、放牧育肥和舍饲放牧混合育肥三种方式。

1. 舍饲育肥

是指将育肥山羊在羊舍内按照饲养标准和饲料营养配制并投放，使羊只在较短时间内获得较大增重的一种育肥方式，具有周转快、产肉多、经济效益高等特点。适合放牧地少或无放牧地农区的集约化、工厂化饲养，但投资较大、技术要求较高，一般在育肥期和羔羊日龄相同的情况下，舍饲育肥比放牧育肥的体重可增加10%、酮体可增加20%。

舍饲育肥的羊只来源应以羔羊为主，但在雨季来临或放牧生长不佳时，放牧育肥的羊只也可转入舍饲育肥。另外，当年羔羊在放牧育肥一段时间但估计在入冬前达不到上市标准的部分羊，也可转入舍饲育肥。舍饲育肥期间要求圈舍保持干燥、通风、安静和卫生；育肥期以达到上市要求即可，一般在75~100天，育肥时间过短则增重效果不显著，时间过长则饲料转化率低，经济效益不理想。

舍饲育肥的关键是根据山羊的营养需要，充分利用当地农副产品及加工辅料配制日粮，要求饲料营养丰富全面、适口性好、具全价蛋白、高能量，还需要喂给各种必需矿物质和微量元素，以满足羊的生长需要，发挥其最大生产潜能。

一般舍饲育肥羊群的日粮中精料比例可以占到45%~60%，但在加大精料喂量的同时，必须防止过食精料引起的肠毒血症；在以各类饲料和棉籽饼为主的日粮中，还应将钙的含量提高至0.5%的水平或在日粮中添加0.25%的氯化铵，以避免钙比例失衡。

2. 混合育肥

是指放牧与补饲相结合的一种育肥方式，主要有放牧加补饲和放牧加舍饲两种形式。混合育肥可使育肥羊在整个育肥期内的增重比单纯依靠放牧育肥增重50%左右，而且羊肉质量较高。因此只要有一定的补饲条件，尽可能采用混合育肥方式。

(1) 放牧加补饲育肥。是指在放牧基础上，充分利用当地农副产品资源进行集中优饲的方法，适用于生长强度较大和增重速度较快的羔羊；如果是仅仅补饲草料，则应在归牧后补饲；如果是饲草和饲料都补，则可在出牧前补料，归牧后补草，在草、料的利用上应先喂次草、次料，再喂好草、好料；补饲量应根据草场情况决定，草场好则少补，草场差则多补，一般可按1只羊0.5~1kg干草加0.1~0.3kg混合精料补饲。

(2) 放牧加舍饲育肥。是指在秋末草枯后，对一些还未抓好膘的羊，特别是还有很大增重潜力的当年羔羊进行短期舍饲，以提高增重和育肥效果。这一方式适用于育肥强度较小和生长速度较慢的羔羊和周岁羊，但耗用时间较长，不符合现代肉羊短期快速育肥的要求。

在上述的舍饲、放牧和混合这三种育肥方式中，舍饲育肥的增重效果一般高于混合育肥和放牧育肥；但从单只羊的经济效益分析，混合育肥和放牧育肥的经济效益高于舍饲育肥；然而从大规模、集约化生产的角度来讲，舍饲育肥的生产效率及经济效益则比混合育肥和放牧育肥高。

二、育肥技术

1. 育肥前准备

(1) 制订育肥计划。养羊场（户）应在年初就制订肉羊生产计划，组织适度规模的羊群和做好草场规划工作，为肉山羊育肥做出准备。

（2）育肥羊舍准备。育肥羊舍应通风良好、地面干燥、卫生清洁，能夏挡阳光、冬避风雪；育肥羊舍面积按每只羔羊 0.75~0.95m^2、成年羊 1.1~1.5m^2 配置，以保证育肥羊的运动和休息；饲槽长度应按育肥羊数量计算，每只羊的平均饲槽长度为成年羊 40~50cm、羔羊 23~30cm，避免由于饲槽长度不足造成采食不均影响育肥效果。

（3）饲草饲料准备。饲草饲料是肉羊育肥的物质基础，因此必须坚持山羊育肥草料先行的原则，早做准备、备足草料，解决的途径主要有 4 个方面。

①规划面积适宜、植被丰厚的草坡草场。

②充分收集当地营养较多的农副产品及加工副产品，如花生秧、红薯块、杨树叶、槐树叶等。

③早作青贮和微贮：对麦秸、干的玉米秸秆等可进行微贮，对秋季玉米收获后的青秸秆则及时切断青贮。

④备足精饲料：蛋白质和脂肪是构成羊肉的主要原料，因此在育肥饲养时应投入在育肥羊能够消耗吸收限度内的精料，如以豆类、饼类、玉米、麸皮等为主的混合精料。

2. 羊群准备

（1）育肥羊只来源。主要是当年不留种用的公羔羊、淘汰成年公羊和失去繁殖能力的母羊，经健康检查无病者方可组群育肥。

（2）育肥羊分群。为使各类羊的育肥均能获得最好的效果和最高效益，在进行羊育肥时，应按照育肥羊的年龄、性别分别组群；如果品种性能的差异较大，则还应把不同品种的羊分开育肥。组群的规模一般规模羊场可组织批量育肥，每批 500~2 000 只，牧区农户 200~400 只/户、农区农户 30~500 只/户；如饲养条件和人力、财力均较好的养殖户，还可适当增加育肥群规模。

（3）育肥羊群保健。所有育肥羊只在参加育肥之前均应进

行驱虫、免疫和修蹄等日常保健工作，以有效预防育肥期间的羊只疾病，保证良好的育肥效果；公羊还应进行去势，在利于育肥管理的同时，还可提高肉质、降低膻味。

(4) 称重。肉山羊育肥前后应进行称重，以检验育肥效果与效益。

3. 常用育肥技术

肉山羊的常用育肥技术包括组群、饲养密度、育肥强度、日粮配制、合理饲喂等几个方面。

(1) 组群。生产中一般将育肥羊群分为淘汰公羊群、淘汰母羊群和当年羔羊群。如同一类型的羊群数量较大时，在育肥前按照山羊的品种、日龄、性别、体重、膘情及体质强弱等情况分别组群、分圈育肥，对不同类型的羊群分别给予不同的日粮和相应的饲养管理，以提高育肥山羊的整齐度。在育肥初期的1~2周内应勤观察、勤检查，每天巡视2~3次，及时掌握羊群（只）的状态、采食、粪便与合群情况等；对伤、病羊只立即挑出，单独饲养。

(2) 饲养密度。舍饲育肥时，山羊饲养密度的大小与育肥效果密切相关；密度过大时，羊只拥挤造成饱食、采食不均、活动受限，影响育肥效果；密度过小，羊只活动量增大，能量消耗增多，也影响到育肥效果。适时的饲养密度为羔羊0.5~0.8m^2/只、成羊1~1.5m^2/只。

(3) 育肥强度。肉山羊的育肥强度与育肥日粮密切相关。按照日粮的组成，肉山羊的育肥可分为精料型、精料补充型和牧草型三种育肥等级强度；养殖场（户）可根据当地的饲料饲草资源、气候、市场需求等因素，选择合适的育肥强度，获得最佳的经济效益。

①精料型育肥：具有生长速度快、育肥周期短、育肥强度大等特点，适合于断奶羔羊的当年舍饲育肥，但消耗精料较多，育

肥成本较高。

②精料补充型育肥：生长速度居中、育肥强度中等，能充分利用秸秆、饲草等及当地农副产品等饲料资源，可明显降低生产成本，又能获得较好的增重速度，适合于各类山羊的育肥。

③牧草型育肥：为自然育肥方式，对放牧地的牧草生产要求较高，育肥方式粗放，强度较低，周期较长，但技术要求简单，易于管理，成本较低。

（4）日粮配制。

山羊育肥日粮的配制原则是：来源广泛、营养全面、价格低廉。

①根据肉山羊的饲养标准和育肥方案，结合当地饲料、饲草来源特点，科学制定育肥羊的日粮配方。

②就地取材，尽可能多地使用来源广泛、数量充足的本地饲料（含农副产品），并将多种草料合理搭配、降低成本。如日粮中蛋白质不够时可另行添加棉粕、菜粕等植物性蛋白饲料；还可适当添加尿素等非蛋白氮饲料，但在使用时要精确掌握氮硫比和钙磷比分别为10：1和2：1或在日粮中另行添加0.5%氯化钴或硫化铵。

③应根据育肥强度的变化及时调整日粮组成；山羊育肥日粮的最佳精粗比例分别为45：55，育肥强度越大，精料比例越高，育肥强度越小，粗料比例增加。

④即使是实施短期高强度育肥时，也必须保证一定比例的粗饲料，因为粗饲料中的粗纤维对山羊消化系统中瘤胃纤毛虫的消化作用是必不可少的。

（5）合理饲喂。

①料型：育肥山羊的草和料可分开饲喂，也可混合饲喂（TMR）；青干草和粗饲料应铡短，块根块茎类饲料应切成片；也可将精料混合，制成粉状或颗粒状饲料饲喂。山羊不挑食。

②饲喂：采用少给勤添的饲喂方法，精料每天饲喂 2 次；使用青贮、微贮或氨化等秸秆加工饲料代替牧草时，应逐步增加喂量，并适当控制喂量为青贮 1.5～2.5kg/只（成羊）、氨化秸秆 1～1.5kg；粉粒状饲料中的粒径应小于 10～15mm，其中粗饲料比例为 20%～30%；颗粒料的粒径和粗饲料比例因羊而异，羔羊为 1～1.3cm 和 20%以内，成羊为 1.8～2cm 和不超过 60%；喂料量以 1h 内吃完不剩料为最佳。

③饲料品质：育肥山羊所用饲料应新鲜、干净、卫生、品质良好，严禁饲喂霉变、腐败、变质及有毒有害饲料。

④饮水：育肥山羊应每天供给充足的优质清洁饮水，以利营养消化吸收和保持机体健康；最好是采用自动饮水器或长流水式清洁水槽饮水，并应根据气温变化调节供水量。

⑤饲料变换：山羊育肥过程中，如需变换饲料种类或饲料类型时，应采取渐进式转换的方式；如果仅是以 1 种饲料替换另 1 种饲料，则可每隔 2～3 天替换 1/3，一周左右可全部替换；如果粗饲料替换精饲料，则时间应长一些，一般为 10～14 天替换完成，以尽可能减小对羊的影响；如是由放牧转换到舍饲环境，则需有一段时间的过渡期，一般在最初 3～5 天只喂饲草和水、不喂精料，让羊适应舍饲环境，之后的 5～7 天开始饲喂并逐步增加精饲料，经 10 天左右即可实现完全过渡，切不可急剧转换，造成山羊的消化系统疾病。

4. 羔羊育肥技术

包括羔羊早期育肥和羔羊断奶育肥两种技术。

（1）羔羊育肥的优点。

①育肥羔羊肉质好、价格高、市场需求大、生长期快、饲养成本低、经济效益高，国际市场的羔羊肉价格比成羊肉价格高 30%～50%，皮、毛价格也高。

②育肥羔羊当年屠宰，减轻了养殖场越冬度春的人力、物力

消耗的压力，避免死亡、加快周转，提高了出栏率和出肉率。

③不作种用公羔的大量育肥，改变了羊群结构，提高了母羊比例，利于扩大再生产。

（2）羔羊早期育肥技术。包括 1.5 月龄羔羊断奶全精料育肥和哺乳羔羊育肥 2 种方法。

①1.5 月龄羔羊断奶全精料育肥技术：羔羊早期（3 月龄以前）的消化系统发育不全，乳汁及补饲的固体饲料主要通过真胃消化利用，而且这一阶段羔羊生长发育快，胴体组成部分的增加大于非胴体部分，脂肪沉积少，因此采用 1.5 月龄早期断奶全精料育肥可获得较高的屠宰率、饲料报酬和日增重，但缺点是胴体偏小，生产规模受羔羊来源限制。

这种育肥方式的日粮可选用任何一种谷物进行单一饲料饲喂，但以玉米、小麦等高能量饲料为最佳，而且谷物饲料不需破碎，可提高转化率、减少消化道疾病；也可使用配合饲料进行育肥且效果优于单一饲料，建议配方为：颗粒玉米 83%、黄豆 15%，其他维生素、微量元素 2%。

饲喂方式采用自由采食，但应采用自动饲槽以防羔羊四肢踩入饲槽。喂料量以饲槽内不堆积、不溢出为宜，并添加盐砖或再设置盐槽；自由饮水，饮水器或水槽内应始终保持清洁饮水。

管理上应注意以下几个方面。

一是羔羊断奶前实行补饲，饲料应与断奶育肥料相同，但玉米粒应稍加破碎。

二是羔羊在采食整粒玉米时，有吐出玉米粒的现象，且反刍次数也较少，这是正常现象；以后随着羔羊日龄增加，反刍次数会增加，吐出玉米现象也会减少直至消失。

三是应对母羊和育肥羔羊按程序进行各类疫苗免疫。

四是育肥期一般为 50~60 天，其时间长短主要取决于育肥体重。

②哺乳羔羊育肥技术：这一育肥技术的目标同样是3月龄羔羊的出栏上市，所不同的是整个育肥过程采用传统的断奶方式而不实行提前断奶，只是在哺乳期提高隔栏补饲水平，待羔羊达到3月龄时从大群中挑出达到屠宰体重的羔羊出栏上市，达不到体重的羔羊则在断奶后转入常态饲养。

这一育肥技术基本上以舍饲为主，为提高育肥效果，母仔可同时加强补饲，要求母羊母性好、泌乳量多，哺乳期间母羊每天喂以足量的优质豆科干草，另加0.5kg精料；羔羊要求及早开食，每天喂2次，日粮以谷粒为主，适当辅以豆粕等，每次喂量以20min吃完为宜，同时补充优质苜蓿干草由羔羊自由采食；如干草品质差时，可在日粮中按每只羔羊50~100g标准补充蛋白饲料，3月龄活重达标者出栏上市。

（3）断奶羔羊育肥技术。羔羊断奶育肥是肉山羊生产的主要方式。在羔羊断奶后，除去部分羔羊初选到后备群外，大部分羔羊需经育肥后出栏上市。此时可视当地饲料状况和羔羊类型选择合理育肥方式，同时对选留的育肥羔羊进行筛选分群，通常是在按公母分群后，按体重和体况对群内羔羊再次进行分群，对体重大、体况好的羔羊进行高强度育肥；对体重小、体况差的羔羊进行适度育肥。但不论是适度育肥还是高强度育肥，均需经过预饲期和育肥期两个阶段。

①预饲期饲养管理（育肥第1~14天）：

断奶羔羊育肥的预饲期可分为3个阶段：第一阶段为育肥1~3天，此时只喂以干草，主要是让羔羊适应新的环境；第二阶段是育肥3~10天，此阶段从育肥第3天起逐步更换干草日粮，到第7天更换完成，此时日粮的精、粗比例为36：64，并延续至第10天；第三阶段为育肥第14~40天，此阶段的精粗比例为50：50。

肉山羊育肥预饲期每天喂料2次，每次投料量控制在30~

45min 内吃完，饲槽位置应充足，保证每只羊可同时采食；做好驱虫和免疫工作；断奶羔羊如需调运时，应先集中空腹一夜后于次日凌晨运输。

②育肥期饲养管理（14 天至育肥结束）：预饲结束后即转入正式育肥期，此阶段常用的日粮有精料型、粗料型和青贮料型三种，对应的饲养与管理要求也稍有不同。

精料型日粮：精料型日粮的育肥仅适用于体型健壮、体重较大的羔羊，该日粮不含粗饲料，其每千克风干饲料中的蛋白质含量为 12.5%左右，并可部分使用尿素，可消化的总营养成分达 85%；为保证每只育肥羔羊能采食一些粗纤维，可单独补饲一些秸秆或用秸秆做垫草。

日常管理中育肥羔羊应对该型日粮有 10 天以上的适应期（预饲期）。

粗料型日粮：粗料型日粮的育肥按投料方式可分为普通料槽和自动料槽两种。普通料槽是指精料和粗料分开投喂，日喂 2 次，先精后粗，日粮中玉米可用整粒籽实或带穗全株玉米，辅以优质豆科干草，其蛋白质含量大于 14%，并在预饲期严格按照渐加慢换的原则逐步实现粗粮型日粮的全替换；自动料槽饲喂的粗粮型日粮要求混合均匀，保证料槽容器中的日粮上下成分一致；带穗玉米碾碎，以免育肥羔羊挑食；每头羔羊按 1.5kg/头投喂，每天饲喂 1 次，并按采食情况酌情增减。

青贮料型：青贮料型育肥的日粮以玉米青饲料为主，可占日粮总量的 67%~68%，主要用于在育肥期 80 天以上但体型仍未快速发育的小体型羔羊；开始时应先喂 10~14 天预饲期饲料，直到 10~14 天达到饲喂日粮标准；但应注意该配方中石灰石粉含量不可缺少。

5. 成羊育肥技术

本项技术是国内普遍采用的育肥技术，主要是利用淘汰的

公、母羊，经加料催肥后实时屠宰，这种育肥方式具有成本低、简单易行的特点；此方法如应用适当可获得较好的经济效益。

成年羊育肥的日粮主要是利用农副产品和精料，并辅以青草和干草，采用夏季、秋季放牧抓膘或秋茬补精料的方式，在越冬前膘壮时屠宰，效果较好，并可加速羊群周转，优化羊群结构。

一般来说，不作种用的公、母羊和淘汰的老、弱、瘦、残羊均可进行育肥，但在育肥前应适当进行选择。一是按品种选择：品种好的羊生长速度快、肉质好；也可选择优秀父本杂交后代，可获得较好的育肥效果。二是按体况体质选择：健康无病、年龄较小的羊育肥效果好。

与羔羊育肥相同，成年羊的育肥也应设置 7~10 天的预饲期（恢复期）。此阶段应对育肥羊进行去势、驱虫、修蹄等工作，并逐渐改变饲料类型为育肥期日粮。成年羊的育肥日粮应以精饲料为主，全部育肥期 2~3 个月，其中，第一个月的精料比例为 60%~65%，第二个月的精料比例为 70%，最后阶段为 80%。精料配制可由玉米、豆饼、麸皮等组成，要求蛋白不低于 12%、粗纤维 10%以下、钙磷比 2.25：1。

三、山羊育肥的日常管理

1. 饲料质量

饲料和饲料添加剂的使用应符合国家和农业部及相关部门规定，不可在饲料中违规使用未经国家有关部门批准使用的各种化学制剂；日粮配制应按照肉羊不同生长阶段的营养需要和饲养标准，保证日粮的营养浓度、纤维含量和适口性、轻泻性及适度的容积，并尽力清除饲料中的泥沙和金属异物。

2. 饲喂

坚持定时定量、少喂勤添原则，及时清理槽内残渣，保持饲料清洁；保持足够的清洁饮水，经常清洗和消毒饮水设备。

3. 卫生消毒

搞好羊舍和运动场卫生，勤换垫料，保持羊舍干燥，运动场干燥不泥泞；建立规范的环境、羊舍、人员、用具及羊体等消毒制度，并严格执行。

4. 内环境控制

羊舍内的温度、湿度、通风、光照等应满足肉羊不同阶段的需求；羊场生产区应净污道分设、雨污分离；周围设置绿化隔离带，并遵循减量化、无害化和资源化的废弃物处理原则。

5. 疫病防控

应根据当地疫病流行情况，制订合理的免疫程序并严格执行。正常情况下，育肥羊禁止使用任何药物；必须使用时应按相关规定准确计算停药期；不使用未经相关部门批准的激素类药物及抗菌类药物。

第四章　消化特点与营养需要

第一节　消化特点

一、消化器官组成与特点

山羊的消化器官由口腔、咽、食道、胃、小肠、大肠和肛门组成。消化机能不同于猪、鸡、马等单胃动物，最大的特点是有一个庞大的多室胃，其胃由四部分构成，依次是瘤胃、网胃、瓣胃和皱胃，其中瘤胃、网胃、瓣胃，也称前胃，无消化腺，主要发挥对食糜的浸泡、发酵、研磨、过滤和压榨的作用。皱胃，也称真胃，有消化腺，其生理功能与单胃的胃室相似，胃壁黏膜依据固有层内分布的腺体不同分为贲门腺区（色淡）、胃底腺区（灰红色）和幽门腺区（淡黄色）3 个腺区，具有较强的吸收功能，参与营养物质的消化吸收，胃底腺分泌的胃液为水样透明液体，含有盐酸、胃蛋白酶和凝乳酶，并有少量黏液，幽门腺分泌量很少，而且呈中性或弱碱性反应，含少量胃蛋白酶原(图 4-1)。

山羊胃的容积约为 30L，占整个消化道容积的 70%，其中瘤胃容积最大，成年山羊平均为 23. 4L，占胃总容积的 79. 1%；网胃的容积为 2. 0L，占 6. 8%；瓣胃为 0. 9L，占 3. 0%；皱胃为 3. 3L，占 11. 1%。采食后未经充分消化的草料吞咽下去，先贮

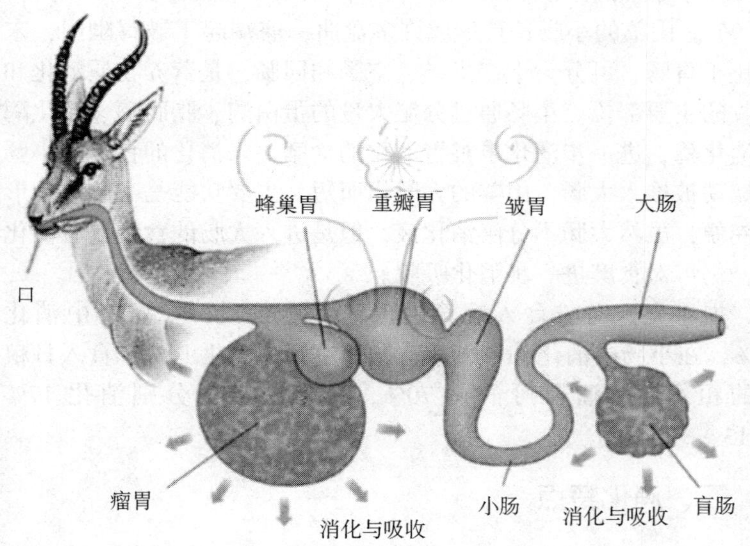

图 4-1　山羊的胃

存在瘤胃里，再进行反刍。瓣胃接受来自网胃的流体食糜，这类食糜内含有许多微生物、饲料和微生物发酵产物，当它们通过瓣胃的叶片之间时，大量水分被移去，因此瓣胃起到了过滤作用。截留于叶片之间较大的食糜颗粒，被叶片粗糙表面揉捻和研磨，使之变得更为细碎。瓣胃内可消化饲草中 20%纤维素，吸收约 70%食糜的挥发性脂肪酸，氯化钠等也可在瓣胃内被上皮细胞吸收。皱胃具有真正的消化功能，其胃液的酸性能不断杀死来自瘤胃的微生物，微生物蛋白质也能被皱胃中的蛋白酶初步分解，成为山羊重要的蛋白质来源。

山羊的肠道很长，是消化和吸收的主要场所，成年山羊肠管的总长度平均为 32. 7m，大肠和小肠的相对容积要明显大于牛，总长度是其体长的 27 倍，而牛为 20 倍。其中，小肠为 26. 2m，占80%；盲肠为0.36m，占1.1%；结肠和直肠为6.17m，占18.9%。山羊的小肠长且形成许多盘曲，前端起于皱胃幽门，末端止于盲肠，可分为十二指肠、空肠和回肠，是营养物质消化和吸收的主要部位。小肠通过分泌大量的蛋白酶、脂肪酶、转化酶等消化酶，进一步消化未被胃消化的食糜。未消化的食糜随小肠的蠕动被推入大肠。山羊的大肠粗而短，主要功能是吸收水分形成粪便，虽然大肠不分泌消化液，但是进入大肠的食糜混有消化酶，仍可对食糜进一步消化吸收。

据研究，山羊食入饲草的可消化干物质，在瘤胃中消化70%，在小肠内消化11%，在盲肠和结肠中消化19%；食入日粮中的粗纤维，瘤胃可消化70%，盲肠和结肠分别消化17%和13%。

二、消化特点

饲料进入消化道以后，营养物质要经过一个复杂的消化过程，才能转化成可被吸收的状态，消化方式主要包括3种，即物理性消化、化学性消化和微生物消化。机体的消化、吸收机能决定了动物对饲料的利用能力和动物生产能力。

1. 物理性消化

物理性消化又称机械性消化，是指通过咀嚼和胃肠运动，将饲料磨碎，与消化液混合形成食糜，不断向后段消化道推进的过程。该过程通常不能把饲料彻底分解为可被吸收的小分子物质，但却为化学性消化和微生物消化提供有利条件。

羊对饲料的口腔内初步消化主要是通过咀嚼和反刍动作来完成的。咀嚼没有什么特别之处，主要使饲料在口腔中被切割和磨碎，与唾液充分混合，形成食团便于吞咽。咀嚼还能反射性引起消化腺的分泌和胃肠运动。反刍，是牛、羊等反刍动物所特有的消化活动，即反刍动物在采食时，饲料不经过充分咀嚼就匆匆吞

进瘤胃，饲料在瘤胃浸泡软化和短时间的发酵，当动物休息时再将食团返回到口腔仔细咀嚼，这种特殊的物理性消化活动即称为反刍。反刍不但可使食物进一步磨碎，增加其与瘤胃微生物的接触面积，从而促进发酵和分解，而且使瘤胃易保持厌氧恒温（39~40℃）、pH 值恒定的环境，有利于瘤胃微生物的生存和繁殖，进一步利于食物的消化。

羔羊大约在出生后第 2 周，开始选食草料，并出现反刍动作，在 20 日龄前后开始出现反刍活动。成年山羊每日反刍时间为 6~9h，每日反刍 4~8 次，在羊只采食后 1h 左右即出现第一个反刍周期，每个反刍周期持续时间差异很大，每次反刍平均持续 40~60min，有时可达 1.5~2h，每分钟咀嚼次数为 80~90 次/min。羊只反刍所分泌的唾液高达 10L，甚至更多。一般而言，所含饲料的粗纤维含量越高，羊只的反刍次数越多，时间越长。日出前和日落前是山羊的采食高峰期，早晨采食时间较长，在饲养过程中，必须安排充裕的时间，让山羊进行反刍，保证草料的充分咀嚼，以利消化吸收。

反刍是羊的重要生理机能。当羊有病、过度疲劳、过度兴奋或受到强烈刺激时，都可能引起反刍和瘤胃运动减弱或停止。羊一旦停止反刍后，食物会滞留在瘤胃中，会造成瘤胃积食乃至酸中毒等不良后果，是疾病的征兆，要及时进行诊疗。

反刍动物在发育的过程中，反刍的出现与粗饲料有关。羔羊从出生后的 12~16 周开始采食饲草，瘤胃也逐渐开始具备发酵条件，这时候羔羊慢慢开始出现反刍。山羊咀嚼与反刍的时间与饲料的种类有关，采食谷物饲料反刍时间较短，采食秸秆饲料时反刍时间较长。反刍活动易受环境因素和健康因素的影响，惊恐、疼痛等因素干扰反刍，使反刍受到抑制；山羊处于发情期，反刍减少；因疾病导致消化异常时，反刍减少甚至停止。因此，反刍也是反刍动物健康的重要标志之一。

2. 化学性消化

化学性消化是指通过各种消化酶将营养物质彻底分解为可吸收的小分子物质的过程。消化酶包括消化液所含有的各种消化酶和植物性饲料含有的消化酶。消化酶按其专一性特征，可分为3类：分解碳水化合物的淀粉酶、分解蛋白质的蛋白酶、分解脂类的脂肪酶。

羊的化学性消化主要包括口腔内和胃肠道内化学性消化。羊的口腔内有三对主要的唾液腺：腮腺、下颌腺和舌下腺。唾液是无色、无味、接近中性、略带黏性的低渗液体，由水、有机物、无机物和少量气体组成。羊的唾液中不含淀粉酶，含有大量的碳酸氢盐缓冲物质，有助于中和瘤胃微生物发酵产生的有机酸，保持瘤胃适宜的酸碱度。羊的胃内化学性消化主要指皱胃内化学性消化，饲料经由口腔咀嚼、唾液混合，流经瘤胃、网胃和瓣胃之后，进入皱胃进行化学性消化。羊的皱胃黏膜上具有能分泌胃液的腺体，其功能与单胃动物的胃相同。皱胃的胃液中含有胃蛋白酶、凝乳酶和盐酸，并有少量黏液。酶的含量和盐酸浓度随年龄而有所变化，羔羊胃液中凝乳酶含量较成年羊高得多。胃蛋白酶含量随羔羊生长而增加，酸度也逐渐增高。与单胃动物的胃液分泌不同，羊的皱胃液是持续分泌的，这与食糜不断从瓣胃进入皱胃有关。皱胃分泌的胃液量和酸度取决于瓣胃内容物进入皱胃的量和内容物中挥发性脂肪酸的浓度，而与饲料的性质关系不大。这是因为进入皱胃的饲料经过瘤胃发酵，已经失去其原有的特性。

3. 微生物消化

山羊有庞大的瘤胃，瘤胃内含有丰富的微生物，具有独特的微生物消化功能。微生物消化是指借助于消化道微生物的作用，将饲料中的复杂营养物质分解的过程。微生物消化对于饲料中难以消化的纤维素类物质的消化起关键性作用。

瘤胃胃液中存在的大量微生物中主要是细菌、原虫（纤毛虫等）和少量真菌。主要的细菌有纤维素分解菌、半纤维素分解菌、蛋白分解菌、产氨菌、产甲烷菌等 8 个类别，原虫主要有前胃瘤胃网毛虫、肠网毛虫、瘤胃多毛虫、有牙双梳虫、囊状内梳虫、有尾内梳虫等。据测定，山羊瘤胃中每毫升内容物含有约 500 亿个细菌和 200 万个纤毛虫，当混有大量唾液的食物进入瘤胃后，在生理作用下，被揉磨、软化后，在瘤胃微生物的作用下，粗饲料中的大部分纤维素会被分解转变成挥发性脂肪酸，再被瘤胃壁吸收。瘤胃能把饲料中的纤维素分解 50%～80%，变成低级挥发性有机酸而吸收，把非蛋白质含氮物质转化成菌体蛋白而吸收，通过微生物生命活动合成多种必需氨基酸和 B 族维生素供机体利用。其营养作用具体可分为以下 4 点。

1. 分解粗纤维

山羊所采食的草料中有 55%～95%的碳水化合物、70%～95%的粗纤维被消化。首先纤毛虫使纤维组织变得疏松，然后利用细菌产生的水解酶的作用，把粗饲料中的粗纤维分解成容易消化的碳水化合物；同时，产生几种低级脂肪酸，主要为乙酸、丙酸和丁酸。这几种有机酸一方面可合成葡萄糖，另一方面可与氨气在微生物酶的作用下合成氨基酸，还可维持瘤胃正常的 pH 值。对粗纤维的消化能力，取决于饲料品质及调制技术、蛋白质供给水平等因素，日粮中粗纤维不足而易消化的碳水化合物过多或粗纤维粉碎过细，既不利于消化，又容易引起消化疾病。

嗳气是瘤胃中微生物发酵产生的气体通过食管向外排出的过程。由于山羊的唾液中不含淀粉酶，瘤胃和网胃也不分泌胃液，瘤胃内食物的消化，主要靠瘤胃中微生物的活动，它们在分解和发酵纤维时，形成大量的低级脂肪酸，供羊吸收利用，同时产生大量气体，这些气体约 1/4 经肺排出，一部分被瘤胃微生物利用，还有一部分随饲料残渣经胃肠排出体外，剩余大部分需经口腔排出，因此羊常要嗳气，每小时要嗳气 17~20 次/h。在饲养过程中，如果山羊采食过多易于发酵的豆科牧草、豆饼等，使瘤胃内容物出现异常发酵，产生的大量气体来不及排出，就会造成瘤胃急性臌胀，饲养管理中一定要有所注意，合理添加这类饲料。

2. 合成菌体蛋白

依赖微生物的作用，可将草料中一些非蛋白含氮化合物(如氨化物、尿素等) 合成高质量的“菌体蛋白”，还可把低质量的植物蛋白质合成高质量的蛋白质。然后在小肠中，在蛋白酶的作用下把“菌体蛋白”消化、吸收、利用。瘤胃微生物有效利用非蛋白氮化合物是其消化的重要特点之一。

3. 合成维生素

瘤胃微生物可合成 B 族维生素，其中包括维生素 B_1、维生素 B_2、维生素 B_6、维生素 B_{12} 和维生素 K 及其同类物。因此，在羊的饲料供给中可不必额外添加这些维生素。但是瘤胃中对维生素 A、胡萝卜素、维生素 C 具有破坏作用，易造成维生素 A 和维生素 C 的缺乏。

4. 消化脂肪

瘤胃微生物可将饲草中的不饱和脂肪酸转变成羊体内的饱和脂肪酸，同时合成脂肪酸。

反刍动物与瘤胃微生物之间存在着共生关系。一方面，宿主采食的饲料为瘤胃微生物提供了营养来源，瘤胃环境为微生物提供了理想的场所；另一方面，瘤胃微生物帮助宿主消化饲料中的某些营养物质，尤其是宿主自身不能消化的纤维素、半纤维素等物质，然后又为宿主提供消化产物及微生物蛋白。反刍动物与微生物之间的共生关系是物种在长期进化过程中形成的。

三、羔羊消化特性

羔羊与成年羊的消化机能有一定的差别。羔羊出生后 2 个月内，前胃尚未完全发育，瘤胃微生物区系尚未完全形成，不具备成年羊瘤胃的消化机能和消化特点，不具有消化粗纤维的能力，因此不能采食粗饲料。此时，真胃起主要的消化作用，羔羊的食物主要为乳汁，由食道经食管沟直接进入真胃进行消化。随着日龄的增长和对饲料采食的增加，前胃的体积逐渐增大，及早补饲草料可锻炼和培养羔羊采食粗饲料的能力，也可促进前胃的发育和提前出现反刍。一般 7~10 日龄可采食少量容易消化的精饲料和优质干草，之后逐渐饲喂优质的青干草（如苜蓿干草、柳树叶、槐树叶等）和营养价值高的精饲料。由于羔羊时期瘤胃微生物区系尚未形成，所以在饲料中可以添加一些抗生素的药物，提高羔羊的抵抗力，并达到防病治病的目的。

第二节　饲料营养基本知识

一、饲料中营养物质

饲料：动物为了生存、生长、繁衍后代和生产，必须从外界摄取食物。一切能被动物采食、消化、利用，并对动物无毒无害的物质，皆可作为动物的饲料。

营养物质：饲料中凡能被动物用以维持生命、生产、产品的化学成分称为营养物质，简称养分或营养素。饲料中的养分可以是简单的化学元素，如 Ca、P、Mg、Na 等，也可以是复杂的化合物，如蛋白质、脂肪、碳水化合物及各种维生素。国际上通常采用常规饲料分析方案，即概略养分分析方案，将饲料中的养分分为六大类（图 4–2）。

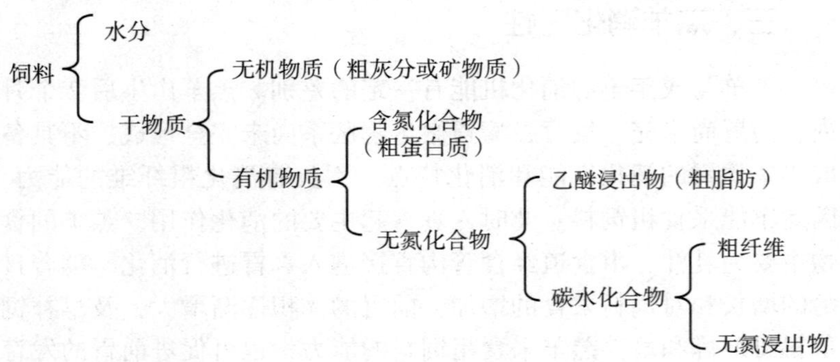

图 4-2　概略养分与饲料组成之间的关系

二、营养物质的基本作用

不同的营养物质对动物的营养作用不同，各种营养物质的基本作用可归纳如下。

作为动物体的结构物质：如蛋白质、钙、磷、脂类物质、碳水化合物等是动物组织、器官的基本结构物质。

供给动物生命活动所需要的能量：主要有碳水化合物、脂类物质和蛋白质三大类物质。

作为动物体内生命活动所必需的活性物质：如酶、激素、抗体等的组成部分或原料。

作为畜产品的组成成分：如肉、蛋、奶、皮毛等的组成成分。

三、几种主要营养物质

1. 糖类

进入瘤胃的任何糖类，均被微生物群发酵，形成微生物细胞、挥发性脂肪酸、二氧化碳和甲烷，反刍动物饲料中的糖类，

一般是纤维素、果聚糖、戊聚糖和半纤维素等多糖，果胶物质和其他多糖醛酸苷，以及淀粉和蔗糖与葡萄糖这样的糖类。瘤胃微生物将纤维素和其他糖类发酵水解为纤维二糖和葡萄糖或其他单糖，作为自身繁殖的能量。在发酵过程中，微生物大量增殖，其发酵的最终产品为二氧化碳及甲烷、乙酸、丙酸、丁酸和戊酸等挥发性脂肪酸，并被瘤胃吸收。反刍动物能量的70%~80%来源于这些有机酸，有机酸在体内通过糖原异生作用合成糖原或合成为脂肪贮备。乙酸在中间代谢过程中主要产生热量，如果发酵过程产生的乙酸比例过高，而缺乏丙酸或葡萄糖时，乙酸合成脂肪困难，其结果是能量水平提高，而用于合成体脂的作用率就低。因此，在反刍动物的日粮中应合理搭配饲料，使发酵过程中产生的乙酸和丙酸达到合适的比例。反刍动物对饲料中粗纤维的消化吸收完全依赖于瘤胃微生物，如果不能满足瘤胃微生物正常繁殖的营养需求，就会引起动物的营养缺乏。相反，牛羊一次饲喂大量的谷物，剧烈的发酵产生大量的有机酸被吸收，就会引起酸中毒。因此，反刍动物的日粮应为粗饲料型日粮。单纯以青贮饲料喂牛、羊，可造成瘤胃 pH 值降低，不利于瘤胃微生物繁殖，也就丧失了反刍动物重要的菌体营养来源，导致动物营养不良、繁殖障碍以及新生犊牛先天性失明等问题。所以，优质青干草对反刍动物是必不可少的。

2. 蛋白质

蛋白质在瘤胃中的消化几乎是以稳定的水解速度进行，水解作用通过减少肽链的长度至游离氨基酸的途径进行。氨基酸大部分被发酵的脱氨作用破坏，伴随产生二氧化碳、氨和短链脂肪酸，某些肽和脂肪酸可能直接进入细菌细胞，但多种瘤胃细菌则能利用氨作为主要的氮源，合成它们的细胞的蛋白成分。瘤胃中的微生物进入皱胃和小肠后被消化液消化，菌体中的蛋白质被分解为氨基酸，同时菌体中的糖类和脂类被分解为葡萄糖和脂肪

酸，这些营养成分大部分在小肠内被吸收。可以说，瘤胃微生物是反刍动物最直接的营养来源，只要能满足瘤胃微生物的正常繁殖条件，就不会造成营养缺乏。由于瘤胃中的微生物能利用饲料蛋白水解产生的氨和其他非蛋白氮合成菌体蛋白，所以非蛋白氮对于反刍动物具有重要的营养价值。但当瘤胃内总氮含量过高，肠内可利用的碳水化合物过少，会影响脂肪的合成，对反刍动物来说，供应的总氮量和碳水化合物的比例要适当。对反刍动物来说，蛋白质的生理价值与单胃哺乳动物不同。反刍动物只要给予足够的总食物氮（包括非蛋白氮），就能够很好的完成各种生命活动。对牛来说，蛋白质的生理价值随着摄入水平的不同而改变，分别利用含 9%、11%、13%和 15%粗蛋白的日粮，则其蛋白质的生理价值分别为 79、70、60 和 52，由此可见日粮中粗蛋白含量过高，相反其蛋白质的生理价值降低。因此，开发利用非蛋白氮作为反刍动物的蛋白质饲料，不但符合反刍动物的消化生理特点，可提高动物的营养水平，还扩大了反刍动物的饲料来源，节约饲料用粮，对于促进畜牧业的发展，为市场提供优质肉类具有重要的意义。

3. 脂类

脂类在瘤胃中的结局与糖类相似。脂类在瘤胃中被微生物水解为甘油和脂肪酸，甘油最终被水解为丙酸。脂肪酸类在瘤胃内发生广泛的氢化作用，转变为 18 碳的不饱和脂肪酸被瘤胃吸收，作为动物构建自身脂肪的部件。

4. 矿物质

（1）钙和磷。钙、磷是动物生长发育和维持生理机能所必需的矿物质，在动物代谢和生殖活动中起着重要作用。骨骼中的钙主要是以磷酸盐的形式存在。磷在动物体内除与钙或碳酸盐构成增强骨骼和牙齿坚硬度的化合物外，在身体的每一个细胞中都有磷，并参与许多代谢过程，包括在体液中作为缓冲物在内，有

着生命攸关的关系。事实上，细胞内能量交换的各种形式都包括有“高能磷酸键”的形成与断裂，该“高能磷酸键”使磷的氧化物与含碳或碳—氮化合物联系起来。在我国西北广大地区的石灰岩土壤中，钙的含量很高而磷严重缺乏，导致钙不能有效的被吸收利用，致使家畜生长发育不良，甚至发生异食癖，所以家畜日粮中磷的补充极为重要。在南方水田地区，磷钙均缺乏，则要同时补充钙和磷。

（2）硫。THomas 等（1951）以尿素为唯一氮源的合成饲料饲喂绵羊，对维持动物的健康有困难。饲料内补充硫时，解决了这个问题。硫是合成必需氨基酸——蛋氨酸所必不可少的。研究证明，羔羊瘤胃内能合成所必需的 10 种氨基酸。当以尿素为唯一氮源而有无机硫可利用时，瘤胃细菌能合成蛋氨酸。反之饲料中硫缺乏时，尿素氮不能被有效地利用。在试验中，缺硫的羔羊表现食欲逐渐减退、体重减少、消瘦及死亡。羊毛生长对代谢蓄积的营养物似乎比组织生长甚至维持有更大的优先性，可是由于缺硫，羊毛的生长速度减慢。硫对反刍动物具有双重营养效用，它是瘤胃微生物合成蛋白质和动物毛被生长必不可少的元素。

（3）硒。硒是谷胱甘肽过氧化物酶的重要组分，它能还原所有的过氧化物成为无毒的羟基化合物，使细胞免受过氧化物的毒害。硒是一种具有提高动物生殖力和生产力的重要物质，在缺硒的情况下，母畜呈不规律的发情或根本不发情，胚胎率低；有的母畜虽能正常排卵和受胎，但胎儿在母体内不能正常发育。然而，硒过多对生殖功能也有不利的影响。硒中毒时，母畜受胎率和产仔数均下降，仔畜生长发育缓慢，还可导致胚胎畸形。因此，只有在动物体内保持正常的硒水平，才能使动物生殖机能正常。在缺硒地区日粮中补充适当的硒元素，可有效地提高生殖力，预防先天性白肌病。硒/维生素 E 缺乏症可损害子宫肌的生理机能，而这种生理机能常可导致胎衣不下或阻碍精子的转送而

引起受精率降低。近年来的研究表明，乳腺炎的发病率受外周血浆维生素 E 和硒水平的影响，在日粮中添加维生素 E 和硒能降低乳腺炎的发病率。

（4）锌。锌的一个重要功能是存在于合成核糖核酸必需的酶系统中，锌对于生殖细胞和体细胞的生长是必需的。有 200 多种酶活性与锌有关，锌在这些酶中的作用是维持蛋白质结构的完整性或直接参与酶的催化过程。所以锌对于动物的生命活动具有重要的意义，缺锌时代谢障碍，繁殖能力低下，在母畜主要表现为受胎率降低。在公畜，锌直接参与精子的生成、成熟、激活和获能过程，并能够延缓精子膜的脂质氧化、维持细胞膜结构的渗透性和稳定性，从而使精子保持良好的活力。精子中锌的作用，主要是通过抑制降解酶的活性来保护精子中脱氧核酸酶免遭破坏，从而提高公畜的精液品质。锌缺乏可使雄性性腺发育成熟时间推迟，成年动物可发生性腺萎缩及纤维化，第二性征发育不全。

（5）钴。钴是消化道微生物，主要是瘤胃微生物产生维生素 B_{12}所必需的。反刍动物钴缺乏症的特征为厌食和消瘦，如果疾病加重，则出现明显贫血及食欲明显减退，血量和血浆中蛋白质浓度降低以及氧运载能力降至正常的 30%甚至更低，特征是显著的巨红细胞性贫血症，而最终并发多染色性。母畜缺钴的最常见的症状是母畜受胎率低。贫血母畜不能发情、初情期延迟、卵巢机能丧失、流产、产弱胎儿。给缺钴牛群补钴，可降低暗发情和不规则发情率，从而提高受胎率。本病通常发生于世界上土壤含钴低于 2%的地区。除土壤中钴浓度非常低的因素外，还有其他造成钴缺乏症的因素。对缺钴性贫血的病畜口服适量钴，常使症状得到改善，饲料中添加一定量的钴能防止疾病的发生。这是一个良好的例子，说明某些微量元素为瘤胃微生物适当的生长以及合成维生素 B_{12}所必需，上述两方面作用对动物的健康都是

重要的。

5. 维生素

维生素是参与动物生长发育和新陈代谢所必需的一类微量有机物。每种维生素都有其特殊的作用，相互间不能替代。所以饲料中任何一种维生素缺乏都会引起机体生理功能的变化和导致特异性缺乏症。

（1）维生素的分类。维生素是一类低分子有机化合物，包括醇、酯、胺、酸、酚式醛等不同结构，因而理化性质和生理作用也存在区别，根据溶解性的不同可以把维生素分为脂溶性维生素和水溶性维生素两大类。脂溶性维生素主要包括维生素 A、维生素 D、维生素 K、维生素 E；水溶性维生素包括 B 族维生素（维生素 B_1、维生素 B_2、烟酸和烟酸胺、维生素 B_6、泛酸、生物素、叶酸、维生素 B_{12}等）和维生素 C 等。由于其理化性质不同，对动物机体的影响也各不相同。

（2）维生素的来源及其在反刍动物体内的消化特点。脂溶性维生素大量存在于动物性饲料中，如鱼粉、肝脏、鱼肝油、卵黄等。此外，植物性饲料中含有的胡萝卜素，可以作为维生素 A 源。青干草是维生素 D 植物性饲料重要来源。维生素 E 大量存在于各种植物油中。甘蓝叶是维生素 K_1 的良好饲料来源。但是受经济等多方面条件制约，饲料中的动物性原料比例较小，植物性原料种类单一导致动物体维生素摄入量不足，从而引起动物机体生理功能的变化。反刍动物由于其独特的瘤胃微生物系统使得其自身可以合成 B 族维生素。研究表明，瘤胃可以合成核黄素、维生素 B_6、硫胺素、泛酸、生物素和叶酸。传统上认为，反刍动物体内产生的 B 族维生素已经可以满足其自身的需要，所以对于反刍动物的维生素补充主要是集中在脂溶性维生素。但是大部分未经包被的脂溶性维生素在瘤胃中被微生物消化利用，只有少量维生素能够真正被动物机体吸收，因此脂溶性维生素在反刍动物上的利用一直以来是国内外共同关注的主要问题。

第三节　山羊营养特点

一、日粮组成特点

羊的采食能力强，利用饲料广泛，各种牧草、灌木、农副产品、禾谷类籽实以及农作物秸秆甚至树叶均能利用。因此单一饲喂某一种饲料，对羊生长发育不利。

粗饲料是羊日粮组成不可缺少的部分。粗饲料除提供营养物质外，还起到填补瘤胃的作用，给羊以饱腹的感觉；粗饲料也有利于瘤胃微生物生长，维持正常的瘤胃微生物体系；粗饲料对羊的胃肠黏膜有刺激作用，使反刍得以正常进行，并能促进胃肠蠕动和粪便排泄；粗饲料还有利于维持正常的瘤胃 pH 值。羊饲料中缺乏粗饲料，会造成瘤胃胀气和各种代谢疾病。

二、蛋白质营养特点

所有家畜蛋白质营养的实质是氨基酸营养，羊也不例外。但羊等反刍家畜在氨基酸营养上不同于单胃家畜，单胃家畜一般可以直接利用饲料中的氨基酸或将蛋白质分解为氨基酸直接吸收利用，而羊首先将饲料中的部分蛋白质或氨基酸分解后合成微生物蛋白质，微生物蛋白质是羊蛋白质营养的主要来源，它含有各种氨基酸，其比例合适，组成较稳定，生物学价值较高。它随食糜进入皱胃和小肠后被分解成氨基酸吸收利用，只有少部分蛋白质能经过瘤胃直接进入小肠供羊消化吸收。因而瘤胃微生物蛋白质在羊蛋白质营养中占相当重要的地位。

饲料中的蛋白质和非蛋白氮可以同时被羊利用，合成微生物蛋白以满足机体对蛋白质的需要。瘤胃可以将饲料中约 70% 的

蛋白质，通过瘤胃微生物分泌酶的作用，分解为氨基酸和肽被机体吸收；同时将饲料中的非蛋白氮，如尿素、酰胺等快速直接地分解为氨。在能量充足和具有一定数量的蛋白质条件下，瘤胃中的微生物利用两者分解的产物合成微生物蛋白质（其中菌体蛋白质占主要成分）以满足对蛋白质营养的需要。因此在羊业生产中，可以利用部分非蛋白氮作为补充饲料代替部分植物性蛋白。但要注意的是非蛋白氮在饲料总氮中的比例不能太高，否则瘤胃氨浓度太高，影响氮的利用率，甚至造成羊氨中毒。

瘤胃微生物对饲料蛋白质的降解作用对羊的蛋白质营养存在正反两方面影响。瘤胃微生物可以将饲料中特别是粗饲料中质量较低的蛋白质和无生物学价值的尿素等非蛋白氮转化为微生物体蛋白，而微生物体蛋白的氨基酸组成相对于原饲料来说，种类更加齐全，比例更加平衡，必需氨基酸尤其是限制性氨基酸的含量要比原饲料高得多。对于一般羊而言，很少发生必需氨基酸缺乏问题。因此，从这方面来说，微生物对饲料蛋白质的降解对于羊的蛋白质营养是有利的。另外，瘤胃微生物对饲料蛋白质的降解作用，将饲料中高品质的蛋白质分解为挥发性的氨，使得瘤胃微生物蛋白质在合成过程中损失的蛋白质量比微生物蛋白质合成增加的量多，从而造成营养上的浪费，降低了饲料蛋白质的利用效率，在这方面又是不利的。针对这种情况，可以采用过瘤胃蛋白质、过瘤胃氨基酸技术将高品质蛋白质保护起来，躲过瘤胃微生物的降解，以提高饲料蛋白质的利用效率。

三、粗纤维营养特点

羊对粗纤维的利用不同于单胃家畜，单胃家畜的盲肠和结肠是粗纤维的主要消化器官，单胃家畜只有将粗纤维转移到盲肠和结肠后，才能通过微生物分解为挥发性脂肪酸被吸收，粗纤维的消化率只有 3%～25%。而羊的瘤胃是消化粗纤维的主要器官，

瘤胃中的微生物分泌纤维素酶将纤维素和半纤维素分解为挥发性脂肪酸和 CO_2，挥发性脂肪酸被吸收后，参与羊体内的碳水化合物代谢，产生热能，供羊机体应用。羊对粗纤维的消化率远远高于单胃家畜，可以达到 50%～90%。饲料中的蛋白质营养水平是改善羊瘤胃对粗纤维消化的重要因素。如果以低品质干草（含粗蛋白质 3.28%～4.51%）喂羊时，粗纤维的消化率为 43%，若补加 10g 缩二脲（非蛋白氮源饲料添加剂，能被瘤胃微生物合成蛋白，比尿素安全），则可将粗纤维的消化率提高到 55.8%。因此，日粮中蛋白质营养水平与粗纤维的消化率有十分密切的关系。

饲料的加工技术不同，影响羊对粗纤维的消化率。饲料粉碎过细，羊对饲料粗纤维的消化率可降低 10%～15%。其主要原因是由于过细的饲料加速了饲料通过羊瘤胃、网胃的速度，从而减少了微生物作用于饲料的时间。若加工成颗粒饲料，则因为饲料在瘤胃中停留的时间较长，发酵产酸使得瘤胃内 pH 值降低，影响微生物分泌纤维素酶的活性，导致纤维素消化率降低。农产品秸秆饲料如经氨化处理，则粗纤维的消化率提高 20%～40%。

四、矿物质营养特点

矿物质是羊维持、生长所必须的营养物质。各种矿物质营养的缺乏或过量，轻则使生长发育受阻，重则导致疾病甚至死亡。针对放牧为主的羊，给羊补充矿物质营养时，首先要了解羊自身对矿物质的需要量，其次应了解土壤、饲料中某些矿物质及其拮抗成分的含量，然后再决定补什么矿物质元素和补多少量。针对性的补充羊所缺乏的矿物质，对提高羊的生长、繁殖、泌乳性能是有利的。反之，如饲料中不缺乏，或任意增加补充的剂量，这不仅无益，在经济上造成浪费，还可能出现羊中毒和环境污染问题。

五、维生素营养特点

维生素是维持羊正常生理机能所必需的物质。维生素的缺乏会导致羊代谢的紊乱，危害健康。例如，种母羊缺乏维生素 A，会导致性周期异常；种公羊缺乏维生素 A，会导致精液品质下降；羔羊缺乏维生素 A，会导致生长停止及气管炎、眼病等。

羊依靠机体本身能合成部分维生素。对于羊而言，正常情况下瘤胃微生物可以合成足量的 B 族维生素、维生素 K 和维生素 C，因此在饲料中不必添加 B 族维生素、维生素 K 和维生素 C。但是羔羊瘤胃尚未发育成熟，无法合成 B 族维生素、维生素 K 和维生素 C，必须要在日粮中提供。维生素 D_2是由存在于植物体内的维生素 D_2原（麦角固醇）经紫外线的作用而成；维生素 D_3是由动物皮肤中无活性的维生素 D_3原（7–脱氧胆固醇）经日光照射后的产物，因此放牧羊或饲喂青干草的舍饲养一般不会缺乏维生素 D。

维生素 A 不仅羊机体本身不能合成，而且瘤胃微生物对饲料中的维生素 A 还有一定的破坏作用，因此通过饲料给羊补充维生素 A 的有效方法还有待于进一步研究。

第四节　山羊营养需要

一、营养需要的概念

畜禽为了维持生命和各种生产活动需要大量的营养物质，这些营养物质包括水分、能量、蛋白质、矿物质、维生素等，它们大部分由饲料供给。这些每天每个动物在不同生理阶段所需要的营养物质的数量，通常称为每日的营养需要量（又称日粮标准）。包括：能量需要、蛋白质需要、矿物质需要、维生素需要。在生产实践中，常常是一次配制一段时间内的饲粮，所以往往使用的是饲粮标准，即每千克饲粮中含多少营养物质，这是一种用相对单位表示营养需要的表达方式。

二、营养物质与营养需要

羊在饲养过程中，以饲草、饲料为食物，这些食物中包括碳水化合物、蛋白质、脂类、矿物质、维生素、水等营养成分。它们大多来源于植物性饲料。对于上述营养物质，有着不同的功能，需要的量区别也很大。碳水化合物和脂肪主要为羊提供生存和生产所必需的能量，碳水化合物对于羊主要是从植物饲料中摄取，羊一般不缺乏。羊对脂肪的需要主要来源于植物的籽实，一般也不缺乏。蛋白质是羊体生长和组织修复的主要原料，也提供部分能量。羊对蛋白质的需要量随年龄、品种、产品方向的不同而不同。羊的正常生命活动及各种生产活动，都需要各种营养物质。不同年龄、不同生理状况的羊对营养物质的需要的来源和量是不同的。羔羊哺乳期营养需要主要来源于母乳，育成羊和一般母羊群的营养需要来源于牧草及补饲的干草、精料等。

由于羊的营养需要量大都是在实验室条件下通过大量试验，并用一定数学方法（如析因法等）得到的估计值，一定程度上也受试验手段和方法的影响，加之羊的饲料组成及生存环境变异性很大，因此在实际使用时应作一定的调整。

1. 蛋白质需要

蛋白质在羊的生命活动中具有重要的营养作用，它是构成羊体组织和细胞的基本原料，羊体内各种器官、组织和血液等，均含有大量蛋白质，其产品，如乳、肉、皮、毛等均以蛋白质为主要成分。蛋白质是修补羊机体组织的必需物质，即使是维持生长的羊，也要供给一定量的蛋白质。蛋白质可以代替碳水化合物及脂肪的产热作用，在羊体内供给热能的碳水化合物及脂肪不足

时，蛋白质也可以在体内分解，氧化释放热能，以补充碳水化合物及脂肪的不足。羊日粮中缺少蛋白质时，羊患营养缺乏症，将导致生产能力、产品品质及对疾病的抵抗力下降，如羔羊生长受阻，成年羊机体消瘦，母羊泌乳量下降，胎儿发育不良，种公羊精液质量低等。羊日粮中蛋白质含量过高，不仅造成浪费，而且长期饲喂会导致机体代谢紊乱以及氨中毒。因此，根据羊的不同生理状态及生产力制定合理的日粮蛋白质水平是保证羊健康、提高羊生产性能的重要环节。

2. 能量需要

羊机体的生命及生产活动，需要机体每个系统正常地、相互协调地执行其各自的功能。在这些功能活动中要消耗能量。羊机体所需的能量来源于饲料中的3种有机物质（碳水化合物、脂肪和蛋白质），而最主要的来源是从植物体内的多糖体（纤维素和淀粉）分解合成的产物葡萄糖中取得。羊对能量的需要量与其活动量、生理状况、年龄、体重、环境温度等诸多因素都有关系，要根据羊不同的状态，调整日粮能量水平。

当日粮中能量水平不足时，羊的生产性能下降，繁殖率降低，健康恶化；当日粮中能量水平过高时，同样对羊不利。如母羊产前饲喂高能日粮，产后瘫痪及乳腺炎的发病率提高。因此，合理的能量水平对保证羊健康，提高生产性能，降低饲料消耗具有重要实践意义。

羊的能量需要的常用指标有代谢能和净能两大类。由于不同饲料在不同生产目的情况下代谢能转化为净能的效率差异很大，因此，采用净能指标较为准确。不同生产目的羊的维持能量需要的测定和计算有不同公式。

3. 矿物质需要

矿物质元素按其在饲料中的浓度划分为常量元素和微量元素两大类。现已知道至少15种矿物质元素是羊体所必需的，其中

常量元素7种，包括钙、磷、钾、钠、硫、氯和镁；微量元素8种，包括铁、锌、铜、硒、钼、碘、锰和钴。

（1）钙和磷。钙和磷是羊体内含量最多的物质，占矿物质总量的65%~70%。钙和磷在羊体内主要存在于骨髓和牙齿中，作为骨髓、牙齿的基本构成成分——羟磷灰石。此外，钙、磷在维持体液的酸碱平衡及维持神经肌肉的活性和维持血液凝固机制等方面都有重要的作用。

羊日粮中正常的钙磷比例应为（1.5~2）：1。幼龄羊、哺乳羊需钙和磷尤其是钙较多。若日粮中钙、磷长期供应不足，则哺乳羊就会动用骨髓中钙、磷，影响机体健康。在放牧条件下，羊很少发生钙、磷缺乏，这可能与羊喜欢采食含钙、磷较多的植物有关。在舍饲条件下，如以粗饲料为主，应注意补充磷；以精饲料为主则应注意补充钙。一般植物性饲料都缺钙，但豆科牧草如苜蓿、白三叶等含钙量较高，农作物秸秆含磷量较低，而谷实类（玉米、高粱等）、饼、粕、糠麸含磷量较高，动物性饲料（鱼粉、骨粉等）的钙、磷含量都十分丰富。

日粮中缺乏钙、磷时，羊表现为生长缓慢、食欲减退和繁殖障碍等症状，严重时发生佝偻病。食入磷含量过多的饲料，公羊则有产生尿结石的危险。

（2）钠、钾和氯。钠、钾和氯是维持渗透压、调节酸碱平衡、控制水代谢、维持神经肌肉的兴奋性的主要元素。此外，氯还参与胃液盐酸形成。植物性饲料中钠和氯的含量较少，而羊是以植物性饲料为主，因此必须注意补充钠。补饲食盐是对羊补充钠和氯最普遍有效的方法。仅在消化道功能严重紊乱时，才考虑补充钾。羊日粮中缺乏钠、钾和氯时，会出现异嗜癖、食欲下降、被毛粗乱、生长停滞、饮水量增加。生长期、繁殖期山羊的饲料中需含0.03%~0.17%的钠，哺乳期山羊至少应给予含0.17%钠才能满足需要。

（3）硫。硫是构成羊体内多种物质的成分，体内有21%的氨基酸中含有硫，大部分硫以胱氨酸形成存在，少部分以半胱氨酸和蛋氨酸形式存在。羊毛（绒）纤维中的角蛋白含硫量比较集中。此外，硫还参与氨基酸、维生素和激素代谢，并具有促进瘤胃微生物生长的作用。无论有机硫还是无机硫，被羊采食后均降解成硫化物，然后合成含硫氨基酸。一般青草中含有足够的硫可供羊吸收利用，干草中约含0.13%的硫，混合谷物中含0.28%的硫，对羊而言已满足需要。但对于产毛的羊而言，日粮中应补充含硫氨基酸或无机盐。羊补饲非蛋白氮时必须补饲硫，否则瘤胃中氮与硫的比例不当，而不能被瘤胃微生物有效利用，其氮硫比应保持在10∶1。

（4）镁。镁在羊体内参与许多生命活动，镁对羊维持神经系统正常功能起重要的作用，既可作为多种酶的激活剂，又作为神经肌肉的激活剂。羊缺镁时，表现为代谢失调。由于羊对嫩绿青草中镁的利用率较低，因此在早春放牧期，羊也常发生青草抽搐症，症状是走路蹒跚，肌肉抽搐，伴随剧烈痉挛，几小时后死亡。但慢性症状不易鉴别，往往出现食欲减退、掉膘等症状。治疗羊缺镁病可皮下注射硫酸镁药剂，以放牧为主的羊可以对牧草施镁肥而防治缺镁。一般推荐日粮中镁的含量为每千克干物质中0.4~0.8g。

（5）铁。铁是形成血红素和肌红蛋白所必需的，铁也是多种氧化酶和细胞色素酶的成分。作为氧的载体保证体组织内氧的正常输送。缺铁的典型症状是贫血。一般情况下，由于牧草中铁的含量较高，因而放牧羊不易发生缺铁，哺乳羔羊和舍饲羊易发生缺铁。一般推荐日粮中铁的含量为每千克干物质中30~40mg。

（6）锌。锌是羊体内多种酶和激素的组成成分，对羊的睾丸发育和精子形成以及羊毛的生长有作用。锌缺乏使羊角化不全、掉毛、精子畸形、公羊睾丸萎缩、母羊繁殖力下降，缺锌也

使生长羔羊的采食量下降，降低机体对营养物质的利用率，增加氮和硫的尿排出量。一般推荐日粮中锌的含量为每千克干物质中30~50mg。

（7）铜。羊体内的铜主要存在于肝、脑、肾、心脏、眼的色素部分及被毛中。铜在羊机体内可以通过影响铁的代谢而参与造血活动，铜还有参与构成多种酶并保持某些酶的活性的作用，铜与羊中枢神经系统、繁殖机能和色素代谢有密切的关系。羊缺铜时表现为初生羔羊运动失调（摇背症）、贫血、骨骼变形造成骨折和妊娠4~5个月的胎儿死亡。预防羊缺铜可补饲硫酸铜或对草地施含铜的肥料。一般推荐日粮中铜的含量为每千克干物质中8~10mg。

（8）硒。硒是谷胱甘肽过氧化酶发挥活性所必需的微量元素。硒不仅有保护细胞膜的结构和功能起抗氧化的作用，还有拮抗和降低某些有毒元素及物质的毒性的作用。缺硒有明显的地域性，常和土壤中硒的含量有关，当土壤含硒量在0.1mg/kg以下时，羊即表现为硒缺乏。以日粮干物质计算，每千克日粮中硒含量超过4mg时即引起羊硒中毒。缺硒对羔羊生长有严重影响，主要表现是白肌病，羔羊生长缓慢。此病多发生在羔羊出生后2~8周龄，死亡率很高。缺硒也影响母羊的繁殖能力。在缺硒地区，给母羊注射亚硒酸钠1ml，羔羊出生后，注射0.5ml亚硒酸钠可预防此病发生。硒过量引起硒中毒大多数情况下是慢性积累的结果，羊长期采食硒含量超过4ml/kg的牧草，将严重危害羊的健康。一般情况下硒中毒会使羊出现脱毛、蹄溃烂、繁殖力下降等症状。一般推荐日粮中硒的含量为每千克干物质中0.1mg。

（9）钼。钼主要贮积于羊的骨骼、肝脏和肌肉中，每千克体重含钼为1~4mg。钼是体内黄嘌呤氧化酶及硝酸还原酶的组成成分，瘤胃微生物的含钼硝酸氧化酶参与瘤胃中饲料硝酸盐的

转化，并为瘤胃中微生物消化饲料粗纤维所必需，常见饲料中钼的含量足够羊需要。饲喂低钼日粮的羔羊补饲钼后增重提高。由于钼与铜拮抗，高剂量的钼降低了铜的吸收，引起羊患和缺铜相同的骨髓病和贫血。铜与钼在羊日粮中的适宜比例为（3.5~4.5）：1。补饲硫酸铜能有效地防止钼中毒。

（10）碘。碘是甲状腺素的成分，主要参与体内物质代谢过程。碘缺乏表现为明显的地域性，如我国新疆南部、陕西南部和山西东南部等部分地区缺碘，其土壤、牧草和饮水中的碘含量较低。

羊缺碘时表现为甲状腺肿大、生长缓慢、母羊受胎率降低、新生羔羊衰弱、无毛。正常成年羊血清中碘含量为 3~4mg/100ml，低于此数值是缺碘的标志。在缺碘地区，给羊舔食含碘的食盐可有效预防缺碘。一般推荐日粮中碘的含量为每千克干物质中 0.2~0.6mg。

（11）锰。锰主要影响骨髓的发育和繁殖力。羊饲草中锰含量一般可以满足生长繁殖的需要，尤其是采食某些树叶和三叶草之类饲草，其锰含量相对较高。但在碱性地区的羊，土壤中锰的利用率下降，羊表现为发情紊乱、母羊受胎率降低，妊娠母羊流产率提高、羔羊死亡率高等现象。饲料中钙和铁的含量影响羊对锰的需求量。一般推荐日粮中锰的含量为每千克干物质中 20~40mg。

（12）钴。钴对瘤胃微生物正常繁殖和维生素 B_{12} 的合成有重要的作用。羊缺钴时表现为食欲减退、生长受阻、饲料利用率低、成年羊体重下降、贫血、繁殖力、泌乳量降低，严重缺钴时，会阻碍羊对饲料的正常消化，造成妊娠羊流产，青年羊死亡。缺钴可通过口服或注射维生素 B_{12} 来补充。一般推荐日粮中钴的含量为每千克干物质中 0.1mg。

4. 维生素需要

维生素是一类羊所必需但需要量很少的低分子有机化合物，它们主要以辅酶和催化剂的形式广泛参与体内代谢的各种化学反应，从而保证机体组织器官的细胞结构和功能的正常，以维持羊正常健康和各种生产活动。

维生素分为脂溶性和水溶性两大类。脂溶性维生素包括维生素 A、维生素 D、维生素 E、维生素 K 4 种；水溶性维生素包括维生素 C 和 B 族维生素。

5. 微量元素缺乏症状

维持、繁殖、胚胎发育、生长、哺乳、育肥、产毛等，都离不开微量元素，微量元素不足常引起症状不同的疾病。

(1) 碘。羔羊缺碘，甲状腺肿大，无毛，死亡，或很弱。成年羊缺碘，引起羊毛减产，受胎率低。

(2) 钴。缺钴时，食欲减退，逐渐消瘦，贫血，繁殖力、泌乳量和剪毛量降低。补喂方法，可用氧化钴制成钴丸，每日 0.1~1mg。

(3) 铜。羔羊缺铜时，肌肉不协调，后肢瘫痪，神经纤维的髓鞘退化。羔羊初生时软弱或死亡。成年羊缺铜，羊毛变粗刚、变直，弯曲不整齐，羊毛强度减低，弹性差。

(4) 锰。母羊缺锰不易受胎，体重减轻，容易流产；公羔多，母羔少，母羔死亡多。每日每只需 60~130mg。

(5) 锌。缺锌，一是影响睾丸正常发育和精子的正常生成，二是影响羊毛生长。公羔日粮应有 36~40mg 锌，才能保持睾丸正常发育。

(6) 铁。一般植物饲料中含有足够的铁，因此无须补充。

(7) 硒。缺硒，羔羊生长慢，硒过量则引起中毒。在生产中采用治疗补硒或为牛、羊提供含硒的舔砖，具有一定的防治效果。

（8）钼。钼过量会引起缺铜。因为钼与铜在小肠内相结合，使铜的生物学活性停止，羊无法利用铜。

（9）氟。当草料和饮水中氟含量较高时，可造成羊的氟中毒，主要表现为骨质疏松、增厚，牙齿缺损、脱落，皮毛粗糙等。

三、营养需要的分类

每类营养物质可分为维持、繁殖、生长、育肥和哺乳等不同生理状况下的需要。

1. 维持的营养需要

维持营养需要是指羊为了维持正常生命活动所需营养，如维持消化、呼吸、循环、体温等。

（1）蛋白质。细胞主要是由蛋白质组成的，羊体内各细胞的代谢更新，蛋白质是重要营养之一。还有羊体内各种酶、内分泌、色素、抗体都是氨基酸衍生物。

（2）热能。热能的作用是供给羊内部器官的正常活动需要，维持羊的正常活动和体温保持。

（3）矿物质。即使完全处于饥饿状态的羊，矿物质的消耗并不停顿。为保证血浆及体组织矿物质不变，必须补偿所损失的矿物质，如钙、磷和食盐。

（4）维生素。维持营养中同样有维生素的消耗分解，势必由饲料中来补充，特别是维生素 A 和维生素 D 的补充。

2. 繁殖的营养需要

公、母羊保证正常的繁殖力，不仅要供应足够的粗蛋白质，还必须供给足够的纯蛋白质。脂肪是合成公、母羊性激素的必需品，严重不足影响繁殖力。如不饱和脂肪酸、亚麻油酸及花生油酸都必不可少。维生素 A 不足，对公、母羊都有影响，公羊精液品质变坏，性欲不强；母羊阴道、子宫、胎盘的黏膜角质化，影响受胎或早期流产。维生素D不足，引起胚胎钙磷代谢障碍。维生素E不足，生殖上皮和精子形成上发生病理变化，母羊早期流产。B族维生素不足，公羊睾丸萎缩，性欲减退，繁殖停止。缺磷母羊不孕或流产，影响公羊精子形成。缺钙也降低繁殖力。

3. 胚胎发育的营养需要

妊娠期营养一方面供给胎儿发育生长，另一方面为哺乳贮备营养。如营养不足，易造成流产或胎儿被吸收，胎儿发育受阻、畸形、管骨变短等。

4. 生长和育肥的营养需要

（1）羊生长的营养需要。羊从产出哺乳到1.5~2岁开始配种，经过2个显著的生长发育阶段，即哺乳阶段和断乳后育成阶段。羊生长发育阶段，可塑性很大，直接影响羊的体型和发育，因此，必须供给足够的营养，除蛋白质、脂肪外，对矿物质需求量特别大。

（2）育肥的营养需要。育肥有成年育肥和羔羊育肥。就羔羊增重而言，一是生长肌肉组织和骨骼增加；二是脂肪增加。就老羊而言，一是改善肉的品质，增加肌肉组织；二是增加脂肪，主要贮存于皮下和肌肉组织之间。

5. 泌乳时的营养需要

哺乳羔羊每增重100g需母乳500g。500g母乳，需0.3饲料单位、33g可消化蛋白质、1.2g磷、1.8g钙。饲料中蛋白质、碳水化合物、矿物质、维生素供应不足时，都影响乳的产量和质量。

第五节　羊的饲养标准

一、饲养标准的概念

动物营养学科技工作者经过大量反复科学试验，以动物种

类、年龄、性别、体重、生理状态、生产目的及生产水平等为依据，科学地确定了既能保证动物健康，又能高产的各种营养物质（包括能量、粗蛋白质、氨基酸、矿物质元素、维生素、脂肪等）需要量数据，并将这些数据绘制各种动物营养需要表格，这种系统的营养定额及有关资料统称为饲养标准。

饲养标准中规定的各种营养物质的需要量，是通过动物采食各种饲料来体现的。因此，在饲养实践中，必须根据各种饲料的特性、来源、价格及营养物质的含量，计算出各种饲料的配合比例，即配制一个平衡的日粮。所以，一个完整的饲养标准包括两部分，一是营养需要量，二是饲料营养成分和营养价值表。

饲养标准的种类大致可分为两类：一类是国家规定和颁布的饲养标准，称为国家标准；另一类是大型育种公司根据自己培育出的优良品种或品系的特点，制定的符合该品种或品系营养需要的饲养标准，称为专用标准。

二、饲养标准的指标

1. 采食量

以干物质或风干物质采食量表示。饲养标准中规定的采食量，是根据动物营养原理和大量试验结果，科学地规定的动物不同生长（理）阶段的采食量。

2. 能量

由于不同饲料在畜禽体内的消化利用率存在差异，因此将畜禽对能量的需求分为消化能（DE）、代谢能（ME）和净能（NE）。一般草食家禽类对能量的需要用 ME 表示，而兔对能量的需要量，有的国家用 DE 表示，有的国家用 ME 表示，如美国、加拿大、中国等用 DE 表示，而欧洲多用 ME 表示。反刍动物对能量的需要多用 NE 表示。我国牛的饲养标准为了突出实用性，用奶牛能量单位（NN 天）表示奶牛的能量需要，用肉牛能量单位（RN 天）表示肉牛能量需要。一个 NN 天相当于 1kg 含脂 4%的标准乳的能量（3. 138MJ），一个 RN 天相当于 1kg 中等品质的玉米所含的综合净能值（8. 08MJ）。

3. 蛋白质

牛、羊一般用可消化粗蛋白质（DCP）表示，有的国家用可代谢蛋白质（MP）、小肠可消化粗蛋白、瘤胃降解蛋白质（RDP）和瘤胃非降解蛋白质（UDP）表示对蛋白质的需要。

4. 氨基酸

饲养标准中列出了必需氨基酸（EAA）的需要量，其表达方式有用每天每头（只）需要量表示，有用单位营养物质浓度表示等。对于单胃动物而言，蛋白质营养实际是氨基酸营养，用可利用氨基酸表示动物对蛋白质需要量也将是今后发展的方向。

5. 维生素

一般脂溶性维生素需要量用国际单位 IU 表示，而水溶性维生素需要量用毫克/千克（mg/kg）或克/千克（g/kg）表示。

6. 矿物质

常量矿物质元素主要列出了钙、磷、钠、氯需要量，用百分数表达；微量矿物质元素列出了铁、锌、铜、锰、碘、硒需要量。反刍动物还列出了钴的需要量，微量矿物质元素一般用毫克/千克（mg/kg）表示。

三、羊饲养标准的作用

1. 提高动物生产效率

饲养标准的科学性和先进性，不仅是保证动物适宜、快速生长和高产的技术基础，而且也是确保动物平衡摄入营养物质，为其生长和生产提供良好的体内外环境的重要条件。饲养实践证明，在饲养标准指导下饲养动物，能显著提高动物的生长速度、产品产量。羊作为投入产出比较高、经济利用价值好的家畜，其营养与饲料的搭配则更为重要。与传统的经验饲养动物相比，生产效率和动物产品产量能提高数倍。

2. 提高饲料资源利用效率

利用饲养标准饲养羊，不但满足了羊的营养需要，而且能节约饲料，减少浪费。传统饲养方法养两头羊耗用的能量饲料，仅用少量饼（粕）生产成配合饲料后即可饲养 3 头羊而不需要额外增加能量饲料，提高了饲料资源的利用效率。

3. 推动动物生产发展

饲养标准指导动物生产的高度灵活性，使动物饲养者在复杂多变的生产环境中，始终能做到把握好动物生产的主动权，同时通过适宜控制动物生产性能，合理利用饲料，达到始终保证适宜生产效益的目的，增加生产者适应生产形势变化的能力，激励饲养者发展动物生产的积极性。

4. 提高科学养殖水平

饲养标准指导饲养者合理供给动物营养，同时能够协助饲养者计划和组织饲料供给，科学决策发展规模，提高其科学饲养动物的能力。

四、应用饲养标准的原则

应用饲养标准要结合当地的饲料资源。就饲料的产地、来源、营养含量等情况与饲养羊的体质、利用饲料的能力等有机结合，做到合理利用。降低饲养成本，提高经济效益。

使用饲养标准时，要选择在饲料资源、羊的品种、管理等条件上与本地相近者，边应用，边总结调整，不要生搬硬套，盲目引用。

使用饲养标准要根据实际饲养效果和生产成绩，进行衡量和适当地增减调整，使之符合养羊生产实际。

饲养标准规定的营养定额，只强调满足羊对营养物质的客观

要求，而没考虑饲料生产成本，必须遵守营养与效益相统一的原则。

下面列举美国兰顿大学（2003）推荐的山羊饲养标准（表4-1至表4-11）供参考。该标准首次引入了代谢蛋白评估体系，而且该标准也更为详尽，单独为肉山羊（指含波尔山羊血50%及其以上的山羊）列出了饲养标准，标准中的肉用山羊是指含波尔山羊血50%及其以上的山羊。

表4-1　生长山羊的维持代谢能需要和维持加生长的代谢能需要（MJ/天）

类型与性别	日增重 g/天	体重 (kg) 15	20	25	30	35	40	45	50	55
肉用山羊：										
阉羊与母羊										
ME_M		3.45	4.28	5.06	5.80	6.51	7.19	7.86	8.51	9.14
ME_M+ME_g	50	4.60	5.43	6.21	6.95	7.66	8.35	9.01	9.66	10.29
	100	5.76	6.59	7.37	8.11	8.82	9.50	10.17	10.82	11.45
	150	6.91	7.74	8.52	9.26	9.97	10.66	11.32	11.97	12.60
	200	8.07	8.90	9.68	10.42	11.13	11.81	12.48	13.13	13.76
	250	9.22	10.05	10.83	11.57	12.28	12.97	13.63	14.28	14.91
	300	10.38	11.21	11.99	12.73	13.44	14.12	14.79	15.44	16.07
公羊										
ME_M		4.01	4.97	5.88	6.74	7.56	8.36	9.13	9.88	10.62
ME_M+ME_g	50	5.16	6.13	7.03	7.89	8.72	9.52	10.29	11.04	11.77
	100	6.32	7.28	8.19	9.05	9.87	10.67	11.44	12.19	12.93
	150	7.47	8.44	9.34	10.20	11.03	11.83	12.60	13.35	14.08
	200	8.63	9.59	10.50	11.36	12.18	12.98	13.75	14.50	15.24
	250	9.78	10.75	11.65	12.51	13.34	14.14	14.91	15.66	16.39
	300	10.94	11.90	12.81	13.67	14.49	15.29	16.06	16.81	17.55

（续表）

类型与性别	日增重 体重 (kg)	g/天								
		15	20	25	30	35	40	45	50	55
本地山羊:										
阉羊与母羊										
ME_M		3.45	4.28	5.06	5.80	6.51	7.19	7.86	8.51	9.14
ME_M+ME_g	50	4.44	5.23	6.05	6.79	7.50	8.18	8.85	9.50	10.13
	100	5.43	6.26	7.04	7.78	8.49	9.17	9.84	10.49	11.12
	150	6.42	7.25	8.03	8.77	9.48	10.16	10.83	11.48	12.11
	200	7.41	8.24	9.02	9.76	10.47	11.15	11.82	12.47	13.10
	250	8.40	9.23	10.01	10.75	11.46	12.14	12.81	13.46	14.09
	300	9.39	10.22	11.00	11.74	12.45	13.13	13.80	14.45	15.08
公羊										
ME_M		4.01	4.97	5.88	6.74	7.56	8.36	9.13	9.88	10.62
ME_M+ME_g	50	5.00	5.96	6.87	7.73	8.55	9.35	10.12	10.87	11.61
	100	5.99	6.95	7.86	8.72	9.54	10.34	11.11	11.86	12.60
	150	6.98	7.94	8.85	9.71	10.53	11.33	12.10	12.85	13.59
	200	7.97	8.93	9.84	10.70	11.52	12.32	13.09	13.84	14.58
	250	8.96	9.92	10.83	11.69	12.51	13.31	14.08	14.83	15.57
	300	9.95	10.91	11.82	12.68	13.50	14.30	15.07	15.82	16.56

关于表的说明，ME_M为维持代谢能；ME_g为生长代谢能；对于肉山羊和土种山羊的维持代谢能（ME_M）需要为489kJ/kg×$W^{0.75}$（W为活体重），生长代谢能（ME_g）需要分别为23.1和19.8kJ/g；从断奶后到18月龄，日增重为50g、100g、150g、200g、250g和300g的生长代谢能（ME_g）需要分别为1.115MJ/D、2.310MJ/D、3.465MJ/D、4.620MJ/D、5.775MJ/D和6.930MJ/D；

设定阉羊和母羊的维持代谢能需要是平均数的92.5%，公羊则为107.5%。

表4-2　生长山羊的维持代谢蛋白需要和维持加生长的代谢蛋白需要（g/天）

类型与性别	日增重 体重 (kg)	g/天 15	20	25	30	35	40	45	50	55
MP_M		23	29	34	39	44	48	55	58	62
MP_M+MP_g：										
肉用山羊	50	44	49	55	60	64	69	74	78	82
	100	64	69	75	80	85	89	94	98	102
	150	84	90	95	100	105	109	114	118	123
	200	104	110	115	120	125	130	134	139	143
	250	124	130	135	140	145	150	154	159	163
	300	145	150	156	161	165	170	175	179	183
本地山羊	50	38	43	49	54	59	63	68	72	77
	100	52	58	63	68	73	78	82	87	91
	150	67	73	78	83	88	92	97	101	106
	200	81	87	92	97	102	107	111	116	120
	250	96	102	107	112	117	121	126	130	135
	300	110	116	121	126	131	136	140	145	149

关于表的说明，MP_M为维持代谢蛋白；MP_g为生长代谢蛋白；维持代谢蛋白（MP_M）需要为3.07g/kg×$W^{0.75}$（W为活体重），土种山羊的每克日增重的生长代谢蛋白需要为0.290g/每克日增重，肉用山羊每克日增重的生长代谢蛋白需要为0.404g/每克日增重。粗蛋白需要可以根据代谢蛋白需要和日粮的瘤胃未降解蛋白（UIP）浓度进行估计。瘤胃未降解蛋白（UIP）指日粮蛋白到达小肠的未降解蛋白质部分。例如对于含有20%、40%

和60%瘤胃未降解蛋白（UIP）的粗蛋白需要量，可以分别用0.672、0.704 和0.736 转换系数除代谢蛋白需要量得到。

表 4-3 生长山羊在围栏放牧或舍饲条件下的干物质采食量（kg/天）

代谢能浓度（MJ/kg）	日增重 体重（kg） g/天	10	15	20	25	30	35	40	45	50	55
肉用山羊:											
7	0	0.38	0.51	0.63	0.75	0.86	0.97	1.07	1.17	1.27	1.36
	50	0.42	0.60	0.73	0.85	0.97	1.07	1.18	1.28	1.37	1.47
	100		0.66	0.82	0.95	1.07	1.18	1.28	1.38	1.48	1.57
	150			0.89	1.03	1.16	1.27	1.38	1.48	1.57	1.67
9	0	0.31	0.42	0.52	0.62	0.71	0.80	0.88	0.96	1.04	1.12
	50	0.36	0.50	0.62	0.72	0.81	0.90	0.99	1.07	1.15	1.23
	100	0.37	0.57	0.70	0.81	0.91	1.00	1.09	1.17	1.25	1.33
	150	0.34	0.61	0.77	0.90	1.00	1.10	1.19	1.27	1.35	1.43
	200		0.63	0.83	0.97	1.09	1.19	1.28	1.37	1.45	1.53
	250			0.87	1.04	1.16	1.27	1.37	1.46	1.54	1.62
	300			0.90	1.09	1.23	1.35	1.45	1.54	1.63	1.71
11	0	0.27	0.36	0.45	0.53	0.61	0.69	0.76	0.83	0.90	0.97
	50	0.31	0.45	0.55	0.64	0.72	0.79	0.87	0.94	1.01	1.07
	100	0.32	0.51	0.63	0.73	0.82	0.89	0.97	1.04	1.11	1.18
	150	0.30	0.55	0.70	0.81	0.91	0.99	1.07	1.14	1.21	1.28
	200		0.57	0.76	0.89	0.99	1.08	1.16	1.23	1.30	1.37
	250			0.80	0.95	1.06	1.16	1.25	1.32	1.40	1.47
	300			0.83	1.00	1.13	1.24	1.33	1.41	1.49	1.56
13	0	0.24	0.32	0.40	0.47	0.54	0.61	0.68	0.74	0.80	0.86

（续表）

代谢能浓度（MJ/kg）	日增重 体重（kg）	g/天									
		10	15	20	25	30	35	40	45	50	55
	50	0.29	0.41	0.50	0.58	0.65	0.72	0.78	0.85	0.91	0.97
	100	0.30	0.47	0.58	0.67	0.75	0.82	0.89	0.95	1.01	1.07
	150	0.27	0.51	0.65	0.75	0.84	0.91	0.98	1.05	1.11	1.17
	200		0.53	0.71	0.83	0.92	1.00	1.07	1.14	1.21	1.27
	250			0.75	0.89	1.00	1.08	1.16	1.23	1.30	1.36
	300			0.78	0.95	1.06	1.16	1.24	1.32	1.39	1.45
本地山羊：											
7	0	0.38	0.51	0.63	0.75	0.86	0.97	1.07	1.17	1.27	1.36
50	0.41	0.58	0.72	0.84	0.96	1.06	1.17	1.26	1.36	1.45	
100		0.64	0.79	0.93	1.04	1.15	1.26	1.36	1.45	1.55	
150			0.85	1.00	1.12	1.24	1.34	1.45	1.54	1.64	
9	0	0.31	0.42	0.52	0.62	0.71	0.80	0.88	0.96	1.04	1.12
50	0.35	0.49	0.61	0.71	0.80	0.89	0.98	1.06	1.14	1.21	
100	0.35	0.55	0.68	0.79	0.89	0.98	1.07	1.15	1.23	1.31	
150	0.31	0.58	0.74	0.87	0.97	1.07	1.15	1.24	1.32	1.40	
200		0.59	0.79	0.93	1.04	1.14	1.24	1.32	1.40	1.48	
250			0.82	0.98	1.11	1.22	1.31	1.40	1.49	1.57	
11	0	0.27	0.36	0.45	0.53	0.61	0.69	0.76	0.83	0.90	0.97
50	0.30	0.44	0.54	0.63	0.71	0.78	0.86	0.93	1.00	1.06	
100	0.30	0.49	0.61	0.71	0.79	0.87	0.95	1.02	1.09	1.15	
150	0.26	0.52	0.67	0.78	0.87	0.96	1.03	1.11	1.18	1.24	
200		0.53	0.72	0.84	0.95	1.03	1.12	1.19	1.26	1.33	
250			0.75	0.90	1.01	1.11	1.19	1.27	1.34	1.41	

（续表）

代谢能浓度（MJ/kg）	日增重 体重（kg）	g/天									
		10	15	20	25	30	35	40	45	50	55
13	0	0.24	0.32	0.40	0.47	0.54	0.61	0.68	0.74	0.80	0.86
50	0.27	0.40	0.49	0.57	0.64	0.71	0.77	0.84	0.90	0.96	
100	0.27	0.45	0.56	0.65	0.73	0.80	0.86	0.93	0.99	1.05	
150	0.23	0.48	0.62	0.72	0.81	0.88	0.95	1.02	1.08	1.14	
200		0.49	0.67	0.78	0.88	0.96	1.03	1.10	1.16	1.22	
250			0.70	0.84	0.94	1.03	1.11	1.18	1.24	1.31	

关于表的说明，利用日增重与体重之比来校正与动用组织能量浓度有关的干物质采食量，基于日增重与 $BW^{0.75}$（MBW）和 MBW^2之比的校正影响到以前营养水平的维持代谢能需要，因而表内列出的不同日增重的干物质采食量必须有维持和生长的真实代谢能需要。MBW 指代谢能体重。BW 指体重。

表 4-4　哺乳期羔羊的维持代谢能需要和维持加生长的代谢能需要（MJ/天）

性别	日增重 体重（kg）	g/天								
		2	4	6	8	10	12	14	16	18
阉羔与母羔：										
ME_M		0.754	1.270	1.720	2.134	2.523	2.892	3.247	3.589	3.920
ME_M+MEg	50	1.424	1.939	2.390	2.804	3.193	3.562	3.917	4.259	4.590
	100	2.094	2.609	3.060	3.474	3.863	4.232	4.587	4.929	5.260
	150	2.764	3.278	3.730	4.144	4.533	4.902	5.257	5.599	5.930
	200	3.434	3.949	4.400	4.814	5.203	5.572	5.927	6.269	6.600
	250	4.104	4.619	5.070	5.484	5.873	6.242	6.597	6.939	7.270

（续表）

性别	日增重 体重 (kg)	g/天								
		2	4	6	8	10	12	14	16	18
	300	4.774	5.290	5.740	6.154	6.543	6.912	7.267	7.609	7.940
公羔:										
ME_M		0.877	1.475	1.999	2.480	2.932	3.362	3.774	4.171	4.556
ME_M+MEg	50	1.547	2.145	2.669	3.150	3.602	4.032	4.444	4.841	5.226
	100	2.217	2.815	3.339	3.820	4.272	4.702	5.114	5.551	5.896
	150	2.887	3.485	4.009	4.490	4.942	5.372	5.784	6.181	6.566
	200	3.557	4.155	4.679	5.160	5.612	6.042	6.454	6.851	7.236
	250	4.227	4.825	5.349	5.830	6.282	6.712	7.124	7.521	7.906
	300	4.897	5.495	6.019	6.500	6.952	7.382	7.794	8.191	8.576

关于表的说明，ME_M为维持代谢能；ME_g为生长代谢能；维持代谢能（ME_M）需要为485kJ/kg×$W^{0.75}$（W为活体重），生长代谢能（ME_g）需要为13.4kJ/g平均日增重；日增重为50g、100g、150g、200g、250g和300g的生长代谢能（ME_g）需要分别为0.67MJ/天、1.34MJ/天、2.01MJ/天、2.68MJ/天、3.35MJ/天和4.02MJ/天；设定阉羔和母羔的维持代谢能需要是平均数的92.5%，公羔则为107.5%。

表4-5　成年山羊的维持代谢能需要和维持加增重的代谢能需要（MJ/天）

类型与性别	日增重 体重 (kg)	g/天					
		20	30	40	50	60	70
肉用山羊与本地山羊:							
阉羊与母羊							
ME_M		4.00	5.42	6.72	7.95	9.11	10.23

（续表）

类型与性别	日增重 体重（kg）	g/天					
		20	30	40	50	60	70
ME_M+MEg	20	4.57	5.99	7.29	8.52	9.68	10.80
	40	5.14	6.56	7.86	9.09	10.25	11.37
	60	5.71	7.13	8.43	9.66	10.82	11.94
	80	6.28	7.70	9.00	10.23	11.39	12.51
公羊							
ME_M		4.60	6.23	7.73	9.14	10.48	11.76
ME_M+MEg	20	5.17	6.80	8.30	9.71	11.05	12.33
	40	5.74	7.37	8.87	10.28	11.62	12.90
	60	6.31	7.94	9.94	10.85	12.19	13.47
	80	6.88	8.51	10.01	11.42	12.76	14.04

关于表的说明，本表所指成年山羊是18月龄以上个体；ME_M为维持代谢能；ME_g为生长代谢能；肉用山羊和本地山羊的维持代谢能为422.7 kJ/kg×$W^{0.75}$（W为活体重）；肉用山羊（含波尔羊血50%及其以上的山羊）的试验测定数不多，但鉴于肉山羊与本地羊在生长阶段的维持代谢能相近，因而在成年阶段的维持代谢能设为一样；日增重为20g、40g、60g和80g的生长代谢能（ME_g）需要分别为0.57MJ/天、1.14MJ/天、1.71MJ/天和2.28MJ/天；设定公羊的维持代谢能是阉羊与母羊的115%。

表4-6　成年山羊（肉用山羊、本地山羊）的维持代谢蛋白需要（g/天）

干物质采食量	体重（kg）					
	20	30	40	50	60	70
占体重百分比	20	30	40	50	60	70

（续表）

干物质采食量		体重（kg）					
		20	30	40	50	60	70
1%	g/天	16	23	29	35	41	46
	%	8.1	7.6	7.2	7.0	6.8	6.6
2%	g/天	22	31	40	48	57	65
	%	5.4	5.1	4.9	4.8	4.7	4.6
3%	g/天	27	39	50	62	73	84
	%	4.5	4.3	4.2	4.1	4.0	4.0
4%	g/天	32	47	61	75	89	103
	%	4.0	3.9	3.8	3.7	3.7	3.7
5%	g/天	38	55	72	88	105	121
	%	3.8	3.7	3.6	3.5	3.5	3.5
6%	g/天	43	63	82	102	121	140
	%	3.6	3.5	3.4	3.4	3.4	3.3

关于表的说明，Dm 为干物质；g/Day 为 g/每天。粪代谢粗蛋白 = 0.0267 × 干物质采食量，内源尿粗蛋白 = 1.031g/kg × 体重$^{0.75}$，表皮粗蛋白为 0.2g/kg×W$^{0.6}$（W 为活体重），代谢蛋白转化为维持蛋白的效率为 1.0。粗蛋白需要可以根据代谢蛋白需要和日粮的瘤胃未降解蛋白（UIP）浓度进行估计，瘤胃未降解蛋白（UIP）指日粮蛋白到达小肠的未降解蛋白质部分。例如对于含有 20%、40%和 60%瘤胃未降解蛋白（UIP）的粗蛋白需要量，可以分别用 0.672、0.704 和 0.736 转换系数除代谢蛋白需要量得到。

表 4-7　成年山羊在围栏放牧或舍饲条件下的干物质采食量（kg/天）

体重（kg）	日增重（g/天）	代谢能浓度 7（MJ/kg）				代谢能浓度 9（MJ/kg）				代谢能浓度 11（MJ/kg）				代谢能浓度 13（MJ/kg）			
		6% CP	9% CP	12% CP	15% CP	6% CP	9% CP	12% CP	15% CP	6% CP	9% CP	12% CP	15% CP	6% CP	9% CP	12% CP	15% CP
20	0	0.50	0.57	0.63	0.69	0.41	0.48	0.54	0.61	0.36	0.42	0.49	0.55	0.32	0.38	0.45	0.51
	20	0.52	0.58	0.65	0.71	0.43	0.50	0.56	0.63	0.38	0.44	0.51	0.57	0.34	0.40	0.47	0.53
	40					0.45	0.52	0.58	0.64	0.40	0.46	0.52	0.59	0.36	0.42	0.49	0.55
30	0	0.68	0.74	0.81	0.87	0.56	0.62	0.69	0.75	0.48	0.55	0.61	0.68	0.43	0.50	0.56	0.62
	20	0.74	0.80	0.87	0.93	0.62	0.68	0.75	0.81	0.54	0.61	0.67	0.74	0.49	0.56	0.62	0.68
	40	0.80	0.86	0.93	0.99	0.68	0.74	0.81	0.87	0.60	0.67	0.73	0.80	0.55	0.62	0.68	0.74
40	0	0.84	0.90	0.97	1.03	0.69	0.76	0.82	0.89	0.60	0.66	0.73	0.79	0.54	0.60	0.66	0.73
	20	0.91	0.98	1.04	1.11	0.77	0.83	0.90	0.96	0.67	0.74	0.80	0.87	0.61	0.67	0.74	0.80
	40	0.99	1.05	1.12	1.18	0.84	0.91	0.97	1.03	0.75	0.81	0.88	0.94	0.68	0.75	0.81	0.88
50	0	0.99	1.06	1.12	1.19	0.82	0.88	0.95	1.01	0.71	0.77	0.84	0.90	0.63	0.70	0.76	0.82
	20	1.07	1.14	1.20	1.27	0.90	0.96	1.03	1.09	0.79	0.85	0.92	0.98	0.71	0.78	0.84	0.90
	40	1.15	1.22	1.28	1.34	0.98	1.04	1.11	1.17	0.87	0.93	1.00	1.06	0.79	0.86	0.92	0.98

（续表）

体重（kg）	日增重（g/天）	代谢能浓度 7（MJ/kg）				代谢能浓度 9（MJ/kg）				代谢能浓度 11（MJ/kg）				代谢能浓度 13（MJ/kg）			
		6% CP	9% CP	12% CP	15% CP	6% CP	9% CP	12% CP	15% CP	6% CP	9% CP	12% CP	15% CP	6% CP	9% CP	12% CP	15% CP
60	0	1.14	1.20	1.27	1.33	0.94	1.00	1.07	1.13	0.81	0.88	0.94	1.00	0.72	0.79	0.85	0.92
	20	1.22	1.28	1.35	1.41	1.02	1.08	1.15	1.21	0.89	0.96	1.02	1.09	0.81	0.87	0.93	1.00
	40	1.30	1.37	1.43	1.49	1.10	1.17	1.23	1.29	0.97	1.04	1.10	1.17	0.89	0.95	1.02	1.08
70	0	1.28	1.34	1.40	1.47	1.05	1.12	1.18	1.25	0.91	0.97	1.04	1.10	0.81	0.88	0.94	1.00
	20	1.36	1.42	1.49	1.55	1.14	1.20	1.26	1.33	0.99	1.06	1.12	1.19	0.89	0.96	1.02	1.09
	40	1.44	1.51	1.57	1.63	1.22	1.28	1.35	1.41	1.07	1.14	1.20	1.27	0.98	1.04	1.10	1.17
80	0	1.41	1.47	1.54	1.60	1.16	1.23	1.29	1.36	1.01	1.07	1.13	1.20	0.90	0.96	1.03	1.09
	20	1.49	1.56	1.62	1.69	1.25	1.31	1.37	1.44	1.09	1.15	1.22	1.28	0.98	1.04	1.11	1.17
	40	1.57	1.64	1.70	1.77	1.33	1.39	1.46	1.52	1.17	1.23	1.30	1.36	1.06	1.12	1.19	1.25

关于表的说明，表中的 CP 为粗蛋白，表中代谢能浓度指日粮的代谢能浓度。由于根据日增重推测最初的干物质采食量，随后又根据日粮的粗蛋白浓度进行校正，因而真实的日增重随着日粮粗蛋白浓度的高或低（例如 6%~9%和 12%~15%）会稍微高于或低于表中所列的日增重。此外，日增重与体重之比也被用来校正干物质采食量的变化，而干物质采食量的变化又与动用组织的能量浓度的变化有关。日增重与代谢体重之比还涉及对以前营养水平的维持代谢能需要的影响。由此可见，对于表列干物质采食量估计值中的日增重，必须要掌握维持和增重真实代谢能需要的知识。

表 4-8　母山羊泌乳的代谢能需要（MJ/天）

泌乳量（kg）	乳脂率（%）				
	3.0	3.5	4.0	4.5	5.0
1	4.3	4.6	4.9	5.3	5.6
2	8.6	9.2	9.9	10.5	11.2
3	12.9	13.8	14.8	15.8	16.7
4	17.2	18.5	19.8	21.0	22.3
5	21.5	23.1	24.7	26.3	27.9
6	25.7	27.7	29.6	31.6	33.5
7	30.0	32.3	34.6	36.8	39.1

关于表的说明，表中的数据没有考虑体重的增加或减少。如果体重增加，则日粮中代谢能需要的增加值为 ME = 23.9kJ/g× $W^{0.75}$（W 为活体重）。如果体重减少，则动用组织用于泌乳的代谢能为 = 23.9 kJ/g× $W^{0.84}$。

表 4-9　泌乳母山羊的代谢蛋白需要（g/天）

泌乳量（kg）	乳蛋白含量（%）					
	2.5	3.0	3.5	4.0	4.5	5.0
1	36	44	51	58	65	73
2	73	87	102	116	131	145
3	109	131	152	174	196	218
4	145	174	203	232	261	290
5	181	218	254	290	326	363
6	218	261	305	348	392	435
7	254	305	355	406	457	508

关于表的说明，泌乳的代谢蛋白需要为 1.45g/每克乳蛋白。粗蛋白需要可以根据代谢蛋白需要和日粮的瘤胃未降解蛋白（UIP）浓度进行估计。瘤胃未降解蛋白（UIP）指日粮蛋白到达小肠的未降解蛋白质部分。例如对于含有 20%、40%和 60%瘤胃未降解蛋白（UIP）的粗蛋白需要量，可以分别用 0.672、0.704 和 0.736 转换系数除代谢蛋白需要量得到。

关于表的说明，DM 是干物质；标准乳是含脂率为 4%的乳。日增重与标准乳之比被用来校正干物质采食量的变化，而干物质采食量的变化还涉及泌乳阶段对维持代谢能需要的影响。由此可见，对于表列干物质采食量估计值中的标准乳，必须要掌握真实的维持代谢能需要的知识。

表 4-10　泌乳母山羊在围栏放牧或舍饲条件下的干物质采食量（kg/天）

标准乳量（kg）	日增重（g/天）	20kg 体重				30kg 体重				40kg 体重				50kg 体重			
		7 MJ/kg DM	9 MJ/kg DM	11 MJ/kg DM	13 MJ/kg DM	7 MJ/kg DM	9 MJ/kg DM	11 MJ/kg DM	13 MJkg DM	7 MJ/kg DM	9 MJ/kg DM	11 MJ/kg DM	13 MJ/kg DM	7 MJ/kg DM	9 MJ/kg DM	11 MJ/kg DM	13 MJ/kg DM
1	-100					1.12	0.93	0.81	0.72	1.29	1.07	0.93	0.83	1.45	1.20	1.04	0.93
	-50	1.09	0.90	0.77	0.69	1.28	1.05	0.90	0.80	1.45	1.19	1.02	0.91	1.60	1.32	1.14	1.01
	0	1.24	1.01	0.87	0.76	1.43	1.17	1.00	0.88	1.60	1.31	1.12	0.99	1.76	1.44	1.23	1.09
	50		1.20	1.02	0.89		1.35	1.15	1.01	1.84	1.49	1.27	1.11	2.00	1.62	1.38	1.22
	100						1.53	1.30	1.13		1.67	1.42	1.24		1.80	1.53	1.34
	150										1.86	1.57	1.37		1.99	1.68	1.47
2	-100						1.41	1.20	1.05	1.91	1.55	1.32	1.16	2.07	1.68	1.44	1.26
	-50						1.53	1.30	1.14	2.07	1.67	1.42	1.25	2.23	1.80	1.53	1.35
	0						1.65	1.40	1.22	2.23	1.79	1.52	1.33	2.39	1.93	1.63	1.43
	50						1.55	1.35			1.98	1.67	1.46		2.11	1.78	1.56
	100							1.48			2.17	1.82	1.58		2.30	1.94	1.69
	150											1.98	1.71			2.09	1.81

（续表）

标准乳量（kg）	日增重（g/天）	20kg体重				30kg体重				40kg体重				50kg体重			
		7 MJ/kg DM	9 MJ/kg DM	11 MJ/kg DM	13 MJ/kg DM	7 MJ/kg DM	9 MJ/kg DM	11 MJ/kg DM	13 MJkg DM	7 MJ/kg DM	9 MJ/kg DM	11 MJ/kg DM	13 MJ/kg DM	7 MJ/kg DM	9 MJ/kg DM	11 MJ/kg DM	13 MJ/kg DM
3	-100						1.90	1.60	1.39		2.04	1.72	1.50		2.17	1.83	1.60
	-50						2.02	1.70	1.48		2.16	1.82	1.58		2.29	1.93	1.68
	0							1.80	1.56		2.28	1.92	1.67		2.41	2.03	1.77
	50							1.95	1.69			2.07	1.80		2.60	2.19	1.90
	100								1.82			2.23	1.93			2.34	2.03
	150												2.05			2.49	2.16
4	-100											2.12	1.84		2.66	2.23	1.94
	-50											2.22	1.92		2.78	2.33	2.02
	0											2.32	2.01		2.90	2.43	2.11
	50												2.13			2.59	2.24
	100												2.26			2.74	2.37
	150																2.50

（续表）

标准乳量（kg）	日增重（g/天）	20kg 体重				30kg 体重				40kg 体重				50kg 体重			
		7 MJ/kg DM	9 MJ/kg DM	11 MJ/kg DM	13 MJ/kg DM	7 MJ/kg DM	9 MJ/kg DM	11 MJ/kg DM	13 MJkg DM	7 MJ/kg DM	9 MJ/kg DM	11 MJ/kg DM	13 MJ/kg DM	7 MJ/kg DM	9 MJ/kg DM	11 MJ/kg DM	13 MJ/kg DM
	-100															2.63	2.28
	-50															2.73	2.36
5	0															2.83	2.44
	50																2.57
	100																2.70

表 4-11　妊娠母山羊对代谢能和代谢蛋白的需要（MJ/天，g/天）

出生重（kg）	妊娠天数	ME（MJ/天）			MP（g/天）		
		单羔	双羔	三羔	单羔	双羔	三羔
2	91～100	0.13	0.26	0.41	4.1	5.8	8.8
	101～110	0.69	1.27	1.73	9.8	17.1	23.4
	111～120	1.21	2.07	2.84	14.6	25.6	35.1
	121～130	1.66	2.81	3.76	19.5	34.3	45.9
	131～140	2.09	3.43	4.58	24.2	41.8	55.7
	141～150	2.46	3.80	5.08	27.6	45.9	61.3
3	91～100	0.19	0.38	0.62	6.3	8.5	13.2
	101～110	1.03	1.90	2.60	14.8	25.6	35.1
	111～120	1.81	3.11	4.26	22.1	38.4	52.6
	121～130	2.50	4.22	5.63	29.3	51.6	68.7
	131～140	3.13	5.14	6.87	36.2	62.6	83.5
	141～150	3.68	5.70	7.62	41.4	68.7	91.8
4	91～100	0.24	0.50	0.84	8.2	11.6	17.6
	101～110	1.37	2.53	3.47	19.7	34.2	46.9
	111～120	2.41	4.14	5.68	29.3	51.2	69.9
	121～130	3.33	5.63	7.51	39.2	68.7	91.8
	131～140	4.17	6.86	9.16	48.3	83.5	111.5
	141～150	4.91	7.61	10.15	55.2	91.8	122.5
5	91～100	0.32	0.63	1.05	10.2	14.3	21.8
	101～110	1.72	3.16	4.34	24.6	42.7	58.5
	111～120	3.01	5.18	7.10	36.6	64.0	87.8
	121～130	4.16	7.03	9.39	49.0	85.9	114.6
	131～140	5.22	8.57	11.44	60.3	104.4	139.3
	141～150	6.14	9.51	12.69	68.9	114.6	153.0

关于表的说明，ME 为代谢能；MP 为代谢蛋白。本表的数据是以绵羊胎儿生长曲线、绵羊身体组分资料及妊娠对 ME 的 0.133 利用效率（ARC，1980）和对 MP 的 0.33 利用效率（NRC，2001）为基础。粗蛋白需要可以根据代谢蛋白需要和日粮的瘤胃未降解蛋白（UIP）浓度进行估计。瘤胃未降解蛋白（UIP）指日粮蛋白到达小肠的未降解蛋白质部分。例如对于含有 20%、40%和 60%瘤胃未降解蛋白（UIP）的粗蛋白需要量，可以分别用 0.672、0.704 和 0.736 转换系数除代谢蛋白需要量得到。怀三羔的母山羊对代谢能和代谢蛋白的需要较之于怀双羔的母山羊分别多 37%和 33.5%。妊娠第 91～100（平均 95）天的需要是根据妊娠后期代谢能和代谢蛋白对平均妊娠天数的线性回归和二次回归确定的。

第五章　羊饲草料配合与加工调制

饲料是发展畜牧生产的物质基础。掌握山羊常用饲料的种类、营养特性、科学合理地配合日粮，才能提高山羊饲料转化率，更好地进行生产。

第一节　饲料的分类

饲料是发展畜牧生产的物质基础。为了科学合理地利用饲料和配合日粮，首先应掌握山羊常用饲料的种类和营养特性。

一、国际饲料分类法

美国学者 Harris（1956）提出了一套饲料分类法，即根据饲料的营养特性将饲料分为粗饲料、青绿饲料、青贮饲料、能量饲料、蛋白质补充料、矿物质饲料、维生素饲料、饲料添加剂八大类，并对每类饲料冠以 6 位数的国际饲料编码（international feeds number，IFN），首位数代表饲料归属的类别，后 5 位数则按饲料的重要属性给定编码。编码分 3 节，表示为 0-00-000（表 5-1）。

表 5-1　国际饲料分类依据原则

（引自韩友文，1999）

饲料类别	饲料编码	划分饲料类别依据（%）		
		水分（自然含水，%）	粗纤维在干物质中的含量（%）	粗蛋白在干物质中的含量（%）
粗饲料	1-00-000	<45	≥18	
青绿饲料	2-00-000	≥45	—	
青贮饲料	3-00-000	≥45	—	
能量饲料	4-00-000	<45	<18	<20
蛋白质补充料	5-00-000	<45	<18	≥20
矿物质饲料	6-00-000	—	—	
维生素饲料	7-00-000	—	—	
饲料添加剂	8-00-000	—	—	

二、中国饲料分类法

我国根据国际饲料分类原则，结合传统分类原则，建立了中国饲料数据库管理系统及分类方法。即我国的饲料编码分类体系将饲料分为八大类，粗饲料、青绿多汁饲料、青贮饲料、能量饲料、蛋白质饲料、矿物质饲料、维生素饲料和添加剂，然后结合我国传统饲料分类习惯再分为 17 个亚类（表 5-2），并对每类饲料进行相应的编码。我国的饲料编码为 7 位数字，首位为分类编码；2~3 位数为亚类编码；4~7 位数为饲料属性编码，如玉米的编码为 4-07-0279。

表 5-2　中国现行饲料分类依据原则

饲料类别	饲料编码	水分（自然含水，%）	粗纤维在干物质中的含量（%）	粗蛋白在干物质中的含量（%）
一、青绿多汁饲料	2-01-0000	>45	—	—
二、树叶				
1. 鲜树叶	2-02-0000	>45		
2. 风干树叶	1-02-0000	—	≥18	
三、青贮饲料				
1. 常用青贮饲料	3-03-0000	65-75		
2. 半干青贮饲料	3-03-0000	45-55		
3. 谷实青贮料	4-03-0000	28-35	<18	<20
四、块根、块茎、瓜果				
1. 含天然水分块根、块茎、瓜果	2-04-0000	≥45		
2. 脱水块根、块茎、瓜果	4-04-0000		<18	<20
五、干草				
1. 第一类干草	1-05-0000	<15	≥18	
2. 第二类干草	4-05-0000	<15	<18	<20
3. 第三类干草	5-05-0000	<15	<18	≥20
六、农副产品				
1. 第一类农副产品	1-06-0000		≥18	
2. 第二类农副产品	4-06-0000		<18	<20
3. 第三类农副产品	5-06-0000		<18	≥20
七、谷实	4-07-0000		<18	<20
八、糠麸				
1. 第一类糠麸	4-08-0000	≥18	<20	
2. 第二类糠麸	1-08-0000	<18	—	
九、豆类				
1. 第一类豆类	5-09-0000	<18	≥20	
2. 第二类豆类	4-09-0000	<18	<20	

（续表）

饲料类别	饲料编码	水分（自然含水，%）	粗纤维在干物质中的含量（%）	粗蛋白在干物质中的含量（%）
十、饼粕				
1. 第一类饼粕	5-10-0000		<18	≥20
2. 第二类饼粕	1-10-0000		≥18	≥20
3. 第三类饼粕	4-08-0000		<18	<20
十一、糟渣				
1. 第一类糟渣	1-11-0000		≥18	
2. 第二类糟渣	4-11-0000		<18	<20
3. 第三类糟渣	5-11-0000		<18	>20
十二、草籽、树实				
1. 第一类草籽、树实	1-12-0000		≥18	
2. 第二类草籽、树实	4-12-0000		<18	<20
3. 第三类草籽、树实	5-12-0000		<18	≥20
十三、动物性饲料				
1. 第一类动物性饲料	5-13-0000			≥20
2. 第二类动物性饲料	4-13-0000			<20
3. 第三类动物性饲料	6-13-0000			<20
十四、矿物质饲料	6-14-0000			
十五、维生素饲料	7-15-0000			
十六、饲料添加剂	8-16-0000			
十七、油脂类饲料及其他	4-17-0000			

第二节　羊常用的饲料

一、粗饲料

粗饲料是指在干物质中粗纤维的含量大于或等于 18%，并

以风干物形式饲喂的饲料。这类饲料的突出特点是粗纤维含量高，尤其是收割过迟的劣质干草、秸秆和秕壳等，木质素的含量较高，营养价值较低。我国粗饲料分类定义与国际上类同，饲料中天然水分含量在60%以下，干物质中粗纤维含量大于或等于18%的饲料划分为粗饲料。粗饲料来源广泛，取材多，主要包括干草、农作物秸秆、秕壳以及高纤维糟渣类饲料（图5-1）。

羊常用饲料的种类

- 粗饲料
  - 干草（苜蓿草、羊草等）
  - 秸秆饲料
    - 秸秆（玉米秸、豆秸、麦秸等）
    - 秕壳（豆荚、花生壳、稻壳等）
- 青绿饲料
  - 青牧草（苜蓿草、羊草等）
  - 叶菜类（大白菜、甘蓝叶等）
- 青贮饲料
- 能量饲料
  - 谷实类加工副产品（小麦麸、玉米皮、高粱糠、米糠等）
  - 块根、块茎与瓜类饲料（胡萝卜、甜菜、马铃薯、南瓜等）
  - 其他（动物脂肪、植物油、油渣、糖蜜、乳清等液态饲料）
- 蛋白质饲料
  - 植物性蛋白质饲料
    - 豆科籽实
    - 油饼类饲料（豆粕、菜粕、棉粕等）
    - 其他加工副产品
  - 单细胞蛋白质饲料（饲用酵母、石油酵母和藻类等）
  - 非蛋白氮饲料（尿素、液氨、铵盐等）
- 矿物质饲料（钙、磷、铜、铁、锰、锌等）
- 维生素饲料（维生素A、维生素D、维生素E、维生素K、维生素C、B族维生素等）
- 添加剂饲料（酶制剂、益生菌、有机酸、防霉剂、药物添加剂等）

图5-1　羊常用饲料的种类与划分

1. 粗饲料的营养特点

粗饲料含有大量的粗纤维，蓬松且体积大，营养价值一般低于其他饲料。主要有以下几个特点。

（1）粗纤维含量很高。干草和秕秸壳中粗纤维含量高达25%~30%，有的高达50%。粗纤维中含有的木质素是一种酚酸多聚体混合物，它不属于碳水化合物。这种酚酸多聚体混合物通过交联作用或者化合键作用与纤维素和半纤维素紧密的结合在一起，形成木质素的细胞壁复合物，造成可消化性的纤维素和半纤维素极难被消化，具有很强的抗生物降解性。

（2）粗蛋白质含量低，差异较大，变化范围广。豆科类秸秆粗蛋白质含量相对较高，为10%~19%，禾本科类干草为6%~10%，秸秆秕壳类含量低，仅为3%~5%。

（3）硅酸盐含量大，钙含量高，磷含量低，且不平衡。

（4）维生素含量不平衡，除维生素D含量高外，其他维生素缺乏。

（5）无氮浸出物含量高，在20%~40%。

2. 粗饲料对羊的作用效果

粗饲料是羊等反刍动物重要的营养源，占羊日粮的40%~80%。作用主要有以下几个方面：第一，给羊提供能量。粗饲料中的纤维素有55%~95%要经过瘤胃微生物发酵，产生挥发性脂肪酸，而挥发性脂肪酸是羊等反刍动物的主要能源物质之一，而且还参与各种代谢。已有研究报道，挥发性脂肪酸能提供给反刍动物70%~80%的能量，所以说粗饲料能给反刍动物提供能量。第二，提高羊的产奶性能。大量研究表明，在日粮中粗饲料比例合适，能提高羊的产奶量和乳脂率。粗饲料在瘤胃内发酵可产生乙酸，乙酸的含量升高，伴随着乳脂率含量也会变大，进而改善羊奶的营养品质。如果粗饲料含量过低，还会伴随产生一些代谢性疾病，如酸中毒、蹄角炎、真胃扭转、肝脓肿等。第三，可以

调控羊的采食量。由于粗饲料体积大，蓬松，吸水性强，填充作用强，容易使羊产生饱腹感。第四，维持瘤胃的功能正常，对胃肠道的消化吸收能力有促进作用，对瘤胃发育和健康意义重大。粗饲料中的纤维素对胃肠道的消化和蠕动有促进作用和利于粪便的排泄，还能促进胃肠微生态系统的平衡。第五，对羊瘤胃正常pH值有维持作用。粗饲料会对瘤胃进行机械刺激，既可诱使反刍和咀嚼，还能有效刺激唾液分泌，保持瘤胃内pH值的稳定。如果瘤胃内pH值长期或高或低，不稳定，会严重影响瘤胃不同微生物群体的稳定，破坏原有比例和数量，从而进一步影响瘤胃正常的发酵功能，降低饲料的消化率。

3. 几种常用粗饲料喂羊效果

（1）干草。干草是指青草（或青绿饲料作物）在未结籽实前刈割，然后经自然晒干或人工干燥调制而成的饲料产品，包括豆科干草、禾本科干草和野杂干草等。

干草的主要营养特点为：

①阳光晒制的干草中含有丰富的维生素D_2，是动物维生素D的重要来源，但是，其他维生素却因日晒而遭受较大的破坏；另外，地面自然晒干的干草其他营养物质的损失也较多，如蛋白质损失达37%。相反，人工干燥的优质干草中维生素和蛋白质的损失破坏较少，并含有较丰富的β-胡萝卜素。

②人工干燥的优质青干草的营养价值较高，而劣质干草的营养价值很低，几乎与秸秆相当。

③不同生育期的牧草产量不同，质量也有很大差异。一般来说，豆科牧草在现蕾至初花期，禾本科牧草在抽穗期刈割可获单位面积内最高营养物质。

④豆科干草的营养价值一般优于禾本科干草，豆科干草粗蛋白质含量为15%～24%，而禾本科干草粗蛋白质含量为7%～13%。

我国主要栽培牧草有近 50 个种或品种。苜蓿有“牧草之王”之称，是优质的高蛋白饲草，添加新鲜苜蓿不仅能够提高山羊的屠宰性能，还能明显降低羊肉的膻味，提高其风味及抗氧化性能，最适宜的添加比例为 30%。苜蓿干草加工成干粉或颗粒后干物质、粗蛋白和中性洗涤纤维在瘤胃内降解率较整株有显著提高。苜蓿草粉的粗蛋白和中性洗涤纤维瘤胃降解率均高于羊草。

（2）秸秆。秸秆是指农作物在籽实成熟并收获后的剩余副产品即茎秆和枯叶，包括禾本科秸秆和豆科秸秆两大类，禾本科秸秆主要有稻草、大麦秸、小麦秸、玉米秸和谷草等；豆科秸秆主要有大豆秸、蚕豆秸、豌豆秸等。

秸秆的主要营养特点为：在饲料干物质中蛋白质、脂肪和无氮浸出物的含量均较少，能值较低；纤维物质含量高，其粗纤维含量高达 30%~45%，且木质化程度较高，质地坚硬粗糙，适口性较差，不易于消化利用；除维生素 D 外，其他维生素都很缺乏。因此，秸秆的营养价值很低，并与秸秆种类有关。

①玉米秸：同一株玉米秸的营养价值，上部比下部高，叶片较茎秆高，玉米穗苞叶和玉米芯营养价值较低。粗蛋白质含量约为 6%，粗纤维 25%左右。

②麦秸：营养价值低于玉米秸。其中木质素含量很高，含能量低，消化率低，适口性差，是质量较差的粗饲料。小麦秸蛋白质含量低于大麦秸，春小麦秸比冬小麦秸好，燕麦秸的饲用价值最高。

③稻草：粗蛋白质含量为 2. 6%~3. 2%，粗纤维 21%~33%。能值低于玉米秸、谷草，优于小麦秸。灰分含量高，主要是不可利用的硅酸盐。钙、磷含量均低。

④谷草：质地柔软，营养价值较麦秸、稻草高。

⑤豆秸：指豆科秸秆。与禾本科秸秆相比，粗蛋白质含量和

消化率较高。由于大豆秸秆木质素含量高达20%~23%，故消化率极低。在豆秸中，蚕豆秸和豌豆秸品质较好。

稻草、麦秸、玉米秸是我国主要的三大秸秆饲料。禾本科秸秆利用的途径主要有氨化、青贮及微贮。氨化、青贮及微贮不仅使秸秆饲料的营养价值提高，还能提高其的适口性，提高动物的生产性能。粉碎或制成颗粒的玉米秸秆日粮可提高羊的采食量，显著增加了羊营养物质消化、供应量和氮保留。研究氨化小麦秸、微贮小麦秸、小麦秸、氨化玉米秸、微贮玉米秸、玉米秸对生长期羊日增重的影响，结果表明，微贮处理秸秆组效益最好，其次是氨化处理组，在微贮处理小麦秸与玉米秸两组效益对比中，又以微贮玉米秸秆饲喂羊效益最好。以玉米秸、大豆秸、花生秸为主的日粮饲喂山羊，以花生秸为主导的日粮瘤胃液BCP浓度、BCP合成量较高，秸秆饲料转化利用率较好。青刈的大豆叶，营养价值接近紫花苜蓿，即使作物成熟后再刈割，粗蛋白质含量和消化率都较高，豆秸和野干草混合饲喂绵羊的平均日增重显著高于单一饲喂野干草或是单一饲喂豆秸。

（3）秕壳类。秕壳是指作物在收获脱粒时的副产品，包括籽实的颖壳、荚皮、瘪谷和碎落的叶片等。秕壳的营养价值略高于同种作物的秸秆。秕壳的质地更坚硬、粗糙，且含泥沙较多，甚至还含有芒刺，大量饲喂很容易引起动物消化道功能障碍，应控制喂量。

①豆荚：粗蛋白质含量为5%~10%，无氮浸出物42%~50%。

②谷类壳：包括小麦壳、大麦壳、高粱壳、稻谷壳（砻糠）、谷壳等。营养价值低于豆荚。稻壳的营养价值最差。

③棉籽壳：粗蛋白质含量为4.0%~4.3%，粗纤维41%~50%，无氮浸出物34%~43%。棉籽壳含棉酚0.01%，饲喂非反刍类草食动物和幼龄草食动物时，喂量要逐渐增加，应有1~2

周的适应期，以防棉酚中毒。

（4）酒糟类。糟渣类包括白酒糟、啤酒糟、酱醋糟、木薯渣、淀粉渣、豆渣、味精渣、糖渣及果渣等。是食品工业和发酵工业的主要副产物之一，糟渣类饲料水分含量比较大，富含丰富的蛋白质和矿物元素，非常适合饲喂家畜。把玉米秸粉碎后与酒糟混匀后进行尿素氨化处理，不仅能加速酒糟的自然干燥，减少发霉、生蛆，还可以显著提高羊日增重。但是，酒糟的添加量一定要严格控制，如果添加过量反而会降低生产性能，严重时会导致动物死亡。

二、青绿多汁饲料

青绿多汁饲料是指天然水分含量为45%及以上的饲料，包括天然牧草、栽培牧草、树叶类饲料、叶菜类饲料、水生饲料等。常见的青绿多汁饲料品种有青饲玉米、黑麦草、紫云英、番薯、狼尾草、篁竹草、鲁梅克斯和桑叶等。

1. 青绿多汁饲料的营养特点

（1）含水量大，适口性好。青绿饲料的含水量一般都在60%以上，水生青绿饲料的含水量可以达到95%。青绿饲料富含各种营养物质，柔嫩多汁，口感好，畜禽喜欢采食，且易于消化，有机物质的消化率可达60%以上，是反刍家畜和草食家畜的首选饲料。

（2）粗蛋白含量高。青绿饲料蛋白质含量较高。如按干物质计，禾本科牧草和蔬菜类青绿饲料粗蛋白含量在10%~15%，豆科青绿饲料粗蛋白含量在15%~20%，高于禾本科和豆科籽实类饲料的粗蛋白含量，且蛋白质中各种必需氨基酸的含量较高，营养品质较好，其蛋白质的生物效价达80%以上；青绿饲料早期赖氨酸和氨化物含量也较多，对反刍家畜都十分有利。

（3）粗纤维含量较低。青绿饲料生长前期粗纤维含量较少，

木质素含量也很低。随着植物的生长，粗纤维含量和木质素含量会逐渐增加，消化率也随之降低。因此，把握好青绿饲料的利用时间，是提高青绿饲料利用价值的关键，也是提高养殖效益的关键。

（4）矿物质含量高。钙磷比例合适的青绿饲料是畜禽矿物质的良好来源。青绿饲料中矿物质的比例占饲料鲜重的1.5%～2.5%，且钙磷比例符合家畜需求，饲喂青绿饲料的家畜一般无须另外添加矿物质，特别是钙和磷。

（5）维生素含量丰富。青绿饲料中含有丰富的维生素，且维生素种类比较齐全。大部分B族维生素、维生素C、维生素E及维生素K含量都比较丰富，特别是胡萝卜素的含量更是丰富。

2. 影响青绿多汁饲料营养价值的因素

（1）青绿饲料的种类。青绿饲料的种类不同所含营养物质不同。一般豆科类青绿饲料和蔬菜类青绿饲料营养价值高于禾本科类，而禾本科类青绿饲料营养价值高于水生类。

（2）青绿饲料的生长阶段。青绿饲料的生长阶段不同所含营养物质不同。幼嫩青绿饲料营养价值较高，但含水量大、产量低。随着植物的生长，其营养价值会逐渐下降，在植物生长后期，植物纤维素的含量增加，木质素含量也会增高，从而影响家畜的采食率和消化率，营养价值降低。因此，提高青绿饲料利用价值的关键是把握好利用时间。

（3）植物的不同器官。幼嫩植物整体营养无太大变化，随着植物的生长，其叶片的营养会大于其他部位。因此，叶片大的植物营养价值就高，采收和干制收堆时应尽量保护叶片的完整性。

（4）土壤和肥料。土壤和肥料直接影响青绿饲料的品质。青绿饲料的大部分营养是土壤和肥料供给的。因此，人工种植青绿饲料时应选择合适的土壤，并根据土壤结构和青绿饲料的性质按需施肥。饲喂野生青绿饲料时，则应根据青绿饲料生长的土壤的特性分析其所缺成分，在日粮中给予补充。

3. 青绿多汁饲料的分类

（1）天然草地牧草。按植物分类，主要有禾本科、豆科、菊科和莎草科四大类。以干物质计，粗蛋白质含量豆科较高，为15%~20%，菊科、莎草科为13%~20%，禾本科为10%~15%；天然牧草的无氮浸出物含量为40%~50%；粗纤维含量以禾本科较高，约30%，其他20%~25%；矿物质含量一般钙多磷少，其中豆科牧草含钙量更高。豆科牧草营养价值最高，禾本科牧草虽然营养价值较低，但因它是构成草地植被的主体，产量高、再生力强、耐牧、适口性好，因此也不失为一类较好的牧草。菊科牧草多具有异味，草食动物不喜采食。

（2）青饲作物和栽培牧草。

①青饲玉米、高粱：在禾本科青绿饲料中以青饲玉米品质最好，饲用期长。青饲玉米柔软多汁，适口性好。青饲高粱也是草食动物的好饲料。

②青饲大麦、燕麦：青饲大麦是优良的青绿多汁饲料。生长期短、分蘖力强，再生力强。通常于孕穗至开花期收割饲喂。开花期以后老化，品质下降。燕麦叶多茎少，叶宽长，柔软多汁，适口性好，是一种很好的青绿饲料。收获期对营养成分影响不大，从乳熟期至成熟期均可收获。

③黑麦草：生长快，分蘖力强，茎叶柔软光滑，品质好，适口性也好。一年可多次刈割。按干物质计，多年生黑麦草粗蛋白质含量为17.3%，粗纤维25%，钙0.78%，磷0.25%，属禾本科牧草中可消化物质最高的一种牧草。

④无芒雀麦：多年生草本植物，由于分蘖力强，耐践踏，故适于放牧利用。适时刘害。营养价值接近豆科牧草。按干物质计，无芒雀麦粗蛋白质含量为27.9%，粗纤维23%，钙0.64%，

磷 0.34%。

⑤苜蓿：为豆科多年生草本植物，品质好，产量高，适应性强，不论青饲、放牧或调制干草均可利用，被誉为“牧草之王”。苜蓿粗蛋白质含量高，且消化率达 70%~80%。另外，苜蓿富含多种维生素和微量元素，同时还含有一些未知促生长因子。苜蓿一年可刈割 4~5 茬。但苜蓿茎木质化比禾本科草早且快。

⑥草木樨：草木樨作为饲料可青饲、青贮和放牧，也可调制干草。按干物质计，草木樨粗蛋白质含量为 19%，钙 2.74%，磷 0.02%。草木樨含有香豆素，有不良气味，故适口性差，饲喂时应由少到多，使家畜逐步适应。无味草木樨的最大特点是香豆素含量低，只有 0.01%~0.03%，因而适口性较佳。草木樨保存不当易发生霉烂，在霉菌作用下，香豆素转化为双香豆素（与维生素 K 有拮抗作用），从而导致动物因外伤、去势、去角等血流不止，严重时还会引起动物死亡。

⑦紫云英：鲜嫩多汁，适口性好，产量较高。营养价值以干物质计，粗蛋白质含量 22.3%，可消化粗蛋白质 15%，粗纤维 19.2%，钙 1.38%，磷 0.53%。盛花期后粗蛋白质减少，粗纤维增加。

此外，羊草、披碱草、三叶草、鸡脚草、牛尾草、沙打旺等鲜草既可直接饲喂草食动物，也可以调制成干草或制作青贮。

（3）叶菜类及非淀粉质根茎类饲料。

①聚合草：是一种以叶为主的饲草饲料。产量高、适应性强、利用期长、营养丰富为其特点。聚合草有黄瓜香味，鲜草叶面生有短刚毛，整叶鲜喂适口性较差。聚合草的营养成分按干物质计，粗蛋白质含量为 24.3%，粗纤维 29.1%，钙 1.98%，磷 0.34%。

②饲用甜菜：干物质中主要是糖类，蛋白质含量为 1%~

2%，纤维少，适口性强，矿物质中钾盐较多呈硝酸盐形式，因此熟喂时，不应放置过久，以防中毒。一般饲喂时洗净切碎。

③非淀粉根茎类：包括胡萝卜、菊芋、蕉藕等。该类饲料产量高，耐储存。水分含量高，粗纤维、粗蛋白质、维生素含量低（除胡萝卜外）为其特点。胡萝卜是草食畜禽的优质多汁饲料。富含胡萝卜素，干物质含量约为13%。干物质中，含可溶性糖类多，纤维素较少，蛋白质含量不多。一般多作为冬季草食畜禽的青绿饲补充料。

④瓜类饲料：水分最多，为90%~95%。干物质中，可溶性糖类和淀粉多，纤维素较少，黄色瓜类富含胡萝卜素。目前栽培最多的是饲用南瓜，产量比食用南瓜多一倍，早熟又高产。

（4）树叶类饲料。

①紫穗槐、刺槐叶：紫穗槐叶粉约含粗蛋白质23.2%，粗脂肪5.01%，无氮浸出物39.3%，钙1.76%，磷0.31%；刺槐叶粉含粗蛋白质19.1%，粗脂肪5.4%，无氮浸出物44.6%，钙2.4%，磷0.03%。两者富含多种维生素，尤以胡萝卜素和维生素 B_2 含量高。采集季节不同，槐叶质量不同。一般春季质量较好，夏季次之，秋季较差。但过早采集影响林木生长。因此，科学采集时间宜在不影响林木生长的前提下尽量提前。北方可在7月底、8月初开采，最迟不超过9月上旬。采集过迟，绿叶变黄，营养价值大幅度下降。

②苹果枝叶、橘树叶、桑树叶：苹果枝叶来源广、价值高。含粗蛋白质9.8%，粗脂肪7%，粗纤维8%，无氮浸出物59.8%，钙0.29%，磷0.14%。

橘树叶粗蛋白质含量较高，其量比稻草高3倍。每千克橘树叶含维生素C约151mg，并含单糖、双糖、淀粉和挥发油，故该叶有舒肝、通气、化痰、消肿解毒等药效。长期给动物喂橘树叶或橘树叶粉，可有效地预防疾病。

鲜桑树叶含粗蛋白质4%，粗纤维6.5%，钙0.65%。桑树枝、叶营养价值接近，宜鲜用，否则营养价值下降。叶枝量大时，可阴干储藏供冬季饲用。

③松叶：指马尾松、黄山松、油松、云杉等树的针叶。马尾松针叶含粗蛋白质6.5%～9.6%，粗纤维14.6%～17.6%，钙0.45%～0.62%，磷0.02%～0.04%。富含维生素、微量元素、氨基酸、激素和抗生素等。针叶一般以每年11月至翌年3月采集较好，其他时间因针叶含脂肪和挥发性物质较多，易对动物胃肠和泌尿器官产生不良影响。采集时应选嫩绿肥壮松针，采集后避免阳光暴晒，采集到加工要求不应超过3天。

（5）水生饲料。水生饲料是指水浮莲、水葫芦、水花生、红萍、水芹菜和水竹叶等。水生饲料具有质地柔软、生长快、产量高、利用时间长、能充分利用水面等优点，但营养价值相对较低，生喂易感染蛔虫、姜片吸虫和肝片吸虫等传染病，因此饲喂时应注意消毒和合理搭配，以提高其营养价值。

4. 使用青绿多汁饲料应注意的问题

（1）适时刈割。不同植物不同时期营养价值不同。一般来说，青绿饲料生长到一定阶段后其营养价值会逐渐下降。根据植物品种、利用方法、饲喂对象等决定最佳利用时间。禾本科一般在孕穗期，豆科则在盛花期。

（2）力求新鲜。直接饲喂畜禽的青绿饲料越新鲜，其营养价值越高。青绿饲料长时间存放容易腐烂，不但影响适口性，还可引发中毒。

（3）合理搭配。青绿饲料就其单位重量来讲营养价值不是很高，饲喂时应注意与能量饲料、蛋白质饲料配合使用。一般青绿多汁饲料补饲量不要超过日粮干物质的20%。

（4）科学饲喂，避免中毒。松针粉含粗纤维较一般阔叶高，且有特殊的气味，不宜多喂。有的树叶含有单宁，有涩味，适口

性不佳，必须加工调制后再喂。叶菜类饲料中含有硝酸盐，在堆贮或蒸煮过程中被还原为亚硝酸盐，牛、羊、鹿等反刍动物瘤胃中的微生物也可将青绿多汁饲料中的硝酸盐还原成亚硝酸盐，引起动物中毒，甚至死亡。放牧于苜蓿地或饲喂鲜苜蓿的牛、羊、鹿等反刍动物喂量应加以控制，并补饲干草，以防瘤胃臌气病的发生。幼嫩高粱苗、玉米苗等含氰苷配糖体，牛、羊、鹿等反刍动物食入后可在瘤胃微生物作用下分解成氢氰酸，从而导致动物中毒。尤其是玉米、高粱收获后的再生苗，经霜冻危害更大，应特别注意，喂前晾晒或青贮可预防中毒。

总之，青绿饲料是一种营养价值比较全面的饲料，具备籽实类饲料不可替代的功能。合理利用青绿饲料，既可以节约成本，提高养殖效益，又能发挥当地资源优势，改善畜产品质量。今后以草代粮是养殖业可持续发展的必然趋势，因此需要不断探索、寻求青绿饲料的最佳利用效果，设法延长青绿饲料的利用时间，获得最佳养殖效益。

三、青贮饲料

经过铡短、装窖、踩实、封严，在厌氧的情况下，经过微生物发酵过程（即乳酸菌发酵产生乳酸，其他杂菌受到抑制）使青贮原料达到长期保存，扩大饲料来源的一种简单、可靠而经济的方法，是保证家畜常年均衡供应饲料的有效措施。青贮饲料气味酸香，柔软多汁，颜色黄绿，适口性好，为家畜冬春的优良青绿多汁饲料。青贮饲料已在世界各国畜牧生产中普遍推广应用。青贮数量逐年增加，特别是青贮玉米的栽培利用较大的发展。生产实践证明，饲料青贮是调剂青绿饲料丰歉，以旺养淡，以余补缺，合理利用青粗饲料的有效方法。

1. 青贮饲料的优点

（1）可以保持青绿多汁饲料的营养特性。青绿饲料在密封

厌氧条件下保藏，机械损失小；贮藏过程中，氧化分解作用微弱，养分损失少，一般不超过10%。每千克青贮甘薯藤的干物质中含有胡萝卜素可达94.7mg，而在自然晒制的干藤中，每千克干物质只含2.5mg。

（2）消化性强，适口性好。青绿多汁饲料，经过微生物发酵作用，产生大量芳香族化合物，具有酸香味，柔软多汁，适口性好，家畜喜食。如马铃薯、菊芋、向日葵茎叶、蒿属、苔属植物等，制成干草后，具有特殊气味，或质地粗硬，家畜一般不愿采食，但经青贮发酵后，可以成为家畜喜食的良质青绿多汁饲料。青贮料对提高家畜日粮内其他饲料的消化性，亦有良好的作用。用同类青草制成的青贮料和干草，青贮料的消化率有所提高。

（3）可以长期保存。良好的青贮料，管理得当，可贮藏多年，最久者可达20~30年。因此调制青贮料，可以保证家畜一年四季都能吃到优良的多汁料。北方冬春季节长，气候寒冷，生长期短，青绿饲料生产受限制，青贮料可作为青绿多汁饲料常年饲喂，可提高繁殖率、泌乳力，促进生长发育。

（4）单位容积内贮量大。青贮饲料贮藏空间比干草小，$1m^3$青贮料重量为450~700kg，其中含干物质为150kg，而$1m^3$干草重仅70kg，约含干物质60kg。1t青贮苜蓿占体积$1.25m^3$，而1t苜蓿干草，则占体积$13.3 \sim 13.5m^3$，在贮藏过程中，青贮料不受风吹、雨淋、日晒等影响，亦不会发生火灾等事故。青饲料经青贮发酵后，可使其中所含的病菌虫卵和杂草种子失去生活力，减少对农田的危害。

（5）调制青贮饲料受天时影响较小。在阴雨季节或天气不好时，晒制干草困难，对青贮的进行则影响较小，只要按青贮条件要求严格掌握，仍可调制成优良青贮料。

2. 青贮的原理

青贮的原理是利用乳酸菌对原料进行厌氧发酵，产生乳酸，使得青贮原料的酸度达到 pH 值为 4 左右甚至更低，从而抑制所有微生物包括乳酸菌本身的活动，达到酸贮的目的。乳酸菌的生长繁殖要求湿润和厌氧的环境，而且必须有一定数量的可溶性糖类，所以青贮时要将原料切短，装填时层层压紧压实，排出空气，尽量造成厌氧环境。

3. 青贮饲料的调制方法

4. 青贮饲料饲喂方法

（1）开窖。青贮饲料在封窖 40~60 天即可开窖饲喂。开窖时间以气温较低而又值缺草季节较为适宜。开窖前应清除封窖时的盖土，以防与青贮料混杂变质。要求分段开窖，从上到下，分层取草，切勿全面打开，防暴晒、雨淋、结冻和严禁掏洞取草，取后封严。应注意排水，并鉴定青贮料的品质。如质量正常会有酒香酸味，色泽黄绿，即可取喂。如变质腐败会有臭味，质地干燥、松散或黏结成块，切勿饲喂，以防中毒。取料时，如果中途停喂，间隔较长，必须按原来封窖方法将青贮窖盖好封严。

（2）饲喂。开始饲喂青贮饲料时，要由少到多逐渐增加，并与干草及块根茎类饲料混合饲喂。停止饲喂时，也由多到少逐渐减少。青贮饲料是良好的饲料，但必须与精料和其他饲料按家畜营养需要进行合理搭配饲喂。肉羊一般饲喂量为 2~3kg/天，怀孕后期不宜多喂，生产前 15 天应停喂。饲喂青贮饲料后应将食槽打扫干净，以免残留物产生异味。品质低劣、霉败的青贮饲料不能饲喂家畜。青贮料要逐层逐段取用，每次取出的数量依喂量而定，保持饲料新鲜。取后应立即把青贮窖或袋密封好。

四、能量饲料

能量饲料指干物质中粗纤维的含量低于 18%，粗蛋白质的

含量低于20%的饲料，主要包括谷实类、糠麸类、淀粉质的根茎瓜果类以及油脂类等。

1. 谷实类

谷实类饲料的粗蛋白质含量低，一般在10%左右，而且缺乏赖氨酸、蛋氨酸、色氨酸；粗脂肪含量在3.5%左右；无氮浸出物含量高，一般占干物质的66%~80%，其中主要是淀粉；粗纤维含量低，一般在10%以下，因而适口性好，可利用能量高；钙低磷高，钙、磷比例不当。

（1）玉米。是草食动物主要的能量饲料，通常可占到饲粮总量的50%~70%。玉米粗纤维含量很低，无氮浸出物特别是淀粉的含量很高，易被动物消化利用，且适口性好。玉米的蛋白质含量低，且蛋白质品质较差，其中赖氨酸、色氨酸含量严重不足。另外，玉米的钙、磷含量不足；玉米维生素 B_2 含量丰富，黄玉米中还含有较多的胡萝卜素，但维生素 D、维生素 B_2 和烟酸较少。因此，玉米必须与其他饲料搭配饲喂。另外，因玉米中含有较多的不饱和脂肪酸，在生长肥育草食动物的日粮中，玉米的饲喂量也不宜过高，否则会导致动物体脂变软而降低胴体品质。

（2）大麦。与玉米相比，大麦的粗纤维含量高、能量略低、粗蛋白质含量高；除富含烟酸外，其他维生素（如维生素 D、维生素 B_2 和胡萝卜素等）都很缺乏。大麦是羊的优良饲料，可提高胴体品质，饲喂量最高可占到日粮的35%。大麦因粗纤维含量较高，且含有较多的抗营养因子——β-葡聚糖，若直接饲喂草食禽类，饲喂效果较玉米和小麦差，但若添加β-葡聚糖酶制剂，则可以改善饲喂效果。

（3）小麦。作为畜禽饲料，除能量比玉米低外，其他营养指标均优于玉米。粗蛋白质含量居谷实类之首位，一般达12%以上，但必需氨基酸尤其是赖氨酸不足，因而小麦蛋白质品质较

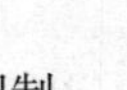

差。小麦的B族维生素和维生素E含量较多，特别是胚芽富含维生素E，而胡萝卜素、维生素D和维生素C极低。小麦中含阿拉伯木聚糖和β-葡聚糖等抗营养因子，它们不能被动物消化酶消化，而且有黏性，在一定程度上影响小麦的消化率。在反刍动物饲粮中用量以不超过50%为宜。

（4）燕麦。含颖壳多，粗纤维含量高（10%~13%），故其有效能明显低于玉米等谷实。蛋白质含量在10%左右，其品质较差。富含B族维生素，脂溶性维生素和矿物质较少，钙少磷多。

（5）高粱。能量略低于玉米。蛋白质含量为8%~9%，但品质较差，原因是赖氨酸、蛋氨酸等含量少。含有毒物质单宁，影响其适口性和营养物质消化率。灰分中钙少磷多。与玉米配合使用可提高饲料的利用率。对于奶牛泌乳效果优于大麦。要注意高粱喂牛易引起便秘。

2. 糠麸类

籽实经加工后形成的一些副产品即为糠麸类，包括米糠、小麦麸、大麦麸、玉米糠、高粱糠、谷糠、大豆皮等。其特点是除无氮浸出物含量较少（40%~62%）外，其他各种养分含量均较其原粮高。有效能值低，含钙少而含磷多，含有丰富的B族维生素，胡萝卜素及维生素E含量较少。

（1）米糠。指在除壳稻（糙米）进一步加工成精米的过程中所分离出来的种皮、糊粉层和胚的混合物，因此不包括谷壳，它占糙米的8%~10%。米糠的品质与成分因糙米精制程度不同而异，精制的程度越高，米糠的饲用价值愈大。米糠的粗蛋白质含量较高（达13.8%），且必需氨基酸含量较高；富含B族维生素和维生素E，但缺乏维生素A和维生素D；米糠中脂肪含量高达10%~17%，脂肪酸组成中多为不饱和脂肪酸。在高温、高湿环境下易发生酸败变质，故米糠不宜长期储存。生产实践中常对

米糠进行脱脂处理，制成脱脂米糠，便于储存和利用。

（2）小麦麸。指小麦加工成面粉的副产品，包括小麦种皮、胚和糊粉层。其营养特性与米糠相似。粗蛋白质含量高于原粮，一般为12%~17%，氨基酸组成较佳，但蛋氨酸含量少；粗纤维含量为10%；含钙低（0.1%~0.2%）而含磷多（0.9%~1.4%），但其中大部分为植酸磷，非反刍类草食动物的利用率很低；富含烟酸和硫胺素，但核黄素含量较低。麸皮质地疏松，具有轻泻作用，常用于母畜产后调节消化道的机能。

（3）大豆皮。指大豆加工中分离出的种皮。约含粗纤维38%，粗蛋白质12%，几乎不含木质素，故消化率高，其营养价值相当于玉米等谷物。

3. 块根、块茎、瓜果类

含水量高达70%~90%，习惯称为多汁饲料。干物质中主要是淀粉和糖，粗纤维和粗蛋白质含量均很低，符合能量饲料的条件，故常将其归属为能量饲料。

常用的块根、块茎、瓜果类饲料有胡萝卜、甘薯、马铃薯、木薯、甜菜、芜菁、菊芋、蕉藕、南瓜及各种落果等。其主要的营养特点是干物质中主要含淀粉和糖，粗蛋白质含量5%~10%，粗纤维含量不足10%，矿物质中钙多（0.19%~0.27%）而磷少（0.02%~0.09%）。某些根茎和瓜果（如胡萝卜、甘薯和南瓜等）常含有丰富的胡萝卜素和维生素C，是动物胡萝卜素的重要来源。

（1）甘薯（又称红薯、白薯、地瓜、山芋）。富含淀粉，粗纤维含量少，能量低于玉米，粗蛋白质及钙含量低，多汁味甜，适口性好，生熟均可饲喂。用有黑斑病的甘薯喂牛，可使牛患喘气病，严重者甚至死亡。

（2）马铃薯（又称土豆）。盛产于我国北方，产量较高。成分特点与其他薯类相似。与蛋白质饲料、谷实饲料混喂效果较

好。马铃薯储存不当发芽时，含有龙葵素，采食过量会导致动物中毒。因此，马铃薯要注意保存，若已发芽，饲喂时一定要清除皮和芽，并进行蒸煮。

（3）甜菜渣。洗净并除茎叶的甜菜萃取制得砂糖后剩下的副产品即为甜菜渣。甜菜渣为淡灰色或灰色，略具甜味，干燥后呈粉状、粒状或丝状。甜菜渣中主要成分是无氮浸出物，以干物质计，达60%以上，因而其消化能值较高。粗蛋白质较少且品质差，因必需氨基酸少，特别是蛋氨酸极少。钙、镁、铁等矿物元素含量较高，但磷、锌等元素含量较低。甜菜渣中维生素较贫乏，但胆碱、烟酸含量较高。新鲜甜菜渣有甜味，适口性好，可直接喂给动物，而且对母畜有催乳作用。干甜菜渣因含较多的粗纤维，所以主要适于作为反刍动物的饲料。

（4）木薯。我国广东、广西、福建、云南、海南、台湾等省、自治区种植木薯较多。此外，贵州、湖南、江西等省也有少量种植。木薯干（脱水木薯）中无氮浸出物含量高，可达80%，因此其有效能值较高，如产奶净能（奶牛）为6.90MJ/kg。粗蛋白质含量仅为2.5%。矿物质含量贫乏，维生素含量几乎为零。木薯中含有毒物氢氰酸，其含量随品种、气候、土壤、加工条件等不同而异。脱皮、加热、水煮、干燥可除去或减少木薯中氢氰酸含量。

4. 油脂类

油脂类是指取自动、植物的一类不溶于水的物质，主要成分为甘油三酯。在常温下呈液体状的称为油，呈固体或半固体状的称为脂，但习惯上不严格区分。油脂类能值高，如棕榈酸钙的产奶净能为玉米的3.33倍。因此，油脂类是配制高能量饲粮的首选原料。用作能量饲料的油脂主要包括动物油脂、植物油脂等。反刍动物日粮中禁用动物油脂。

油脂是动物必需脂肪酸的最好来源。动物油脂中脂肪酸主要为饱和脂肪酸，但鱼油有高含量的不饱和脂肪酸。植物油脂（如大豆油、菜籽油、棕榈油等）中的脂肪酸主要为不饱和脂肪酸。在高温季节给动物饲喂油脂，还能减轻动物的热应激。

5. 糖蜜

糖蜜是指制糖工业副产品，包括甘蔗糖蜜、甜菜糖蜜、玉米葡萄糖蜜、柑橘糖蜜、木糖蜜、高粱糖蜜等，为呈黄色或褐色的液体，大多数糖蜜具甜味，但柑橘糖蜜略有苦味。有效能量较高，牛、绵羊中消化能分别为 12. 12MJ/kg、11. 70MJ/kg。含少量粗蛋白质（2. 9%~7. 6%），其中多属于非蛋白质氮。矿物质含量较多，其中钾含量最高。糖蜜可为反刍动物瘤胃微生物提供充足的速效能源，提高微生物的活性。

五、蛋白饲料

蛋白质饲料是指干物质中粗纤维含量在 18%以下，粗蛋白质含量为 20%及以上的饲料，主要包括植物性蛋白质饲料、动物性蛋白质饲料、微生物蛋白质饲料和非蛋白氮饲料。我国规定，禁止在反刍动物饲料中添加动物源性成分。

1. 植物性蛋白质饲料

植物性蛋白质饲料主要包括籽实类、饼粕类及其他加工副产品。

（1）籽实类。豆类籽实蛋白质含量高，为 20%~40%，较禾本科籽实高 2~3 倍。品质好，赖氨酸含量较禾本科籽实高 4~6 倍，蛋氨酸高 1 倍。全脂大豆为提高过瘤胃蛋白时，可做适当的热处理（110°C，3min）。大豆也可生喂，但不宜与尿素一起饲喂反刍动物。

带绒全棉籽因含有棉纤维，内有脂肪（棉籽油）和蛋白质，又称三合一饲料。其干物质中粗蛋白质含量为 21. 17%，粗脂肪 17. 39%，中性洗涤纤维 45. 32%。

（2）饼粕类。指油料作物籽实提取油脂后的副产品，其中用压榨法取油后的产品称为饼，而用溶剂浸提油脂后，呈小片状或颗粒状的称为粕。是目前动物所需蛋白质的主要来源，主要产品有大豆饼粕、棉仁饼粕、菜籽饼粕、芝麻饼粕、花生饼粕和亚麻仁饼粕等。饼粕类饲料的共同营养特点为：蛋白质含量均较高，且品质较好；残留有一定量的油脂，故能值也较高；含有不同的抗营养因子或有毒成分。

①大豆饼粕：是饼粕类饲料中营养价值最高的饲料。蛋白质含量高达42%~46%，除含硫氨基酸外，赖氨酸、色氨酸、甘氨酸含量均较高。大豆饼粕中钙少磷多，磷主要是植酸磷；大豆饼粕中维生素 B_{12} 缺乏，但胆碱含量较高。此外，在生的或熟度不够的大豆饼粕中含有膜蛋白酶抑制因子、皂角苷、血细胞凝集素和脲酶等抗营养因子，需做适当的热处理。

②棉仁饼粕：蛋白质含量一般为35%~40%，仅次于大豆饼粕，但其蛋白质的品质较大豆饼粕低，其氨基酸的组成受加工条件的影响很大，特别是其中有效赖氨酸的含量相对较低，而精氨酸的含量又过高，导致二者发生拮抗作用，但蛋氨酸含量较大豆饼粕高。棉仁饼粕作为动物饲料的不利因素是其中含有毒素——游离棉酚，若过量饲喂易引起中毒。因此，需严格控制棉仁饼粕的用量。

③菜籽饼粕：蛋白质含量一般为35%~39%，氨基酸组成平衡，蛋氨酸、赖氨酸含量较高，含硫氨基酸较多，精氨酸含量低，精氨酸与赖氨酸的比例适宜，是一种良好的氨基酸平衡饲料；粗纤维含量较高（12%~13%）；矿物质中钙、磷含量均高，但大部分为植酸磷，富含铁、锰、锌、硒。另外，菜籽饼粕含有硫代葡萄糖苷、芥子碱、植酸、单宁等抗营养因子，影响其适口性；硫代葡萄糖苷在芥子酶的催化下可水解生成异硫氰酸盐等有毒物质，可刺激动物的胃肠道黏膜而引起炎症和腹泻，还可影响

甲状腺激素的合成，导致动物甲状腺肿大。因此，最好饲喂双低（低芥酸和低硫葡萄糖苷）菜籽饼粕，或严格限制菜籽饼粕的饲喂量。

另外还有胡麻饼粕、芝麻饼粕、葵花籽饼粕都可以作为草食动物蛋白质补充料。

④玉米加工的副产品：

玉米蛋白粉：由于加工方法及条件不同，蛋白质的含量变异很大，在25%~60%；蛋白质的利用率较高。由于其相对密度大，应与其他体积大的饲料搭配使用。

玉米胚芽饼：粗蛋白含量在20%左右。由于价格较低，蛋白质品质好，近年来在草食动物的日粮应用较多。

玉米酒精糟：分三种，第一种是酒精糟经分离脱水后干燥的部分，简称DDG；第二种是酒精糟滤液经浓缩干燥后所得的部分，简称DDS；第三种是“DDG”与“DDS”的混合物，简称DDGS。一般以DDS的营养价值较高，DDG的营养价值较差，DDGS的营养价值居前两者之间，以玉米为原料的DDG、DDS、DDGS的粗蛋白质含量基本相近，但三者粗纤维含量则分别为11%、7%和4%左右。一般粗蛋白质含量为20%~30%，并含有未知生长因子，但三者的氨基酸含量及利用率都不理想，不适宜作为唯一的蛋白源。营养价值受原料种类、质量、主副产品比例、主辅料比例、发酵工艺等因素影响差异很大。

（3）糟渣类饲料指酿造、淀粉及豆腐加工行业的副产品。主要特点是水分含量高达70%~90%，干物质中蛋白质含量为25%~33%，B族维生素丰富，还含有维生素B_{12}及一些有利于动物生长的未知生长因子。

①啤酒糟：鲜糟中水分含量75%以上，干糟中蛋白质含量为25%左右，纤维含量高。可取代部分饼粕类饲料，鲜糟日用量不超过10~15kg，干糟以不超过精饲料30%为宜。

②酒糟：因制酒原料不同，营养价值各异。酒糟蛋白质含量一般为19%～30%，是育肥牛的好原料，鲜糟日喂量15kg左右。酒糟中含有一些残留的酒精，对奶牛不宜多喂，日喂量一般7～8kg，最高不超过10kg。

③豆腐渣、酱油渣及粉渣：多为豆科籽实类加工副产品，干物质中粗蛋白质的含量在20%以上，粗纤维含量较高。维生素缺乏，消化率也较低。这类饲料水分含量高，一般不宜存放过久，否则极易被霉菌及腐败菌污染变质。

2. 微生物蛋白质饲料

微生物蛋白质饲料是一类工业化生产的蛋白质饲料，主要是酵母蛋白质饲料，常称为单细胞蛋白质（single cell protein，SCP）饲料。可分为两类：一类是利用淀粉工业废液或造纸工业木材水解液作为培养底物，进行液态发酵生产，纯分离干制的酵母，其粗蛋白质含量可达40%～65%；另一类是利用糟渣等工业副产品（如酒糟、啤酒糟等）作为培养底物，进行固态发酵生产，其产品为酵母与培养底物的混合物，粗蛋白质含量随底物不同而异。

3. 工业合成产品

这类蛋白质饲料主要包括非蛋白质含氮化合物和人工合成氨基酸两类。

(1) 非蛋白质含氮化合物。简称非蛋白氮，主要作为反刍动物蛋白质饲料，供给瘤胃可降解氮的需要。此类化合物种类很多，主要包括尿素、异丁基二脲及各种铵盐等。

饲料级尿素的含氮量约为45%，是目前应用最广泛的非蛋白质含氮化合物。但它在反刍动物瘤胃中的降解速度很快，如果使用不当，易发生氨中毒。因此，应严格控制尿素用量，一般控制在日粮干物质的1%或每100kg体重饲喂20g；每头每日绵羊和山羊各饲喂20～30g。

(2) 人工合成氨基酸。用于饲料的人工合成氨基酸主要是赖氨酸和蛋氨酸，其次是苏氨酸、色氨酸和甘氨酸等。日粮中使用人工合成氨基酸的主要目的是平衡各种必需氨基酸的比例，以满足动物机体的需要。

生产上使用的商品赖氨酸是L-赖氨酸的盐酸盐，其纯度为98.5%，其中L-赖氨酸的实际含量为78.8%，一般在饲粮中的添加量为0.05%~0.30%，应视动物种类和日粮的组成不同而异。目前使用的商品蛋氨酸主要是DL-蛋氨酸，其纯度为98.5%。在反刍动物的饲粮中添加的主要是过瘤胃蛋氨酸制剂或N-羟甲基蛋氨酸钙等。

蛋氨酸羟基类似物（methionine Hydroxy analogue，MHA）在动物体内经酶的催化可转变为蛋氨酸，包括两种产品：一是DL-2-羟基-4-甲硫基丁酸（代号为DL-MHA-FA），纯度为88%以上，其生物学活性约为蛋氨酸的88%，黏性液体；二是DL-2-羟基-4-甲硫基丁酸钙盐（代号为DL-MHA-Ca），产品为白色粉末，纯度为97%，生物学活性约为DL-蛋氨酸的86%。该产品适用于反刍动物，可免于瘤胃微生物的降解破坏。

六、矿物质饲料

矿物质饲料包括工业合成的或天然的单一矿物质饲料，多种矿物质混合的矿物质饲料，以及加有载体或稀释剂的矿物质添加剂预混料。

1. 常量矿物质饲料

(1) 钙源矿物质饲料。

①石粉：由天然石灰石粉碎加工制成，基本成分为碳酸钙，含钙量为32%~38%。

②轻质碳酸钙：以石灰石为原料，经粉碎、煅烧、加水调制，再经二氧化碳作用后的沉淀物，纯度为98%以上，含钙量

在39.2%以上。

③石膏：基本成分为硫酸钙（$CaSO_4 \cdot 2H_2O$），含钙量为20%~30%。

④贝壳粉：由各种贝壳（如蚌壳、牡蛎壳、蛤蜊壳等）经粉碎加工制成的粉状或颗粒状产品，其主要成分为碳酸钙，含钙量为34%~38%。

（2）磷、钙、钠源矿物质饲料。

①磷酸钙类：包括磷酸钙、磷酸氢钙、磷酸二氢钙及脱氟磷酸钙等，其中以磷酸氢钙应用最为广泛，含有两个结晶水的磷酸氢钙的生物学效价较高，该产品的含磷量在16%以上，含钙量在21%以上，氟含量小于0.18%，可同时作为磷和钙的补充源。

②磷酸钠类：包括磷酸一钠、磷酸二钠、磷酸三钠，其中以磷酸二钠应用较多，其含磷量在18%以上。

（3）钠、氯矿物质饲料。主要是食盐，饲用食盐的氯化钠含量在95%以上，用其补充植物性饲料中钠和氯的不足，还可以提高饲料的适口性，增加食欲。羊饲料中补充的食盐一般占羊日粮的0.2%~0.5%，过多会引起食盐中毒。

（4）镁源矿物质饲料。有氧化镁、碳酸镁和硫酸镁等。对草食动物而言，以氧化镁的效果较好，其适口性较佳，且致泻性较弱，而硫酸镁的适口性较差，致泻性较强，应控制用量。

2. 微量矿物质饲料

微量矿物质元素包括微量元素的无机化合物和有机酸盐及蛋白质（氨基酸）螯合物等。国内广泛使用的微量矿物质饲料主要为无机化合物，包括微量元素的硫酸盐、碳酸盐、氯化物和氧化物等；而蛋白质（氨基酸）螯合物的使用则相对较少，产品有微量元素氨基酸螯合物和微量元素蛋白质盐两类，它们比同种微量元素无机盐的吸收率和生物利用率高，但成本也较高。

七、维生素

维生素饲料是指由工业合成的或提纯的单一或复合维生素制品，包括脂溶性维生素饲料和水溶性维生素饲料两类。

1. 脂溶性维生素饲料

脂溶性维生素包括维生素 A、维生素 D、维生素 E、维生素 K 等制品。商品维生素 A 制品主要是合成产品，即包括维生素 A 醋酸酯和维生素 A 棕榈酸酯，前者为黄色结晶粉末，后者为黄色油状或结晶状。其性质不稳定，需加入适量抗氧化剂和稳定剂，并以明胶、淀粉等为辅料制成微粒，且应避光、密封保存，在储存过程中其生物学活性会有所损失，在预混料中每月效价损失为 2%~5%，而在全价料中损失为 5%~8%。

商品维生素 D 制品是以维生素 D_3 油为原料，配以适量抗氧化剂和稳定剂，并以明胶和淀粉等为辅料，经喷雾法制成的微粒，外观为黄色微粒。其稳定性与维生素 A 制品相似，也应避光、密封保存，但其抗氧化力较强，且在稀释剂中储存较为稳定；在预混料中储存时，其效价损失也较大，每月损失可达 4%~8%。

商品维生素 E 制品多为 DL-α-生育酚醋酸酯，为微绿黄色或黄色的黏稠液体，一般均经过包被处理而制成微型胶囊，以减缓氧化损失。维生素 E 极易被空气中氧所氧化，并易于水解变质，故未经包被处理者活性损失很快；但经包被处理后，其活性可在预混料中储存 3~4 个月，在全价料中储存 6 个月。

2. 水溶性维生素饲料

水溶性维生素饲料包括 B 族维生素的维生素 B_1、维生素 B_2、维生素 B_6、维生素 B_{12}、泛酸、烟酸、生物素、胆碱、叶酸及维生素 C 等制品，这些维生素制品的外观大多为白色，少量为黄色（维生素 B_2、叶酸）或红色（维生素 B_{12}），当以单体形式存

在时，性质比较稳定（维生素C除外）。但是，当以复合物形式存在或与微量矿物元素混合存在时，则性质不稳定，很容易遭受破坏。

维生素添加剂对羊的健康、生长、繁殖等都有重要作用（表5-3）。

表5-3　几种常见维生素缺乏症

维生素种类	来源	缺乏症
维生素A	主要来源于青绿饲料	表现为突然夜盲症，也可表现为皮炎和流产及胎衣不下等症状
维生素D	优质干草和青绿饲料	消化紊乱、异食癖、跛行及骨骼变形
维生素E	各种植物种子中	主要表现为肌变性、肝坏死、不孕等症状
维生素K	苜蓿和青草中含量丰富	主要表现为过敏、贫血、厌食和凝血时间延长等症状
B族维生素	青绿饲料	厌食，生长停止，营养不良等症状
维生素C	青绿饲料、胡萝卜	皮屑脱落，产生蜡样痂皮、脱毛和皮炎

八、添加剂

添加剂是指各种用于强化饲养效果，有利于配合饲料生产和储存的非营养性添加剂原料及其配制产品。传统广义的饲料添加剂包括营养性添加剂和非营养性添加剂两类，前者主要包括氨基酸、维生素和微量元素添加剂等；后者主要包括生长促进剂、动物保健剂、助消化剂、代谢调节剂、动物产品品质改进剂和饲料保护剂等。而现行饲料分类体系中的饲料添加剂则专指非营养性添加剂。

1. 酶制剂

酶制剂是指由生物活细胞所产生的一类生物活性催化剂，是一种具有专一性催化作用的蛋白质。近年来随着生物技术的迅猛发展，已可通过微生物发酵或从动植物原料中提取的方法批量生产酶制剂。

（1）酶制剂种类。目前使用的饲用酶制剂主要是一些助消化的水解酶，包括以下两个类别。

①外源性消化酶：主要包括蛋白酶、淀粉酶和脂肪酶等。

②外源性降解酶：主要有非淀粉多糖酶和植酸酶，前者主要包括纤维素酶、半纤维素酶、β-葡聚糖酶、木聚糖酶、甘露聚糖酶和果胶酶等。其主要作用是降解动物机体难以消化或完全不能消化的物质或抗营养性物质；植酸酶的主要作用是降解植物性饲料中所含有的植酸及其盐类，从而显著提高单胃草食动物对饲料磷的利用率；β-葡聚糖酶可有效降解大麦、黑麦、燕麦、黑小麦等谷实饲料中所含有的抗营养因子——胶态大分子β-葡聚糖，从而可提高上述饲料的消化利用率；木聚糖酶则主要用于含木聚糖较多的谷实类饲料中，如小麦、黑麦等。

（2）酶制剂的应用。在生产上使用的商品酶制剂一般均为经过稳定化处理的复合酶。

①应用酶制剂的条件：只有当所选用的酶制剂产品与所用的饲料类型、动物状态和环境条件相匹配（适宜）时，酶制剂才能显示出其应有的效果。首先是饲料类型的不同，其中所含的抗营养因子的种类和数量也不相同，所适用的酶制剂种类也就有所差异；其次是动物状态方面，草食单胃动物、幼龄动物、老龄动物、高产动物及患病动物使用酶制剂的效果会更加明显；再次是环境条件方面，哺乳类草食动物在断奶前后、高温季节、换料之际以及其他应激状态下更应使用酶制剂。因此，应根据饲料类型、动物状态和环境条件等因素，合理选择适宜的酶制剂产品。

②酶制剂的应用方式：一是直接将固体状的饲用酶制剂添加到配合饲料中，这是目前的主要应用方式，使用操作简单，但在饲料制粒过程中酶活性破坏很大；二是将液态酶制剂喷洒在制粒

后的饲料颗粒表面，这是目前国际上正在推行的方式，它避免了制粒对酶活力的影响；三是用于饲料原料的预处理；四是直接饲喂给动物。

经过稳定化处理的复合酶制剂，具有较高的稳定性，因而能较好地承受饲料加工工艺过程。实践中为了保证酶制剂具有较高的活性，对于纯酶制剂保存期不宜超过 6 个月，对含有酶制剂的预混料和浓缩料在室温下保存不宜超过 2 个月。

2. 益生素

益生素（probiotic）是指用以直接饲喂动物并能改善动物肠道微生态平衡的那些有益微生物及其代谢产物，又称为活菌剂、微生态制剂、饲用微生物添加剂等。益生素是在人们对广泛使用抗生素所出现的种种问题十分关注的背景下提出的，其目的是研制出在功效上能替代抗生素，但又无任何毒副作用的实用产品。因此，益生素产品应具备以下基本条件。

一是其菌株对动物体无毒、无害；二是产品性质较稳定，可耐较长时间保存；三是能被迅速激活，并有很高的生长和增殖率。

化学益生素是一类具有类似益生素功效的化学合成物质，它们既不能被动物消化、吸收和利用，也不能被肠道内大部分有害菌利用，但能被大部分有益菌利用，从而能促使肠道内有益菌群大量增殖，起到与益生素（活菌剂）相同的作用效果。此类物质本质上为低聚糖，其产品主要有果寡糖、甘露寡糖和半乳寡糖 3 种。

（1）益生素的种类。美国已经批准 43 种，包括乳酸杆菌、粪链球菌、芽孢杆菌、双歧杆菌和酵母（酿酒酵母）等，但不包括饲用酵母。

（2）益生素的作用机制。对益生素的作用机制虽尚未完全阐明，但其营养生理效应已得到普遍认同。

①促进动物肠道内有益微生物菌群的生长和增殖：益生素可通过产生抗菌物质、过氧化氢和有机酸等，以抑制和排斥有害菌群；同时，还可促进有益菌群（如乳酸菌群等）的生长和增殖，从而在宿主动物肠道内建立有利于机体健康和消化代谢的菌群平衡新体系。

②强化免疫功能：益生素可通过提高动物机体的抗体水平，刺激动物机体的免疫系统和提高免疫力。

③增加活性物质的合成：动物肠道内有益菌群的增殖，不仅可以产生各种消化酶以助消化，而且能合成大量维生素（B族维生素和维生素K等）和有机酸（乳酸等），从而增强动物机体的消化代谢功能，并改善机体的营养状况。

④减少有害物质的产生：益生素可减少动物肠道内氨和其他有害物质的产生，并可中和大肠杆菌的毒素，因而有利于宿主动物体内环境的改善和健康。

⑤益生素产品安全高效，且无任何毒副作用，对草食动物具有促进生长、减少腹泻和提高饲料利用效率的作用。

3. 有机酸

常用的有机酸主要有延胡索酸和柠檬酸。反刍动物使用的有机酸主要是异位酸，它是异戊酸、异丁酸、戊酸和α-甲基丁酸的混合物。在日粮中添加有机酸能改善幼龄草食动物的日增重和饲料利用效率。若在奶牛的日粮中添加异位酸，可获得较好的增产效果。

有机酸的作用机制可能是：调节胃内pH值，激活胃蛋白酶原，减慢胃的排空速度；降低胃内pH值，从而可抑制胃和小肠中大肠杆菌和其他细菌的生长繁殖；能与一些矿物质形成金属螯合物，促进其吸收；能促进瘤胃内纤维分解菌的生长繁殖及微生物蛋白质的合成，从而促进动物体内氮的沉积；某些有机酸是能量代谢过程中的重要中间产物，可直接参与代谢。

4. 饲料保存添加剂

饲料保存添加剂包括抗氧化剂和防腐剂。其中抗氧化剂产品有乙氧喹、丁基化羟甲氧基苯（BHA）、丁基化羟基甲苯（BHT）和抗坏血酸等，用来防止饲料中脂肪酸败、维生素氧化破坏及其他生物活性成分的氧化变质。防腐剂主要产品有丙酸及其盐、苯甲酸及其盐、山梨醇等，用来防止饲料的霉变及由沙门菌引起的变质。

5. 药物添加剂

药物添加剂是指为预防动物疾病、增强对不良刺激的抵抗力、改善动物生产力、提高饲料转化率而掺入载体或者稀释剂的兽药预混物，包括抗生素、驱虫保健剂和中草药饲料添加剂等。兽用原料药不得直接加入饲料中使用，必须制成预混剂后方可添加到饲料中。

随着饲料工业的快速发展，抗生素等药物添加剂所产生的耐药性和残留已经引起了科技工作者和消费者的关注和忧虑。涉及的药物添加剂主要是抗生素、化学合成药和激素类等。

欧盟 1999 年立法禁止使用除黄霉素、阿维拉霉素、莫能菌素和盐霉素之外的所有抗菌性和抗球虫药饲料添加剂。严禁人畜共用同种抗生素。而美国食品和药物管理局（FDA）虽然对饲用抗生素的使用不像欧盟那样严格，限制某些抗生素用作饲料添加剂，但 FDA 对每一种批准药物的使用对象、添加量、添加时间、配伍使用等都有明确规定。欧盟从 2006 年、日本从 2008 年、韩国从 2011 年相继出台强制性政策禁止抗生素在饲料中的使用。在发达国家，发展低残留的饲料添加剂已是大势所趋。目前，我国农业部允许在饲料中使用的抗生素药物添加剂有 24 种。中草药以其低毒、低残留、很少产生抗药性、疗效确实等特点越来越为研究机构所关注，逐渐成为替代抗生素的产品之一。中草药提取的有效成分制成预混粉剂、颗粒剂等剂型，将是我国生产

安全中草药添加剂的一个发展方向。

(1) 抗生素。饲用抗生素是指以亚治疗剂量应用于饲料中，以保障动物健康、促进动物生长与生产、提高饲料利用效率的抗生素，是由某些微生物（如细菌、放线菌和真菌等）所产生的具有特异性抑制或杀灭其他微生物作用的代谢产物。自 1946 年起，饲用抗生素的应用已有 70 年的历史，但由于抗生素的残留和抗药性等问题，长期大量使用或不规范使用抗生素对饲料安全和食品安全影响较大，世界各国开始严格限制抗生素添加剂的使用。

①抗生素的种类：根据化学结构的不同可将抗生素分为大环内酯类、多肽类、含磷多糖类、聚醚类（畜禽专用抗生素〉、四环素类、氨基糖苷类、合成类抗菌药物等。通常用于草食畜禽的抗生素有杆菌肽锌（锰)、硫酸黏杆菌素、黄霉素、莫能霉素等。

盐霉素、莫能霉素和拉沙里菌素等对动物（尤其是牛、羊）具有很好的促生长作用，能够有效地提高瘤胃中丙酸的含量和纤维消化能力，同时又是有效的抗球虫药。此类抗生素属于动物专用的抗生素，与人体无交叉耐药性问题，而且在动物消化道内几乎不被吸收，因此无残留问题，但马属动物禁用。莫能菌素是世界上被最广泛使用的畜禽专用的聚醚类离子载体抗生素，是欧盟唯一允许使用的肉牛促生长饲料添加剂。在美国、澳大利亚、巴西、墨西哥等国家，莫能菌素也可应用于泌乳牛和干乳牛。

土霉素、金霉素等为广谱抗生素，属于人畜共用的抗生素，易产生抗药性和残留，在欧洲已经被全部淘汰，但美国和日本仍在使用土霉素季铵盐和金霉素。我国此类抗生素的生产量大，目前仍在大量使用土霉素钙盐。

②抗生素的作用机制：关于抗生素促进动物生长的机制已做过不少研究，目前较为公认的解释有以下几点：一是抑制或杀灭

病原微生物，减少动物发病率，维护动物的健康。抗生素主要是通过阻碍细菌细胞壁的合成、影响胞质膜的通透性、阻碍蛋白质的合成或改变核酸代谢等途径来达到抑菌或灭菌的目的。二是抗生素能够抑制动物肠道内有害微生物区系的生长和增殖，有利于维持肠道内微生物的平衡状态。特别是在饲养场地卫生条件不佳、饲养管理不良的情况下，这一效果更加突出。三是动物采食抗生素后，可使动物的小肠质量变轻，肠壁变薄，肠绒毛变长，进而提高肠道中养分的消化吸收效率。四是抗生素还可增进动物的食欲和采食量，从而可促进动物的生长。

③应用抗生素添加剂存在的问题及合理添加：从 20 世纪 60 年代开始，世界各国对抗生素作为饲料添加剂的使用一直存在着争议，其焦点主要在于两个方面：一是病原微生物产生抗药性的问题，特别是一些人畜共用的抗生素（如四环素类和青霉素等）长期在饲料中使用，产生抗药性的风险和问题较大，以致危害人体健康及影响人的抗生素治疗效果。二是抗生素在动物体内及其产品中的残留问题。残留有抗生素的肉类等畜产品，即使经加热后也不能使其完全钝化，这种残留的抗生素或抗生素代谢中间产物对人类的健康有较大的毒性危害。

饲料中添加使用抗生素不当，直接危害人体和畜禽的健康。养殖场须切实做到科学使用，确保安全高效，逐步做到禁止动物饲料中添加抗生素；现阶段要选用经兽药监察部门批准生产的抗生素，注意尽量慎用或不用人畜共用的抗生素；严格控制使用剂量；经常更换或交替使用各种抗生素；不要随意把两种和两种以上抗生素混合添加，以免出现配伍禁忌，产生拮抗，影响使用效果；为确保肉食品的食用安全，在畜禽屠宰销售前，养殖场家要严格执行中华人民共和国农业行业标准 NY 5030—2006《无公害食品　畜禽饲养兽药使用准则》，遵守职业道德，实行严格的停药期制度；将饲料中抗生素添加使用的执行人员、品种、数量、方法、时间、效果、停药期等详细记入养殖工作记录。

(2) 驱虫保健剂。高度密集饲养的畜禽易患寄生虫病，其配合饲料中常添加抗寄生虫药物进行预防。驱虫保健剂是指添加于饲料中有效防治畜禽寄生虫、促进畜禽生长和提高饲料利用率的一类添加剂。其种类很多，毒性较大，只能在加药饲料中使用。根据药物的性质可分为化学合成药物、抗生素类药物和中草药制剂。在使用过程中要严格执行添加量标准和停药期，避免产生药物在畜禽产品中的残留。目前，世界各国批准作为饲料添加剂使用的驱虫保健剂只有两类：一类是驱虫性抗生素，另一类是抗球虫剂。

①驱蠕虫剂：有潮霉素 B（Hygromycin B）和越霉素 A（Destomycin A）。不易被畜禽肠道吸收，在组织中残留几乎为零。是畜禽专用抗生素，无副作用或应激反应，是一种安全性高的驱虫药。

②常用的抗球虫药物：有莫能霉素纳（肉禽宰前 3 天停药，产蛋禽禁用，马属动物禁用）、盐霉素钠（肉禽屠宰前 5 天停药，产蛋禽禁用，马属动物禁用）、地克珠利、氨丙啉、氯苯胍（肉禽上市前 5～7 天应停药，产蛋禽禁用）、氯羟吡啶（克球粉）、磺胺氯吡嗪钠等。

(3) 中草药饲料添加剂。针对抗生素在畜禽产品中的残留及其所产生的抗药性等问题的出现，研制抗生素替代品的呼声日益高涨，中草药成为人们研究开发出的最具有代表性抗生素替代品。同时，中草药天然、高效、无毒副作用，对畜禽有促进生长、增强体质、提高生产性能、抗应激和防治疾病等作用。

中草药饲料添加剂的有效成分主要有多糖、低聚糖、有机醇、生物碱、苷类、游离黄酮、挥发油、鞣质、氨基酸、蛋白质、酶、油脂、无机成分及色素。

到目前为止，我国使用的5 000多种中草药有3 700余种确定

了有效成分，其中已有200余种用于中草药饲料添加剂。它具有安神定惊、理气消食、助脾健胃；驱虫除积；活血散瘀、旺盛血循；补气壮阳、养血滋阴；消热解毒、杀菌抗菌；宣肺化痰、止咳平喘等多种功效。常用的中草药有黄芪、党参、当归、淫羊霍、山楂、麦芽、甘草、松针粉、白术、茯苓、益母草、木通、贯仲、苍术、丹参、刺五加、厚朴、五味子、何首乌等。

牛至油（Oregano oil）是从天然植物牛至（Origanum vulgare linn）中提取的一种挥发油，其化学成分主要是百里香酚、香芹香酚、γ-萜品烯和P-异丙甲苯等。具有抗菌、杀菌、抗氧化、抗球虫和增加机体特异性免疫功能。它是我国农业部批准使用的饲料药物添加剂之一，是具有安全、高效、绿色、无配伍禁忌的纯天然活性成分比较高的中草药添加剂。

（4）我国禁止在饲料和动物饮水中使用的其他物质。为保证动物源性食品安全，维护人民身体健康，根据《饲料和饲料添加剂管理条例》（2017年3月修订）和《兽药管理条例》（2016年2月修订）等有关规定，农业部2002年发布了176号和193号公告，2010年发布了1519号公告，公布了禁止在饲料、动物饮用水和畜禽水产养殖过程中使用的药物和物质清单。清单主要包括克伦特罗、沙丁胺醇等兴奋剂类，己烯雌酚等激素类，呋喃唑酮、氯霉素等抗菌药物类，吱喃丹等杀虫剂类四大类82种禁用药物和物质。

①性激素类：

雌性激素类：如已烯雌酚及其盐、酯及制剂等。

孕激素类：如孕酮等。

雄性激素类：如玉米赤霉醇、去甲雄三烯醇酮、醋酸甲羟孕酮，乙酸盐及制剂。

同化激素类：如甲基睾酮、丙酸睾酮、去氢甲睾酮、苯丙酸诺龙、苯甲酸雌二醇及其盐、醋酯及制剂。

②蛋白同化激素：为甲状腺素的前驱物质，具有类似甲状腺素的生理作用。如碘化酪蛋白等。

③β-受体兴奋剂类（俗称瘦肉精）：是一类结构和功能类似肾上腺素和去甲肾上腺素的物质。主要包括盐酸克仑特罗、沙丁胺醇、硫酸沙丁胺醇、莱克多巴胺、盐酸多巴胺、西马特罗、硫酸特布他林、苯乙醇胺 A、班布特罗、盐酸齐帕特罗、盐酸氯丙那林、马布特罗、西布特罗、澳布特罗、酒石酸阿福特罗、富马酸福莫特罗等各种制剂。

④精神药品：如氯丙嗪、盐酸异丙嗪、利血平、安定、苯巴比妥钠、巴比妥、艾司唑仑、硝西泮等。

⑤抗菌药物：通过化学方法人工合成的一些抗菌药物，主要包括磺胺类、硝基呋喃类、卡巴多、咪唑类及有机砷制剂等，早年曾广泛用作饲料添加剂，但后来发现这类药物的毒副作用大，特别是对动物的肝、肾等脏器造成持久性损害，甚至有致畸或致癌作用。因此，目前此类药物均已被禁止用作饲料添加剂，而只允许作为兽药使用。

⑥各种抗生素滤渣：该类物质是抗生素类产品生产过程中产生的工业三废，因含有微量抗生素成分，在饲料和饲养过程中使用后对动物有一定的促生长作用。但对养殖业的危害很大：一是容易引起耐药性；二是由于未做安全性试验，存在各种安全隐患。

第三节　羊日粮配合

羊的日粮配合是养羊生产中一项技术性很强的工作。“有啥喂啥”的传统养羊习惯已不能适应现代化养羊业发展的需要。这种方法，既不能给羊提供营养平衡的日粮，又造成饲料资源的浪费。了解和掌握日粮配合的原理和方法，是搞好科学养羊的基础。

羊是反刍动物，饲料应以粗料为主。配合日粮要因地制宜，尽可能充分、合理地利用当地的牧草、农作物、秸秆和农副加工产品等饲料资源；同时，要根据羊的不同生理阶段的营养需要和消化特点，科学地选择饲料种类，确定合理的配合比例和加工调制方法。这样，既能符合羊的生物特点，又能节约大量的精饲料，降低成本，增加效益。

一般要求由青粗饲料提供总养分需求量的60%以上，生产水平越低，青粗饲料的比例越大。青粗饲料不仅来源广泛，价格便宜，而且含有大量的能量、维生素和无机盐，特别是含有丰富的纤维素，这对羊很重要。粗纤维不易消化，吸水性强，进入胃肠容积增大，给羊以饱感。粗纤维对羊的胃肠道黏膜有一种刺激作用，可促进胃肠道正常活动，这对保证瘤胃正常活动和正常反刍具有重要的生理意义。另外，早期补饲青粗饲料，可促进羔羊胃肠机能提早发育。

饲料添加剂是配合饲料的核心，生产配合饲料时要积极吸收新的科研成果，选用安全、有效的添加剂（如酶制剂、中草药制剂、益生素、代谢调节剂等）。动物处于环境应激的情况下，饲养上应采取的对策除调整养分含量外，还要注意添加防止应激的其他成分。

一、配合饲料的分类

（一）按营养成分分类

1. 全价配合饲料

除水分外，能完全满足动物营养需要的配合饲料称为全价配合饲料。这种饲料所含的各种营养成分均衡全面，能够完全满足动物的营养需要，不需添加任何成分就可以直接饲喂。并能获得最好的经济效益。它是由能量饲料、蛋白质饲料、矿物质饲料以及各种饲料添加剂组成的，多为家禽和猪使用。

2. 精料补充料

为了补充以粗饲料、青绿饲料、青贮饲料为基础的草食动物的营养而用多种饲料原料按一定比例配制的饲料称为精料补充料，也称混合精料。主要由能量饲料、蛋白质饲料、矿物质饲料和饲料添加剂组成，主要适合于饲喂牛、羊、兔等草食动物。这种饲料营养不全价，仅组成草食动物日粮的一部分，饲喂时必须与粗饲料、青绿饲料或青贮饲料搭配。

3. 添加剂预混料

由一种或多种饲料添加剂与载体或稀释剂按一定比例配制的均匀混合物称为添加剂预混料。添加剂预混料在配合饲料中所占比例很小，但它是构成配合饲料的精华部分，是配合饲料的核心。

4. 浓缩饲料

由蛋白质饲料、矿物质饲料和添加剂预混料按一定比例配制的均匀混合物称为浓缩饲料。按一定比例将浓缩饲料与能量饲料混合均匀，就可以配制成全价配合饲料，浓缩饲料占全价配合饲料的比例通常为20%~40%。

（二）按饲料物理性状分类

1. 粉状饲料

目前国内普遍采用。它是把按一定比例配合好的饲料粉碎成颗粒较小且比较均匀的一种料型。这种饲料品质稳定，饲喂方便，安全可靠，但易造成浪费，在运输中易产生分级现象。

2. 颗粒饲料

颗粒饲料是以粉料为基础经过蒸汽加压或机械处理而制成的粒状饲料。这种饲料密度大，体积小，适口性好，可避免挑食，保证了饲料的全价性，饲料利用率高，运输方便。

3. 碎粒料

用机械方法将颗粒饲料经破碎加工成细粒。其特点与颗粒料相同，但采食速度慢。

4. 压扁饲料

将籽实饲料加适量的水，通过蒸汽加热到120℃左右，然后压成片状冷却，再配制各种添加剂即成。这种饲料喂羊可提高饲料利用率。

二、饲料配合工艺

1. 预混料的添加

在维生素、矿物质等微量成分加入大批饲料之前，应预先混合。微量成分的使用量，对于饲料的总量来说为0.01%~0.1%(维生素更少)。因此，微量成分可利用玉米粉或苜稽草粉作稀释剂。玉米最好研磨到中等粉碎程度，如果稀释剂太粗，那些微量成分就不可能分布均匀；如果太细，又会引起粉尘和结块。微量成分添加剂的预混合应使之成为10~20kg的量，再加入1 000 kg饲料中。

贮存时间不长，可将维生素和矿物质加在一起预先混合；如果贮存时间长，则最好不要将维生素和矿物质在一起预先混合，应各自用适合的稀释剂稀释备用。如果要预先混合维生素—矿物质添加剂，应在混合好后清楚地标明内容，存放在干燥阴凉处，在加入抗氧化剂后，在正常条件下，一般可保存2~3个月。

2. 生产工艺

配合饲料的生产工艺是把各种原料进行粉碎，按配方进行配合，均匀搅拌后制成粉状饲料、颗粒饲料等。目前，国内已有大、中、小型配合饲料生产设备，配合饲料的生产工艺流程已定型。

自制配合饲料时，应特别注意饲料混合的均匀度，用量较少

的成分可采用逐步扩散的办法。

三、日粮配制方法

羊的日粮是指 1 只羊在 1 昼夜内采食的各种饲料的数量总和。但在实际生产中并不是按 1 只羊 1 天所需的配合日粮，而是针对一群羊所需的各种饲料，按一定比例配成一批混合饲料来饲喂。一般日粮中所用饲料种类越多，选用的营养指标越多，计算过程越复杂，有时甚至难以用手工计算完成日粮配制。在现代畜牧生产中，借助计算机，通过线性规划原理，可方便快捷地求出营养全价且成本低廉的最优日粮配方。

下面介绍常用的手算配方的基本方法——试差法。

第一步：确定每天每只羊的营养需要量。根据羊群的平均体重、生理状况及外界环境等，查出各种营养需要量。

第二步：确定各类粗饲料的饲喂量。根据当地粗饲料的来源、品质及价格，最大限度地选用粗饲料。一般粗饲料的干物质采食量占体重的2%~3%，其中青绿饲料和青贮饲料可按 3kg 折合 1kg 青干草和干秸秆计算。

第三步：计算应由精料提供的养分量。每天的总营养需要与粗饲料所提供的养分之差，即是精料部分所需提供的养分量。

第四步：确定混合精料的配方及数量。

第五步：确定日粮配方。在完成粗、精饲料所提供养分及数量后，将所有饲料提供的各种养分进行汇总。如果实际提供量与其需要量相差在±5 范围内，说明配方合理。如果超出此范围，应适当调整个别精料的用量，以便充分满足各种养分需要而又不致造成浪费。

现举例说明肉羊日粮配合的设计方法。例如，为平均体重25kg 的育肥羊群设计饲料配方。

第一步：参考有关饲养标准给出羊每天的养分需要量，该羊

群平均每天每只需干物质 1.2kg，消化能 10.5~14.6MJ，可消化粗蛋白质 80~100g，钙 1.5~2g，磷 0.6~1g，食盐 3~5g，胡萝卜素 2~4mg。

第二步：查表列出供选饲料的养分含量。

第三步：按羊只体重计算粗饲料采食量。一般羊粗饲料干物质采食量为体重的 2%~3%，我们选择 2.5%，则 25kg 体重的羊需粗饲料干物质为 25×2.5% = 0.625kg，根据实际考虑，确定玉米秸和野干草的比例为 2 ∶ 1，则需玉米秸秆 0.42÷0.9 = 0.47kg，野干草 0.21÷0.906 = 0.23kg（玉米秸秆干物质百分比为 90%；野干草干物质百分比为 90.6%），由此计算出粗饲料提供的养分量。

第四步：草拟精料补充料配方。根据饲料资源、价格及实际经验，先初步拟定一个混合料配方，假设混合料配比为 60%玉米、23%麸皮、5%豆饼、10.5%棉籽饼、0.877%食盐和 0.877%尿素，将所需补充精料干物质 0.57kg 按上述比例分配到各种精料中，再计算出精料补充料提供的养分。在实际饲喂时，应将各种饲料的干物质喂量换算成饲喂状态时的喂量（干物质量÷饲喂状态时干物质含量）。

四、饲料配方设计的原则

确定饲料配方的过程就是饲料配方设计。设计饲料配方是一项技术性和实践性很强的工作，饲料配方的水平决定饲料产品的质量，它要求制作者具有一定的动物营养与饲料学、动物生理学和生物化学、统计学及计算机科学等综合知识，同时具有一定的实践经验。

设计饲料配方时，既要考虑动物的营养需要和消化生理特点，又要合理地利用各种饲料资源，这样才能设计出低成本、高效益的饲料配方。饲料配方设计需遵循如下原则。

1. 科学性

饲养标准列出了动物在不同生长阶段和生产水平下对各种营养物质的需要量，是设计饲料配方的科学依据。然而，饲养标准又有一定的局限性，设计饲料配方时必须选择适当的饲养标准，并结合当地的饲料资源和饲养管理状况进行适当调整，使确定的营养需要量更符合饲养动物的实际。

饲料营养价值表是选择饲料种类的重要参考。设计饲料配方时，必须根据饲料的营养价值、动物的种类及消化生理特点、饲料原料的适口性及体积等因素合理确定各种饲料的用量和配合比例。如全脂大豆在肥育畜禽饲料中使用过多会造成软脂现象，小麦麸用量过多会改变饲料体积，棉籽饼和菜籽饼含有多种抗营养因子，用量过大将危害动物的健康和生长发育。

2. 经济性

饲料成本占动物生产总成本的60%~70%，在设计饲料配方时，必须注意经济原则，使配方既能满足动物的营养需要，又必须尽可能地降低成本。这就要求在设计饲料配方时，要尽量选择当地产量较大、价格又较低廉的饲料原料，少用或不用价格昂贵的饲料。目前，新的配方设计方法和饲料配方软件的应用已使设计最低成本配方成为可能。

3. 可操作性

一个合理的配方必须选择特定的原料通过一定的生产工艺才能生产出合格的产品，所以设计配方时必须考虑其可操作性。设计的饲料配方必须与企业的生产条件配套，必须满足生产工艺及设备的要求，所用原料来源稳定，各种原料的用量或比例最好取整数。此外，产品的种类与阶段划分也应符合养殖业的生产需要。

4. 市场性

设计饲料配方时必须以市场需求为目标。设计配方前，应对

市场进行调查研究，了解市场的需求，才能明确产品的定位，例如，应明确产品的档次、销售价格、客户范围、市场的认可程度及销售前景等。这样，才能做到有的放矢，提高产品的市场竞争力。

5. 安全性

选用的饲料原料（尤其是饲料添加剂）必须安全，禁止使用发霉、变质、酸败、污染毒素等的不合格饲料原料；对于某些含有毒有害物质的饲料原料，应脱毒使用或限量使用。遵守添加剂停药期的规定，对于国家明令禁止使用的饲料添加剂（如部分抗生素、激素、瘦肉精等）绝对不能使用，禁止在反刍动物日粮中添加动物源性饲料。

6. 合法性

应符合国家有关规定，例如，营养指标、感官指标和卫生指标等。设计饲料配方不仅要符合饲养标准的要求，还必须严格遵守国家有关饲料标准和法规，防止违规生产。

五、肉羊日粮配制示例

现有一批活重 30kg、营养状况良好的羔羊，需进行强度育肥，计划日增重为 295g，试用现有的野干草、中等品质苜蓿干草、黄玉米和棉籽饼 4 种饲料，配制育肥日粮。配制步骤如下。

第一步参照有关饲养标准，确定羔羊营养需要量，同时查取上述 4 种饲料的营养成分。

第二步计算粗饲料提供的养分。设野干草和苜蓿干草的重量比为 1∶5，则混合干草的消化能为 9.684MJ/kg。同样，可以计算出混合干草的粗蛋白质、钙、磷含量分别为 12.12%、15.6%和 0.50%。

第三步计算需要补加的精料用量。1.3kg 混合干草可提供消化能 12.589MJ，与羔羊需要量 17.138MJ 相比尚缺 4.549MJ，能量的不足部分用玉米来补充。玉米能量 13. 794MJ/kg 与干草能量 9. 684MJ/kg 之差为 4. 110MJ/kg，日粮中玉米需要量为 1. 11kg，则干草用量为 0. 19kg。0. 19kg 的干草能提供的粗蛋白质为 0. 023kg，1. 11kg 玉米能提供的粗蛋白质为 0. 077kg，二者合计为 0. 10kg，与羔羊需要量 0. 191kg 相差 0. 091kg。蛋白质不足部分可用棉籽饼补充，棉籽饼粗蛋白质含量 42. 10%与玉米粗蛋白质含量 6. 95%，则日粮中的棉籽饼需要量为 0. 26kg。已知在满足能量需要的前提下，日粮中精饲料的干物质量为 1. 11kg，那么在同时满足能量与蛋白质需要量的条件下，玉米的需要量为 0. 85kg。

第四步计算钙、磷的余缺量，并补充相应饲料。3 种饲料可提供的钙为 4. 4g，与羔羊需要量 6. 6g 相比，尚缺 2. 2g。3 种饲料提供的磷为 6. 6g，与羔羊需要量 3. 2g 相比，多余 3. 4g，可用石灰石补充，已知石灰石含钙 34%，则日粮中的石灰石需要量为 6. 5g。

第五步饲料干物质换算为风干饲料量为干草 0. 21kg，玉米 1. 06kg，棉籽饼 0. 27kg，石灰石 6. 5g。

第四节　粗饲料调制

一、干草调制

干草调制的主要目的是保持青饲料的营养成分，便于随时取用，以代替青饲料。干草的营养价值与青草种类、收割时期、调制方法和贮存都有密切的关系。

1. 青草的收割时期

禾本科牧草在抽穗期收割，豆科牧草在花蕾形成期收割，这时收割的青草生有稠密不易脱落的叶子，并含有较多维生素、蛋

白质和矿物质，晾晒制成的青干草，营养物质均衡，蛋白质完善，胡萝卜素保存较多，钙含量高，粗纤维未木质化，因而消化率较高（70%~80%）。

2. 干草的调制方法

（1）地面晒干法（又称田间干燥法）。把割下的牧草就地堆成“人”字形的小堆，每堆100~150kg，自然干燥，定期翻晒，并应注意使草不发热，不被雨淋。用这种方法晒制的干草，其营养成分损失较多，为15%~30%。

（2）棚架干燥法。刈割后的青牧草，放在特制的晒草架上自然干燥，一般不需要翻草。用这种方法调制干草，营养成分损失比地面晒干法少，为10%~15%。

（3）人工快速干燥法。利用机械设备的热量或热气流，将青草人工脱水而制成的人工干草。用这种方法调制的人工干草，养分损失最少，约5%。目前已有新式机械自动割草—打捆—干燥机上市，可大大提高调制干草的效率。

3. 干草的贮存和利用

贮存的方法有草棚贮存和露天贮存两种。贮存时，草垛的下面要采取防潮措施，上方要有防止日晒雨淋的设备。目前，在饲草资源比较丰富的地区将晒制的优质干草，用饲草压捆机制成草捆或用饲草粉碎机制成草粉形成草产品，这样的草产品便于贮藏和运输，而且饲草的利用率得到提高，能够满足饲草资源缺乏地区的需要。对于茎秆比较粗硬的饲草或秸秆在利用之前可用揉草机进行揉搓和粉碎，以提高饲草的利用率。

二、饲料青贮

农区饲草、农作物秸秆资源丰富，但是，实际利用率低，粗饲料浪费严重。为了充分利用这一资源，近年来，青贮发展很快，且青贮技术有较大的改进。在青贮方法上，有物理（粉碎、切短铡细)、化学(氨化、碱化等)处理法和半干青贮、添加某些添加物等特种青贮法，通过这些方法显著地提高了青贮效果，改进了青贮的品质，提高了青贮饲料的消化率和饲喂价值，促进了饲草饲料资源的开发利用。

1. 青贮发酵

青贮发酵是一个复杂的微生物活动与和生物化学变化过程。在青贮过程中，参与活动和作用的微生物种类很多，而以乳酸菌为主，青贮的成败，主要决定于乳酸发酵的程度，青贮饲料之所以能长期保存，也就是由于乳酸存在的缘故。要使青贮通过细菌的作用，迅速地产生足量的乳酸，抑制其他有害菌种，而使原料能够正常发酵，最关键的两点：一是青贮原料要有足量的糖分；二是青贮时要保证排尽空气，装填紧密，造成无氧条件。这样，厌气性的乳酸菌才能旺盛繁衍，产生大量的乳酸，青贮制作就易于成功。

在一定的酸度下，原料中的糖类含量越高，乳酸菌生长越好。所以，选用含糖分超过6%的原料可以制成优质青贮饲料，而含糖量低于2%的则制不成优质的青贮。装填压紧排出空气，是制作青贮最主要的技术措施。排气是为了造成无氧条件，除制作青贮时压紧外，可加水提高排气效果。过干的玉米秸秆或收籽后的玉米秸秆，做青贮时加水，能提高糖分的溶解度，也有利于糖分均匀分布，加速发酵。

2. 青贮应具备的条件

(1) 含糖量适当。为保证乳酸菌的大量繁殖，形成足量的乳酸，青贮原料中必须含有最低需要的含糖量。如豆科牧草等青贮时，由于没有足量的糖分，乳酸菌不能正常大量繁殖，乳酸产量少，会使腐败细菌、酪酸菌等大量繁殖，导致青贮料腐败发臭，品质降低。因此要调制优良的青贮料，青贮原料中必须含有适当的糖量，一般含量至少应为鲜重的

1%~1.5%。

根据饲料的含糖量，可将青贮原料分为两类。

第一类：易于青贮的原料，如玉米、高粱、禾本科牧草、甘薯藤、南瓜、菊芋、向日葵、芜菁、甘蓝等，这类饲料中含有适量或较多易溶性碳水化合物，具有较大的正青贮糖差。可以单独青贮。

第二类：不易于青贮的原料，如苜蓿，三叶草、草木樨、大豆、豌豆。紫云英、马铃薯茎叶等。此类植物含糖量极低，单独青贮不易成功，只有与其他易于青贮的原料混合青贮或添加富含碳水化合物，或加酸青贮，才能成功。

（2）含水量适中。青贮原料中含有适量水分，是保证乳酸菌正常活动的重要条件。水分含量过高或过低，均会影响青贮发酵过程和青贮饲料的品质。如水分过低，青贮时难以踩实压紧，窖内留有较多空气造成好气性菌大量繁殖，使原料发霉腐烂。水分过多时易压实结块，同时植物细胞液汁被挤压流出，使养分损失（表 5-4）。

表 5-4 青贮原料含水量与排汁量、干物质损失的关系

原料含水量（%）	干物质含量（%）	每百千克青贮原料中		排汁中干物质损失（%）
		排汁量（kg）	排汁中干物质质量（kg）	
84.5	15.5	21.0	1.05	6.7
82.5	17.5	13.0	0.65	3.7
80.0	20.0	6.0	0.30	1.5
78.0	22.0	4.0	0.20	0.9
75.0	25.0	1.0	0.05	0.2
70.0	30.0	0	0	0

由表 5-4 可见，青贮原料含水分 84.5%时，排汁中损失的

干物质占青贮干物质的 3.7%，而 70%含水量青贮，已无液汁排出，干物质不受损失。同时青贮原料水分过多时，细胞液汁中糖分和胶状物过多时细胞液汁中糖分和胶状物过分稀释，不能满足乳酸菌发酵所要求的一定浓度，反而利于酪酸菌的繁殖，使青贮料腐臭，品质变坏。乳酸菌繁殖活动，最适宜的含水量为 65%~75%。豆科牧草含水量，则以 60%~70%为最好。但青贮原料适宜含水量因质地不同而有差别。质地粗硬的原料，含水量可高达 78%~82%。收割早，幼嫩，多汁柔软的原料，含水量应低些，以 60%为宜。

含水过高或过低的青贮原料，青贮时均应进行处理或调节，对水分过多的饲料，青贮前应稍晒，使其水分含量达到要求后再行青贮。如凋萎后，还不能达到适宜含水量，应添加干饲料混合青贮。添加干料量的计算方法，可应用下列公式：

$$D=(A-B)/(B-C)\times 100$$

式中，A 为青贮原料的含水量；B 为混合要求的理想含水量；C 为拟添加干料的含水量；D 为每 100kg 青贮原料应添加干料的重量。

例如，水葫芦和秸秆粉或统糠混合青贮时，水葫芦晾晒一天后的含水量 85%，秸秆粉含水量 10%，混合青贮的理想含水量为 75%，则晾晒后每 100kg 水葫芦青贮时，需添加秸秆粉为：

$$(85-75)/(75-10)\times 100=10/65\times 100=0.15\times 100=15.0$$

即青贮此种凋萎水葫芦 100kg，需添加秸秆粉 15kg。

（3）长短适宜。青贮原料切短的目的是便于装填紧实，取用方便，家畜容易采食。同时原料切短或粉碎后，青贮时易使植物细胞渗出液汁，湿润饲料表面，有利于乳酸菌的生长繁殖。原料切短后青贮，易装填紧实，使窖内空气排出。装填不紧实时，窖内空气过多氧化作用强烈，温度升高（可达 60℃），使青贮料糖分分解，维生素破坏，蛋白质消化率降低，造成养分损失。但

如是幼嫩植物，切得过细，含水量又高，装填过于紧实时，则给酪酸菌繁殖创造了有利条件，使青贮料腐臭结块，品质变坏。切短程度应看原料性质和畜禽需要来定。对羊来说，细茎植物，如禾本科牧草、豆科牧草、草地青草、甘薯藤、幼嫩玉米苗、叶菜类等，切成 3~5cm 长即可。对粗茎植物或粗硬的细茎植物如玉米、向日葵等，切成 2~3cm 较为适宜。叶菜类和幼嫩植物，亦可不切短青贮。

3. 青贮料制作步骤和方法

饲料青贮，虽然因设备、原料特性以及添加物种类等不同，方法上也有一定差异，但制作步骤方法则基本相同。一般青贮步骤如下。

（1）青贮原料的选择。不同的原料品种以及各品种不同的收获期对青贮效果影响均较大。

①原料品种对青贮的影响：一般的规律是豆科牧草蛋白质含量高，比较难以青贮，而禾本科牧草和作物秸秆碳水化合物含量高，易于成功。要成功地制作青贮，必须要有一个最低的含糖量标准，如果原料中实际含糖量高于青贮最低含糖要求，原料就属于易贮藏类型，如玉米全株、高粱、甘蓝、胡萝卜、甘薯藤、南瓜蔓等。低于最低含糖要求的就属于难贮藏类型，如苜蓿、草木樨、毛苕子、马铃薯茎叶等。还有不能单独青贮的原料，如南瓜蔓、西瓜蔓等，这类植物含糖量极低，单独青贮不易成功。但是，不易于青贮的原料如苜蓿、毛苕子和不能单独青贮的原料之间，以 2∶1 或 1∶1 配合，可以提高成功率。

②追肥对青贮作物的影响：追施肥料而肥效未发挥完前就割来的原料，其含糖量较低，青贮制作的效果不理想。为了使青贮有良好的发酵过程，施肥后应间隔一定时间才能割青入窖。

③生长期和刈割时间对青贮的影响：牧草抽穗后结籽前是收割青贮原料的好时刻。玉米是最好的青贮原料，玉米植株入窖的

最好时机是乳熟至蜡熟期。目前我国有专用的青贮玉米品种，茎秆高、含糖多，在生产上有良好的效果。但目前广大农区较多的是用去穗后的玉米秸秆，这种秸秆应该越早青贮越好，如果玉米秸全部枯黄，虽能贮（称作黄贮），但营养成分就很低了。牧草在下午收割可以有较高的含糖量，而玉米只要掌握好生长期，就可以在全天任何时间收割。

各种青贮原料适宜收割期如下（表5–5）。

表5–5　几种常用青贮原料适宜收割期

青贮原料种类	收割适期
全株玉米（带果穗）	蜡熟期收割，如有霜害，也可在乳熟期收割
收果穗后的玉米秸	玉米果穗成熟，玉米秆仅下部1~2片叶枯黄叶，立即收割玉米青贮，或玉米七成熟时，削尖（割头），青贮，但削尖时，果穗上都要保留一张叶片
豆科牧草及野草	现蕾期至开花初期
禾本科牧草	孕穗至抽穗期
甘薯藤	霜前或收薯前1~2天
马铃薯茎叶	收薯前1~2天
三水饲料	霜前捞取凋萎2天左右

（2）切短。青贮原料收割后，应立即运至贮藏地点切短青贮。小量原料可用铡草刀铡短，大规模青贮，需用青贮料切碎机切短。大型青贮料切碎机每小时可切5~6t，最高可切到8~12t。小型切草机每小时可切250~800kg。目前国外及我国部分国有农场已利用青贮玉米割切联合收获机，在田内将割下的玉米直接切碎送装青贮塔内，功效更加提高。

（3）装填。切短的青饲料，应即时装填，装填前，窖底部可填一层10~15cm厚的切短秸秆或软草，以便吸收青贮液汁，在窖壁四周可铺填塑料薄膜，加强密封，防止漏气透水。此外应

根据青贮料含水多少进行水分调节。特种青贮时应进行添加物的补加混合。装填青饲料时应逐层装入，每次（层）装15~20cm，即应踩实，然后再继续装填。高水分原料添加粗干饲料，或准贮原料添加富含碳水化合物（如糠麸、谷实类等）混合青贮时，干粗饲料或糠麸谷实物等，亦应与青饲料间层装填，或分层混合青贮。装填对，应特别注意紧实，四角与靠壁的地方尤应注意。如此边装边踏实，一直装满窖并超出0.7~1m为止。长形窖、青贮壕或地面青贮时，可用拖拉机进行碾压，小型窖亦可用畜力踏实。青贮料紧实程度是青贮成败的关键之一，青贮紧实度适当，发酵完成后饲料下沉不超过深度的10%。

（4）密封。严密封窖，防止漏水通气是调制优良青贮料的一个重要环节。青贮容器密封不好，进入空气或水分，有利腐败细菌、霉菌等繁殖，使青贮料变坏（表5-6）。

表5-6　密封与初期空气进入对青贮品质的影响

密封情况	贮藏天数	磷	总酸度	乳酸	醋酸	酪酸
密封	68	4.5	1.69	1.38	0.31	0
初期空气进入	68	6.25	0.89	0.05	0.59	0.25

青贮原料装贮到超过窖口60cm以上时，即可加盖封顶。封顶时先盖一层切短秸秆或软草（厚20~30cm）或铺盖塑料薄膜，然后再用土覆盖拍实，厚30~50cm并做成馒头形，以利排水。

（5）管理。青贮窖（壕）密封后，为防止雨水渗入窖内，距窖四周约1m处应挖沟排水。以后应经常检查，窖顶有裂缝时，应及时覆土压实，防止漏气，防止雨水淋入。

总之，为促使青贮过程中有益乳酸菌的正常繁殖活动，必须采取措施，抑制各种不利于青贮的微生物活动，消除一切妨碍乳酸形成的条件，创造有益于乳酸菌活动的最适宜环境。有益于青

贮的乳酸菌是一类厌氧的微生物，如果有氧气（空气）存在就不能正常的生长，而一些腐败菌和霉菌正好相反是一些好氧性、怕酸的微生物。青贮原料水分过低，原料未切短，压得不紧实，密封不严，青贮窖内存在较多氧气情况下，霉菌、放线菌、酵母等好气性微生物大量繁殖，青贮料中有机物质被分解生产黏滑物质，蛋白质被破坏产生氨，使青贮料发霉、发热、变质，造成养分损失。这种情况应该尽量避免。

4. 特种青贮法

青贮原料因植物种类，生长阶段和化学成分等不同，青贮难易程度亦有不同。难贮植物采用普通青贮法，一般不易制成优良青贮料，必须进行适当处理，或添加某些添加物，青贮才易成功，青贮品质才能保证，这种青贮方法叫特种青贮法。

现将常用的特种青贮法介绍如下。

（1）加酸青贮。难贮的原料，加一定量无机酸或缓冲液，可使 pH 值迅速降至 3.6~3.5，腐败细菌和霉菌的活动受抑制，促进乳酸菌快速繁殖，发酵正常，从而达到长期保存的目的。

国外常用的无机酸缓冲液有：

A. I. V 添加剂（配方一）：由 30%盐酸 92 份和 40%硫酸 8 份配制而成，使用时再按每 100 份该种溶液加 400 份水予以稀释，青贮时，每1 000kg 原料加 A. I. V 稀释液 50~60kg。

A. I. V 添加剂（配方二）：由 8%~10%盐酸 70 份，8%~10%硫酸 30 份混合制成。青贮时，按原料重量的 5%~7%添加此种混合液。

添加蚁酸是国外近年来推广采用的一种加酸青贮法。挪威近 70%的青贮添加蚁酸。英国自 1968 年后亦广泛采用，用量是每吨青贮原料加 85%蚁酸 2. 8kg。美国用量为每吨青饲料加 90%蚁酸 4. 53kg。添加蚁酸比添加硫酸盐酸混合剂效果好。因蚁酸能使青贮料在瘤胃消化过程中，分解成对家畜无毒的 CO_2 和 CH_4，

蚁酸本身也可被吸收利用。用添加蚁酸制成的苜蓿青贮料饲喂奶用犊牛，平均日增重达 0. 757~0. 817kg，而喂普通青贮料平均日增重只有 0. 429~0. 541kg。

加酸制成的青贮料，颜色鲜绿，具香味，品质高，蛋白质分解损失仅 0. 3%~0. 5%，而在一般青贮中则达 1%~2%。苜蓿、红三叶加酸青贮结果，粗纤维减少 5. 2%~6. 4%，且减少的这部分粗纤维水解变成的低级糖，可为动物吸收利用。而一般青贮的粗纤维仅减少 1. 1%~1. 3%。胡萝卜素、维生素 C 及无机盐钙、磷等，加酸青贮比一般青贮损失少。

（2）甲醛青贮。甲醛能抑制青贮过程中各种微生物的活动。俄罗斯、美国等国家，在 20 世纪 60 年代开始广泛应用，按青饲料重的 0. 1%~0. 66%添加 5%甲醛溶液青贮，发酵过程中没有腐败细菌的活动，而一般青贮时，每克青贮料中腐败菌含量达 30 多亿，第五天仍达 0. 15 亿。加甲醛青贮的干物质损失 5. 3%~7%，而一般青贮为 10%~11. 4%，消化率亦比一般青贮提高 20%。

（3）乳酸菌青贮。加乳酸菌纯培养物制成的发酵剂或由乳酸菌和酵母培养制成的混合发酵剂青贮，可以促进青贮料中乳酸菌的繁殖，抑制其他有害微生物的作用，提高青贮品质。一般每 1 000kg 青饲料中加乳酸菌培养物 0. 5L 或乳酸菌剂 450g，相当于每克青贮原料中加乳酸杆菌 10 万个左右。

（4）高蛋白青贮。其青贮调制方法有两种。一是原料中含蛋白质较高，通过添加各种制剂青贮，使蛋白质损失减少到最小限度，青贮料仍保持高蛋白含量。苜蓿等豆科牧草在花前刈割青贮时，每 1 000kg 加入 85%~90%蚁酸 2. 8~3. 5kg，或偏亚硫酸氢钠 3. 5~4. 5kg，或磨碎麦芽 2%，均可制成高蛋白的青贮料。另一是青贮原料中添加氨化物，通过青贮微生物的利用，形成菌体蛋白，以提高青贮料中的蛋白质含量。青贮原料中添加尿素或

硫酸钠混合物0.3%~0.5%，青贮后，每千克青贮料中可增加可消化蛋白质8~11g。玉米青贮料加0.2%~0.3%的硫酸钠，可使含硫氨基酸增加2倍。

（5）酶青贮。酶制剂由胜曲霉、黑曲霉、米曲霉等浅层培养物浓缩而成，其所含的酶以淀粉酶、糊精酶、纤维素酶、半纤维素酶等为主。酶制剂可使饲料中部分多糖水解成单糖，有利于乳酸发酵。按青贮原料重量的0.01%~0.25%添加酶制剂青贮，不仅能保持青饲料的特性，而且可以减少养分的损失，提高青贮料的营养价值。豆科牧草苜蓿、红三叶添加0.25%黑曲霉酶制剂青贮，与普通青贮料相比，纤维素减少10.0%~14.4%，半纤维素减少22.8%~44.0%，果胶减少29.1%~36.4%。青贮料中含糖量保持在47%左右。如酶制剂添加量增加到0.5%，则含糖量可提高2.48%，蛋白质提高26.68%~29.20%。三水饲料如水葫芦、水浮莲加木霉纤曲青贮，亦可获得良好的青贮效果。在90%水生饲料和10%稻草粉混合的青贮原料中按原料重的2%~5%添加木霉固体纤曲青贮，可使粗纤维减少8.40%，粗蛋白质提高28.6%。青贮料品质有所提高，色黄绿，微酸，无不良气味。

（6）低水分青贮。低水分青贮料，亦称半干青贮料，具有干草和青贮料两者的特点。低水分青贮料含水量低，干物质含量比一般青贮料多一倍，具有较多的营养物质，在1kg发育早期的豆科和禾本科牧草低水分青贮料中含有0.3~0.4kg饲料单位，45~55g可消化蛋白质，40~50mg胡萝卜素。味不酸或微酸，有果香味，不含酪酸，适口性好。pH值4.8~5.2，有机酸含量约5.54%。优良低水分青贮料呈湿润状态，深绿色，结构完好。

低水分青贮料制作的基本原理是，原料含水少，造成对微生物的生理干燥。青饲料刈割后，经风干水分含量达到45%~50%时，植物细胞的渗透压达55~60个气压。这样的风干植物对腐

败细菌，酪酸菌以至乳酸菌，均造成生理干燥状态，使生长繁殖受到限制。因此，在青贮过程中，微生物发酵微弱，蛋白质不被分解，有机酸形成数量少。虽霉菌等在风干植物体上仍可大量繁殖，但在切短紧实的青贮厌氧条件下，其活动亦很快停止。

根据低水分青贮的基本原理和特点，制作时，青贮原料应迅速风干，要求在刈割后 24~30h 内，豆科牧草含水量达 50%，禾本科达 45%，原料必须切短。装填必须紧实。封窖要严密。要严防透气、漏水。

气候条件差，不能在短时间内使青饲料含水量迅速风干到 40%~50%时亦可凋萎至 60%~70%含水量时进行凋萎青贮（亦称半鲜草青贮）。或可把风干或晒干至含水量 40%~50%的半干青饲料和刚刈割的青饲料混合青贮。

青饲料风干后含水量的测定，可采用下列两种方法：

①按公式计算：

$$R=（100-W/100-X）×100$$

式中：R 为每 100kg 青贮原料晒干至要求含水量时的重量（kg）；W 为青贮原料最初含水量（每 100kg 中的重量）；X 为青贮时要求的含水量（每 100kg 中的重量）。

例如，刚刈割的苜蓿鲜草含水量为 80%，低水分青贮时要求的含水量为 50%，则：

$$R=（100-80/100-50）×100=20/50×100=40$$

即称取 100kg 刚刈割苜蓿鲜草进行摊晒，定时侧重，当青贮苜蓿鲜草重量降至 40kg 时，这时苜蓿鲜草的含水量为 50%。

②田间观测法植物茎表皮可用指甲刮下，叶片干燥易折断和捻碎，这时含水量为 40~50%。

茎叶失去鲜绿色，柔软未干卷，不能折断和捻碎，绞挤有汁液流出，这时含水量为 60%~70%。

（7）盐青贮。在青贮原料水分含量低，质地粗硬，植物细

胞液汁较难渗出的情况下，添加食盐青贮，可促进细胞渗出液汁，有利乳酸菌的发酵，提高青贮料的品质。据研究，食盐具有破坏某些饲料毒素的作用，能加强乳酸发酵。但亦有认为食盐对青贮料没有任何良好影响。食盐添加量一般为青贮原料重的0.2%~0.5%。

(8) 混合青贮。禾本科牧草很易青贮，但刈割过早时，含水分多，蛋白质和硝酸盐含量高，单独青贮效果不好，宜采用特种青贮或与其他易青贮饲料混合青贮。豆科牧草属难贮的植物，单独青贮亦难成功，除可与禾本科牧草混合青贮外，还可添加富含碳水化合物原料青贮。

豆科牧草和禾本科牧草混合青贮的比例以 1∶1.3 为宜。添加碳水化合物青贮，一般每 100kg 青贮原料应添加玉米粉或大麦粉或糠麸 1~2kg，亦可添加马铃薯 5~10kg 混合青贮。含水分高的幼嫩牧草和稻草粉、玉米秆粉或麦秆粉等，以 7∶1 的比例混合青贮，亦可获得良好的效果。

(9) 湿谷物青贮。用作饲料的谷物如玉米、高粱、大麦、燕麦等，收获后带湿贮存在密封的青贮塔或水泥窖内，经过轻度发酵产生一定量的（0.2%~0.9%）有机酸，主要是乳酸和醋酸，以抑制霉菌和细菌的繁殖，使谷物得以保存。喷洒 0.8%丙酸（或丙酸—醋酸混合液）具有同样效果。它的优点是可以节省人工干燥的费用。据国外估计，湿谷物干燥至含水量 14%以下要花费饲用谷物成本的 20%，同时可以减少不良气候条件下，收获谷物的损失，且可提早收获时期。我国南北各地在收获禾谷类籽实时，常遇不良气候，干燥困难，可考虑采用湿谷青贮，以减少损失。

谷物在青贮前，最好经过压扁或轧碎，可以更好地排除空气，降低养分的损失，并有利于喂饲。贮存的容器要求内壁光滑，保证密不透气，装贮后顶部宜用塑料布封严。有条件时，在

上层加上一层青贮料。整个青贮过程要求由收获至贮存在1天内完成，迅速造成窖内的嫌气条件，限制呼吸作用和好气性微生物的活动。

青贮谷物的养分损失，在良好的条件下为2%~4%，一般农场条件可能达到5%~10%。要防止用发霉变质青贮谷物作饲料，以免引起中毒事故。

5. 青贮饲料的品质鉴定

青贮料品质的优劣与青贮原料种类、刈割时期以及青贮技术等有密切的关系。正确青贮，一般经17~21天的乳酸发酵，即可开窖取用。通过品质鉴定，可以检查青贮技术是否正确，判断青贮料营养价值的高低。

（1）感观鉴定法。根据青贮料的颜色、气味、口味、质地、结构等指标，通过感官评定其品质好坏的方法称为感官鉴定法。这种方法简便、迅速，不需要仪器设备，生产实践上能普遍应用（表5-7）。

表5-7　感观鉴定标准

品质等级	颜色	气味	酸味	结构
优良	青绿或黄绿色，有光泽、近于原色	芳香酒酸味，给人以舒感	浓	湿润、紧密，茎叶花保持原状，容易分离
中等	黄褐或暗褐色	有刺鼻酸味，香味淡	中等	茎叶花部分保持原状，柔软，水分稍多
低劣	黑色、褐色或暗墨绿色	具特殊刺鼻腐臭味或霉味	淡	腐烂，烂泥状，黏滑或干燥或黏结成块，无结构

良好的青贮料，含有较多的乳酸，少量醋酸，而不含酪酸。品质差的青贮料，含酪酸多而乳酸少。

（2）实验室鉴定法。实验室鉴定主要是测定饲料的pH值，

另外测定有机酸和营养成分的含量。pH 值测定结果在 3.8 左右，说明青贮饲料质地优等；pH 值在 4.4 左右，青贮饲料质量为良好；pH 值在 5.0 以上，青贮饲料质量为劣，不能饲喂家畜。另外，还要测定有机酸的含量。

三、秸秆氨化

农作物秸秆是发展肉羊的重要饲料资源，但是由于秸秆含有大量粗纤维，直接用作饲料适口性差，消化率低。秸秆经过氨化处理后，质地松柔，味甘甜，不仅大大改善了适口性，而且提高了营养价值和饲喂效果，降低了饲养成本。氨化后的秸秆的消化率可提高 20%左右，采食量也相应提高 20%，粗蛋白质含量可提高 1~1.5 倍。秸秆氨化已经成为我国大力推广应用的实用技术之一。

1. 秸秆氨化的原理

秸秆的氨化常采用尿素、碳酸氢铵、氨水和液氨等作为氨源，在处理过程中，尿素在秸秆尿素酶作用下分解出氨，碳酸氢铵在温水作用下也可以分解成氨气，氨水和液氨可以直接和秸秆发生反应。氨与秸秆中的纤维素发生氨解反应，打开纤维素中连接木质素与多糖之间的酯链，使难以消化的纤维素变为易消化的物质，从而提高了秸秆的消化率。氨还是一种碱性物质，可以使木质化纤维膨胀，增大了它们之间的空隙，提高了渗透性，使消化酶更加容易和纤维素接触。

2. 氨化方法

（1）尿素氨化。利用尿素做氨源，可采取堆垛或氨化池等方式进行氨化。采用地面堆垛法，首先要选择平坦场地，并在准备堆垛处铺好塑料布；采用氨化池氨化需提前砌好池子，并用水泥抹面。将风干的秸秆用侧草机制碎，或用粉碎机粉碎，并称重。根据秸秆的重量，称取 4%~5%的尿素，然后用温水溶化，

配成尿素溶液，用水量为风干秸秆重量的 60%～70%，即每 100kg 风干秸秆用 4～5kg 尿素配成 60～70kg 的尿素溶液。按照上述比例将尿素溶液加入秸秆中，并充分搅拌均匀，然后装入氨化池或堆垛，并踏实。最后用塑料布密封，四周用土封严，确保不漏气。氨化的时间与环境温度密切相关，环境温度越高，氨化时间越短。因此，氨化应在秸秆收割后气温较高的时间进行，冬季在晴好的天气进行。氨化饲料开封使用之前要适当通风散发氨气，后再进行饲喂。

（2）碳酸氢铵氨化。碳酸氢铵氨化的方法步骤与尿素氨化完全相同。只是两者的用量有所差别，一般每 100kg 风干秸秆可用碳酸氢铵 15～16kg。

（3）氨水氨化。采用氨水氨化秸秆，需提前准备好氨水并提前计算好用量。若氨水含氮量为 15%，其含氨量则为 18.15%，每 100kg 风干秸秆用 15kg 氨水即可。但还需要根据秸秆的含水量，将氨水稀释 3～4 倍，即每 10kg 风干秸秆加入 60～70kg 稀释好的氨水，经充分搅拌均匀后，便可堆垛或装池密封。

（4）液氨（无水氨）氨化。准备好各种氨化用具，用堆垛法应选择背风向阳的场地，将地面整平，铺好塑料膜；采用氨化池，需提前砌好池子，并用水泥抹面。将秸秆铡碎、称重，可将秸秆打成 15kg 重的小捆，秸秆含水量控制在 30%～50%。

将拌湿的秸秆装池或堆垛，并用塑料布密封，四周用土或泥盖压严密，严防漏气。根据秸秆数量决定充氨量，计划好充氨点。然后在预定充氨点插入氨枪，打开氨瓶开关。当充氨量达到秸秆干物质的 3%时，停止充氨，取出氨枪，并立刻用胶膜封好充氨孔。开封时间与尿素氨化时间相同，应根据外界环境气温而决定。

3. 秸秆氨化应注意的事项

（1）液氨对呼吸道和皮肤有危害，遇火容易引起爆炸，因

此应严格遵守操作规程。要经常检查贮氨罐的密封性，在液氢运输、贮存过程中要严防碰撞和烈日暴晒。充氨时要由专人负责，并戴好防毒面具，严禁火种。

（2）利用液氨氨化时，在堆垛或装池后应立即充氨，以防过久造成秸秆霉烂。

（3）利用尿素或碳酸氢铵氨化时，要尽快操作，最好当天完成并覆盖好，以防氨气挥发，影响氨化质量。

（4）麦秸收获后，应晒干堆好，顶部抹上泥以防雨淋。玉米秸秆应迅速收获，在秸秆水分较高的情况下进行氨化，效果最为理想。

（5）要经常检查塑料膜，若发现孔洞或破裂现象，则应立即用胶膜封好。

（6）在达到氨化时间后，如暂不喂就不要打开氨化垛/池，饲喂时可提前 2 天开封，秸秆放阴凉处 10~24h。

（7）氨化秸秆原则上是替代肉羊饲料中的未氨化秸秆，不能成为肉羊的完全饲料，饲喂太多容易引起氨中毒，常用喂量约为肉羊日粮干物质总量的 50%，即日饲喂量 0.5~1.0kg。

4. 氨化秸秆品质鉴定

在氨化操作过程中，往往由于充氨点选择不当、洒水或搅拌不均匀等，造成氨化秸秆品质上的差异。生产实践中，多采用现场感观鉴定，主要依据颜色、结实程度和气味鉴定，一般分为四等，见表 5-8。

表 5-8　氨化秸秆品质感官鉴定标准

等级	颜色	气味	质地
上等	棕色、褐色、深黄色，发亮	焦糊味或酸面包味	柔软、发散、草束易拉断
中等	金黄色，色泽较暗	无焦糊味	草束可拉断

（续表）

等级	颜色	气味	质地
下等	原秸秆稍黄	无焦糊味部分与原料相同	草束不易拉断
等外	发白，发黑，有霉云	强烈的霉味	糟损，发黏，或有酱块

四、秸秆微贮

秸秆微贮是近些年来发展起来的一项新的饲草处理技术，具有成本低、效益高、适口性好、资源来源广、保存期长等优点。主要用于玉米秸、麦秸和杂草的微贮。秸秆微贮可提高秸秆粗蛋白质的含量，是羊冬、春季枯草期的较好饲料。

处理方法及步骤：一是将秸秆切碎或揉碎，长度以 1.5～2.0cm 为宜，根据秸秆数量，按表 5-9 所列的比例计算出所需的菌剂数量；二是复活菌种，将菌剂在常温下溶于 250ml 浓度为 3%的糖水中，放置 2h；三是将复活好的菌液加入盐水中混匀；四是将切碎的秸秆铺放在窖内，厚度为 10～20cm，然后均匀洒入菌液；五是压实，原料保持 65%～70%的水分；六是薄薄撒上一层玉米粉或麦麸，促进发酵；七是重复四至六过程，直至碎秸秆压入量高出窖口 20～40cm；八是压实，并每平方米面积撒 250g 盐（防发霉），最后用塑料薄膜覆盖密封。一般在外界气温 20℃左右时，大约 1 个月即可开窖饲喂。发臭或有霉味的，要停喂，以防中毒。

表 5-9　菌液的配置和用量

秸秆种类	重量（kg）	活干菌用量（g）	食盐（g）	水（kg）
稻麦秸秆	1 000	3.0	12	1 500

（续表）

秸秆种类	重量（kg）	活干菌用量（g）	食盐（g）	水（kg）
黄玉米秆	1 000	3.0	8	1500
青玉米秆	1 000	1.5	—	适量

综上所述，粗饲料加工调制的途径很多，在实际应用中，广大农村分散饲养的千家万户，要选择简便易行、适合当地条件的加工调制方法。如有条件可加工成颗粒饲料、草砖或草饼。加工调制途径的选择，要根据当地生产条件、粗饲料的特点、经济投入的大小、饲料营养价值提高的幅度和家畜饲养的经济效益等综合因素，科学地加以应用。

第六章　繁殖与配种

第一节　选种育种常用概念

繁殖与育种是畜牧养殖业生产过程中的两个最为重要的环节，也是畜牧业生产的重要内容，作为牲畜增量的手段，繁殖在整个畜牧生产中是关键之关键。随着人民生活水平的不断提高，人们对畜产品品质要求也越来越高，为了满足人们不断提升的需求，通过育种和繁殖来达到畜产品质量提高（优良性状的延续）和数量增多的目的。近年来，科技人员通过对山羊繁殖规律的研究，针对性采取相应的技术措施，充分挖掘其繁殖潜力，使山羊保持较高的繁殖水平，达到增产增效的最终目标。

一、初情期

初情期是指母羊初次发情或排卵的年龄，这时母羊虽然有发情表现，但由于母羊尚未发育完全，且发情周期也往往不正常，其生殖器官仍在继续快速生长发育过程中，而此时的发情仅表现为安静发情，仅有排卵而没有发情症状。初情期会受品种、气温和营养等一些因素的影响。一般小体型品种羊初情期早于大体型品种，南方的早于北方的；饲养状况好的早于差的。初情期母羊的体重一般是成年母羊的50%~60%。

二、性成熟

性成熟是母羊具备了繁殖能力的标志。经过初情期的母羊，生殖器官迅速生长并完成发育，进入了性成熟期，但此时身体尚未发育完成，不提倡配种，以免影响母羊本身和胎儿发育。

三、发情周期

母羊初情期后，其生殖器官及整个机体发生一系列期性变化，这种周而复始周期性的性活动称为发情周期。根据发情特殊变化可将其分为四个阶段：发情前期、发情期、发情后期和间情期。山羊的发情周期是 21 天左右。

四、发情持续期

从母羊开始发情到发情终止的时间称为发情持续期。山羊的发情持续期一般是 24~48h，持续时间长短与羊只年龄、气温等因素有关。排卵一般在发情后 12~24h，故在发情后 12h 开始配种易于受胎。

五、初配年龄

母羊的初配年龄应根据母羊的品种、发育情况、羊场的饲养水平高低和羊场生产计划而定。母羊初配一般是在母羊性成熟后体重达到成年母羊 70%，年龄达 1~1.5 岁。

六、繁殖季节

由于羊的发情周期受光照长度变化的影响，母羊的繁殖性能也具有明显的季节性。在繁殖季节，母羊的卵巢处于活动状态，卵泡发育成熟，母羊表现出正常的各种发情征候，并接受公羊的交配。反之，在非繁殖季节，母羊卵巢的机能活动停止，不发情不排卵，此为乏情期。繁殖季节长短又与品种、年龄、气候、饲

养状况和泌乳阶段等因素密切相关。

在气候温暖、海拔较低、牧草饲料良好的地区（如长江流域或平原地区），舍养的山羊品种一般一年四季发情，配种时间不受限制。

七、妊娠期

母羊发情后经自然交配或人工授精后，经过受精过程和胚胎发育，在母羊体内发育成为羔羊的整个时期称为妊娠期。母羊妊娠期长短因品种、营养状况、胎次及单双羔等因素而略有不同，平均妊娠期为 145 天。妊娠期的准确判定和预产期确定是繁殖工作中最基本也是最重要的技术要领。

八、分娩

母羊将发育成熟的胎儿和胎盘从子宫中排出体外的生理过程称为分娩。胎儿产出后到胎盘完全排出的间隔时间一般为 1.5~2h，间隔时间超过 5~6h 即为胎衣不下，需要兽医来加以处理。

九、选配

有意识、有计划地选定所需的公母羊进行配对，并进行交配繁殖，有目的地将公母羊的优良生产性状组合到后代而形成遗传基础，以达到培育或利用良种的目的。选配可分为个体选配和种群选配两大类。

十、纯种繁育

纯繁是纯种繁育的简称，是指在同品种羊群中进行繁殖和选育，通过多代级进交配以达到血统的进一步纯化，最终达到人们所期望的目标——纯种。纯繁是良种培育中的一个很重要的环节。

十一、杂交改良

杂交是指不同品种的公母羊进行交配，产生出具有生产性能比较优势的杂种后代，因此在畜牧业生产中常利用杂交与选种、选配、培育相结合的方法，一来获得杂交优势，获得高产、优质、高效的商品羊，二来通过基因重组，不同程度地改良现有种羊的生产性能。

第二节　引　种

一、引种准备

1. 引种前，应提前向牧场所在地动物防疫部门申报检疫

对圈舍进行彻底清扫、清毒，并保持圈舍通风、干燥，同时建立隔离圈舍，备足草、料、防应激药物、常见疫病治疗药物等。根据养殖规模安排饲养管理人员及专业技术人员等。

2. 引种时间

引种主要考虑气温方面，最好选择每年的春天和秋天。

3. 运输注意事项

（1）运输工具。运输山羊宜选用汽车，汽车车厢最好采用隔栏分层，并按公母、大小分栏，避免过挤或过松。山羊装车前对汽车进行消毒。

（2）运输时间。短途运输选择气温较为舒适的早晨或傍晚。运输距离较远则夜晚装运较为适宜，夜晚羊的视野模糊，较为安静。夏天运输要防日晒、雨淋、中暑，一般早晚行车。

（3）采食及饮水。运输时间在 1 天之内不需喂草喂料，运输时间在 1 天以上的，每天应喂草料 2~3 次，饮水不少于 2 次，要求每只羊都饮到水，吃到草，水、草不能喂得过多。

（4）及时检查。采用汽车运输时，要定期检查羊的情况，

出现应激或发病的羊要及时处理，羊出现应激反应时应停车休息，并喂给其一定量的电解多维，以缓解症状。

4. 引种后注意事项

（1）消毒灭源。运输车辆到达羊场后应进行消毒，防止病原进入。羊进场后应进行隔离观察，引种羊需要隔离饲养 30 天以上。

（2）饲养管理。经长途运输的山羊到场后在舍内饲养，不宜放牧。前 10 天内按照原饲喂方式进行饲喂，如铡短的玉米秸（以叶为主）或青干草，任羊自由采食，注意饲喂不可过量。

刚运回的羊只饮水不可过量，可在饮水中加入黄芪多糖、电解多维及适量食盐。

（3）疾病处理。由于应激，部分羊到场 3 天后会出现咳嗽、流鼻涕、流眼泪等症状，对这些羊可采取对症治疗措施。有明显发病症状的应进行隔离观察，出现群发病或重大传染病时应上报当地动物疫病预防控制中心。

（4）防疫驱虫。引入羊隔离观察 3~5 天后，如其健康状况良好则应进行免疫，可按照免疫程序分别接种羊痘、口蹄疫等疫苗，同时应选择能同时驱除线虫、绦虫等寄生虫的驱虫药进行驱虫。隔离期满，待相关实验室检验合格后方可转入场内进行常规饲养。

二、种羊选择

1. 引种原则

（1）引种原则。根据市场需要确定引种品种。山羊的品种繁多，用途亦有不同，有乳用山羊品种，板皮用山羊品种，肉用山羊品种，绒用山羊品种，亦有皮肉兼用、裘皮用山羊品种等。挑选合适的羊品种，要根据本地市场、国内市场、国际市场需要，使终端产品易销，便于养羊经济发展。

（2）根据生产性能确定引种品种。同一类型的羊而不同品种，其生长发育、繁殖能力、产肉率、产肉量、产毛量、净毛率、皮的品质等亦不同。要选择生产性能较高的品种，以便获得高的产品产量和高的经济效益。

（3）根据自然环境条件确定引种品种。山羊的品种都是在其自然环境条件下，经过人工选育和自然淘汰而逐步形成的，品种形成时间越长，其适应性越强，遗传性的保守性亦越强、独特的生物学特征与其自然环境条件相一致，如果改变其自然环境条件，往往会降低生产能力或发生变异，甚至退化。

2. 品种选择

应选择适应性强、料肉比高的山羊品种进行饲养，本地建议引进崇明白山羊以及周边地区的优良山羊品种，同时充分利用杂交优势，利用国外肉羊进行杂交，提高杂交商品后代的生产性能。

（1）杂交。杂交是指不同群体中个体间的交配。杂交的目的是使各亲本的基因配合在一起，造成新的更为有利的基因型，以丰富动物的遗传类型，使羊群杂合基因型频率增加，纯合基因型频率减少。通过杂交能将不同品种的特性结合在一起，创造出亲本原来所不具备的特性，并能提高后代的生活力。

（2）杂交优势。不同种群杂交产生的杂交群，在生活力、生长势和生产性能方面，往往表现出优于其亲本纯繁群的现象，称为杂种优势。利用性能特点各异的不同种群杂交，不但可以提高杂种后代的初生重、断奶重、成年体重等生长发育性状，还可以提高杂种后代的成活率、抗病力、繁殖力等性状。杂种优势的程度一般用杂种优势率表示。不同杂交组合，杂种优势率不同，因此，在利用山羊的杂种优势时，可以通过杂交组合试验，找出最佳组合，再应用在日常的生产实践中。

（3）杂交优势在生产中的应用。在肉用山羊生产中利用经济杂交要对亲本进行选择，应该选择早熟、体型大、肉用性能好，并且能够将其特性遗传给后代的品种作父本。较好的父本品种如波尔山羊等优良父本品种，但也应该考虑该品种的多胎性，因为在饲料较丰富地区，生产双羔或多羔经济效益更高。母本品种一般用当地品种，因为当地品种适应性好、数量大，繁殖性能和肉质风味都有优势。在上海市崇明区很多养羊户就用波尔山羊公羊和崇明白山羊母羊杂交生产商品肉羊。

3. 引种要求

（1）来源清楚。要求羊应从管理、防疫规范的羊场引入。引入种羊还需查看其系谱档案，出场种羊应具备系谱卡，以便掌握种羊的血缘关系及父母、祖父母的生产性能，并估测引入种羊的性能。

（2）产地检疫。引种前应查看种羊场的防疫档案、免疫程序、驱虫方案等。从外地引种时，应在当地动物卫生监督部门办理检疫手续。

（3）注意适应性。引种羊原产地的气候、地貌、植被、饲养管理水平等与本地环境相近，这样才能尽快适应本场环境，减少风土驯化时间。对于新培育品种或国外引进品种，要认真查阅资料，评价适应性。可适当少量试引，以观察适应性。如果适应性较好，可以大批量引入推广。切不可轻信广告和产品介绍，盲目大量引入，以免造成重大经济损失。

（4）公母配比。引种时要注意好母羊和公羊的配比，不要过量的引入种公羊，当然也可以直接购买冷冻后的精液，进行人工授精，降低前期的养殖投入。

第三节　选种和配种

一、选种

对种畜的选择就称选种。选种的最终目的就是为了把生产性能高、抗病能力强、饲料利用率高的羊只从大群体中选出来，留作种用，为种羊开展繁殖生产提供最优秀的种母羊，从而使羊群的生产性能逐代提高，最终取得最高生产水平，获得最佳的经济效益。因此选种选育就成了羊场繁育工作中最重要的工作。

二、选种的方法与标准

对种羊体质、外形和生产力三个性状按其重要性有侧重的全面综合鉴定，择优留种就是选种。

1. 种公羊选择

种公羊的选择是提高羊场生产水平的关键，可通过个体选择、系谱选择和后裔测定来实现。

(1) 个体外貌选择。按山羊品种标准开展选育工作。肉山羊应具有细致而结实的体质，骨骼软细短，肌肉组织发达，胸宽且深，后躯丰满，体躯呈圆桶形。

(2) 系谱选择。根据父母及祖代系谱资料进行分析主要经济性状（产肉力、繁殖力等)，作出早期选择，同时注意是否带有遗传缺陷。

(3) 后裔选择。根据优良种羊后代生产性能的高低来评定其优劣，以此来确定其优质种羊资源使用的地位。

2. 母羊的选择

母羊优秀的生产性能和健康的机体是保障年产仔数较高的基础。因此在种母羊选择时要求：体型大，体格健壮，产仔多(双羔或三羔)，母性好，乳房结构好，乳头齐全，无疾病。

3. 后备青年羊的选择

留作种公羊的应选体格健壮，精力充沛，活泼敏捷，食欲旺盛。头部粗重，眼大有神，颈长且宽，肌肉发达，髻甲高于荐部，背平直，肋部拱张，四肢端正，被毛粗长。两个睾丸发育匀称，外貌和生产性能符合本品种的要求，无疾病。

留作种母羊的应反应灵敏，神态活泼，行动轻快，食欲旺盛，发育正常膘情好，皮肤柔软且富弹性，乳房发育良好并附着紧凑，符合本品种的要求，无疾病。

三、发情与鉴定

配种是指发育成熟的公母羊在母羊发情期进行交配，让精子和卵子结合以繁殖后代，达到扩大羊群数量的目的。配种必须在最佳时间进行，使精子和卵子结合，才能达到最佳的受胎效果。山羊的配种方法通常可分为自然交配和人工授精两种。

1. 发情与鉴定

在山羊繁殖生产工作中发情鉴定是一个重要的技术环节，通过发情鉴定可判断母羊发情是否正常，以便发现问题及时解决，通过发情鉴定可判断母羊发情处于哪个阶段，以便确定合适的配种时间，确保适时配种，从而达到提高受胎率的目的。

（1）发情表现。母羊达到性成熟后就开始表现出周期性性行为，具体表现在：行为变化，如兴奋不安，鸣叫行为，摇尾，食欲下降，具交配欲；生殖道变化，如外阴充血肿大，阴道黏膜充血发红，有透明黏液泌出；卵巢的变化，如卵泡发育成熟破裂并排卵。

（2）鉴定方法。山羊的发情期相对较短，外部表现又不很明显，因此母羊的发情鉴定主要是用公羊试情结合外部观察法。

（3）鉴定操作。每天早上在巡棚时注意观察母羊的采食行为的变化，通过观察，对初步判定为发情的母羊做好标记，以便后续进一步甄别。试情法即将公羊（公羊须输精管结扎或腹下带兜布）放入母羊群中或者隔栏经过，观察母羊的反应来判定母羊是否发情。

（4）鉴定操作要求。试情工作每天一次或早晚各一次，发现发情母羊及时做好标记并将其分离单独饲养，以备及时配种。

试情用公羊要求性欲旺盛，无疾病，无恶癖，便于管理。

（5）判定标准。试情公羊放入时，母羊寻找或尾随公羊并自觉站停并接受公羊爬跨时才确定为发情。

（6）最佳配种时间。排卵一般在发情后12~24h，故在发情后12h开始配种，这时配种易于受胎，隔12h后进行复配。

2. 常用配种方法、操作要领及优缺点

（1）自然交配。自然交配是公羊在母羊发情适配期进行自发的配种。它又可分为自由交配和人工辅助交配两种。

①自由交配：在繁殖季节，将公母羊混群饲养，任其自然交配。此法省时省力省设备，但易造成近亲交配，且预产期也难以把握的缺点。

②人工辅助交配：用试情公羊找出发情母羊，再选定与配公羊进行配种，此法可有目的开展选配，提高公羊利用率，避免近亲交配，并可准确预测母羊的预产期，便于母羊生产时的管理。

（2）人工授精。人工授精就是用人为的方法（人工或机械）代替自然配种，从而使母羊受胎、妊娠并繁殖后代的繁殖方式。

（3）人工授精的优点。

①提高了优秀种公羊的利用率，种公羊配种效率可提高20多倍。

②加快了良种推广步伐，能迅速增殖优良种羊，是育种工作的有力手段。

③可减少饲养种公羊，节省养殖成本，从而提高养羊的经济效益。

④人工授精公母羊不直接接触，可避免因接触而发生的传染病、生殖道病等疾病的传播。

⑤提高配种效果，克服公母羊个体相差太大，解决了不易交配或生殖道异常而造成的交配困难问题。

⑥延长了种公羊的使用年限，科学使用种公羊。

⑦利于精液保存和运输，为种公羊不足羊场或散养农户的母羊配种提供帮助。

（4）人工授精的操作。

①药物准备：

场地准备：采精场地应宽敞、平坦、安静、清洁，场内设有采精架。

药液及稀释液：

配制 0.9%的生理盐水：用 0.9g 氯化钠加蒸馏水 100ml，充分溶解后过滤两次后备用。

制作酒精棉球：做成直径 2～3cm 的棉球置于不易使酒精挥发的瓷杯或玻璃瓶中，加入 75%的酒精溶液。

制作生理盐水棉球：方法同制作酒精棉球，只是加入生理盐水而不是酒精。

稀释液的配制：购买商品化稀释液或咨询专业人士配置。

②消毒：凡是人工授精用的器械，都必须经过严格的消毒。在消毒以前应将器械洗净擦干，然后按照器材性质、种类分别采用高压蒸气消毒、酒精消毒和酒精火焰消毒。稀释液、生理盐水、生理盐水棉球、凡士林、集精瓶（杯）以及纱布毛巾等用蒸气消毒，输精器、温度计、玻璃棒假阴道内胎等用 75%的酒精棉球消毒。开张器、镊子、调节钮、搪瓷盘等金属、搪瓷用具用酒精火焰或酒精棉球消毒。凡是与精液直接接触的用具，如假阴道、集精杯、输精器则用酒精消毒，并待酒精挥发后，再用 0.9%氯化钠溶液冲洗数次，除去残留的酒精气味，以免伤害精子。同样用酒精消毒的温度计、玻璃棒也要用生理盐水棉球擦洗。

消毒好的器材、药液放入精液处理箱内，防止污染并可保持一定温度，精液处理箱在使用前应清理、消毒并加温。

为了保证精液品质和进行及时检查处理，预先应擦净载玻片，对好显微镜光线并使显微镜检查保温箱保持一定的温度（37~38℃）。另外，稀释液保存也应事先做好有关准备工作。

③公羊采精的频率：任何一头公羊如饲养管理适宜，可适当增加采精频率，以期采得更多的精液，从而可为更多的母羊输精配种，最大程度发挥优秀种羊的种性。但随意增加采精次数，不但会降低精液质量，而且对公羊的生殖机能以及健康状态带来不良影响。一般种公羊的采精频率要根据精子产生数量来决定。因此在配种季节（9—10 月）每天采精一次为宜。在生产实践中，由于种公羊数量少或配种季节母羊发情过分集中，倘对公羊采精不加限制，造成采精过频，以致采出的精子中往往带有很多原生质，这是采精频度太密的表现，发现这种情况后应立即减少采精次数。

④采精：

假阴道的准备：将假阴道安装后，先用 75%酒精棉球擦洗内胎，等酒精挥发后，再用消毒生理盐水擦洗内胎，以除去酒精气味，待干后，安上集精杯，然后给假阴道夹层内灌注温水，用消毒温度计测定内腔温度至 37~40℃。再用消毒玻璃棒蘸取润滑剂均匀地涂于内腔，至 1/3~1/2 处，最后吹气加压。

台羊的准备：选择发育良好，性欲旺盛，体质健壮，处于发情期的母羊，保定在采精架上作为台羊。

采精的操作：采精员蹲于台羊右后侧，右手持假阴道，气门活塞向下，当公羊爬跨台羊后，迅速将假阴道呈 35°靠于台羊臀侧，同时左手轻拨包皮，把阴茎导入假阴道，公羊射精后，立即将假阴道竖起，放气，使精液流入集精杯内，用纱布盖好入口，送往精液处理室，做精液的处理。

⑤精液品质的检查：精液检查的目的在于鉴定精液品质的优劣及在稀释保存的过程中品质的变化情况，以便决定能否用来输精。所以采得的精液必须经过检查才能进一步处理或用于授精和

保存。现将山羊精液品质检查的项目和方法分述如下。

射精量：精液采得后直接从有刻度的集精管上观测射精量，如用集精杯采精，可吸入羊的输精器观测，一般山羊的射精量为0.2~2.5ml/次。

色泽：正常精液一般为乳白色的，其颜色因浓度不同而异，浓度越高则乳白色越浓，反之则越淡。其他色泽的精液为不正常现象，不能用于输精。

云雾状：羊精液因精子密度很大，用肉眼观察时，可以看到精子的翻滚现象，呈云雾状。这是精子运动非常活跃的表现，因此根据云雾状表现显著与否可以粗略判断精子活力的强弱以及精子密度的大小。

活力：精子活力即精子运动的能力，活力直接决定能否与卵子相遇授精，所以是评定精液品质优劣的重要标志之一。在显微镜下，观察精子的运动方式可分为直线前进运动、回旋运动、摆动式运动3种。精子的直线前进运动是最有利于授精的。因此，鉴定精子活力，就是检查直线前进运动的精子数的占比，即活力。如果100%的精子都呈直线前进运动，即评为1，90%则评为0.9，80%则为0.8，其余依次类推。输精用的精液，其精子活力应在0.6以上，冷冻精液，活力应在0.3以上。

密度：精子密度是精液品质的另一重要指标。通常在检查精子活力时，同时检查密度。精子密度可分为：稠密、中等和稀薄3级。稠密一般是指在显微镜下，视野里精子数目很多，彼此之间空隙很少，很难看出单个精子的活动情况，记录时可用“密”字表示。中等是指精子数也很多，但有着明晰的空间可容纳1~2个精子长度，能看到单个精子的活动情况，记录时用“中”字表示。稀薄是指视野中只有少数精子，精子之间空隙很大，记录时用“稀”字表示。这种精液由于精子数量很少而不能用于输精。

⑥精液的稀释：

精液稀释的目的：不仅是为了增大精液的数量，增加母羊的输精量，更重要的是缓解及中和副性腺分泌物对精子的有害作用，供给精子所需的养分，给精子在体外创造一个适宜的外界环境，从而延长其存活时间，以便于保存和长途运输。稀释液是用糖分、药物等所配制的一种溶液。

配制稀释液注意事项：配制稀释液的用具必须冲洗干净。所用药品必须纯净，称量要准确，所用蒸馏水应新鲜，取量也要准。药品完全溶解后，进行过滤，去掉杂质。根据需用量当日配制，特别是含有卵黄或牛奶的稀释液更要保证新鲜。过滤后的稀释液要加热消毒。稀释液中如加入卵黄或青霉素时，必须在药液消毒后，冷却到30℃以下再按定量加入，否则会使卵黄因受热而凝固，抗菌素因热而使其活性被破坏。

精液稀释的方法：精液稀释前必须进行精子活力和密度的检查，然后确定稀释。稀释液应力求现配现用，保持新鲜，防止污染，稀释时稀释液的温度应与精液同温，温度不能相差过于悬殊。稀释时应将稀释液沿杯壁徐徐加入，不能骤然倒入。稀释完毕后，必须作活力检查。

⑦羊精液的稀释倍数：一般稀释比例为（1∶1）~（1∶3），稀释后精液量为2~4ml，可为20~40头母羊授精，经试验，山羊精液稀释倍数，在精子密度不低于15亿个的情况下，可达1∶50，一次采精量可授精60~120头。

⑧精液保存：精子的生命和活动是依靠能量来维持的，由于精子在体外很少能够利用外界的能源，而在活动中消耗体内能量而死亡。因此，保存精液的目的就是要降低精子的能量消耗，延长精子的生存时间，降低精子的能量消耗，就是要抑制精子的活动。其方法有：造成缺氧环境或弱酸环境；降低温度，减缓精子活动；加入适量的抗菌素，抑制细菌的繁殖。目前常用的精液保

存方法，除进行稀释液的改进外，主要是温度控制，有常温保存，也叫室温保存，保存温为15~25℃，放在地下室和土井内，温度升降幅度较小的地方；低温保存，即保存在0~5℃低温条件下；超低温保存，用干冰或液氮保存，即冷冻精液。温度范围为-195~-70℃，可长时间保存。

⑨精液运输：因为山羊的一次射精量少，输精量也少，即精液分装的容器不宜大，原则是精液分装小容器要装满，以减少在运输过程中的振荡。一般采用什么容器分装，采用什么运输工具可因地制宜，各选其便。

⑩输精：

输精量：一般发情母羊少的时候用原精液输精，其输精量为0.05~0.1ml，如果用稀释过的精液，输精量应为0.1ml，输入的总活精子数为1亿。

输精时间和次数：山羊的发情持续期短，当天发情的母羊第二天输精1~2次，即见发情后隔24h配第一次，12h后再行复配，据报道，输精两次则受胎率较高。

输精的准备：输精器采用酒精消毒（也可以采用煮沸消毒），待酒精挥发干净后用灭菌生理盐水或稀释液冲洗多次，然后吸取精液。每输完一只再给另一只母羊输精时，输精管尖端须用灭菌生理盐水棉球擦净。开张器采用煮沸消毒（或酒精火焰消毒），冷却后用灭菌生理盐水棉球擦涂，最后涂上凡士林或液体石蜡备用。每用一次都需要洗净重新消毒，才可给另一头母羊输精用。

输精操作：母羊保定采用助手两腿夹住羊头，两手捉住羊的两后腿提起，使羊呈倒立状，然后拨开羊尾，洗擦消毒外阴部，等候输精。输精者用处理好的开张器将阴道打开，借助手电筒的亮光寻找子宫颈口，再用右手持调节好输精量的输精器插入子宫颈内0.5cm，将精液注入。

第四节　妊娠与分娩

一、妊娠

母羊配种后20天不再发情可初步判定为已经怀孕，母羊从受孕到分娩这一段时间称妊娠期。羊的妊娠期一般为5个月(平均152天)，但因品种、胎次、年龄、饲养管理条件、单双羔等因素而略有差异。

1. 妊娠鉴定

妊娠早期鉴定：配种后的母羊进行早期妊娠鉴定，及时发现空怀母羊，以便及时采取补配措施，同时对已受孕母羊加强饲养管理，避免流产，可提高羊群的受胎率和繁殖率。

（1）妊娠鉴定的方法。妊娠母羊早期鉴定方法有外部观察法、超声波探测法、直肠—腹壁触诊法、阴道检查法、实验室检测法（免疫学诊断法、孕酮水平测定法、外源激素探测法）。

（2）操作要点及鉴定标准。

①外观法：观察母羊的行为和身体的变化，如配种后食欲增进、毛色润泽、性情温顺、行为谨慎、腹部渐大、乳房膨胀等变化则判定为怀孕。它的最大不足就是不能早期诊断，通常与触诊法结合诊断效果更佳。

②超声波探测法：超声波诊断法是利用超声波的物理特性与动物体组织结构的声学特点相结合的一种物理学检查方法。在诊断时保定母羊，使母羊静立，用涂有耦合剂的探头紧贴在乳房两侧或乳房正前少毛区（羊毛密集者应修剪羊毛）的皮肤进行探测，不断改变探头方向，形成定点扇形扫查，利用超声波探测器探头扫描成影像直接观察判定，可对妊娠60天的母羊检测正确率高达95%~97%。因此本方法是目前羊场开展母羊妊娠诊断最

常用也是最可靠的早期测孕方法，因而同时也成了当下最为实用的孕诊方法，广为传用。

③直肠—腹壁触诊法：母羊在触诊前停食一夜，用肥皂水灌肠排便，把经润滑后的触诊捧插入肠内 30cm，然后另一手在腹壁与触诊捧配合以是否触摸到硬块来判断是否受孕。此法操作时手法一定要轻巧。

④阴道检查法：根据母羊阴道黏膜色泽、干湿和黏液性状来判断。此法作为妊娠诊断中初判，应结合其他方法来综合判定。

⑤实验室检测法：免疫学检测、孕酮水平测定和外源激素探测。检测血液中的特异性抗原、孕酮和外源激素的存在来判断是否妊娠。

2. 保胎

通常意义上的保胎是指把配种受孕后的母羊单圈饲养，一方面改善饲养环境，另一方面加强营养和饲养管理，这样就避免了因羊只间互斗而造成不必要的流产，确保母羊正常怀孕生产。保胎在生产上尤其是高繁殖水平情况下更要做好做实。

二、分娩

妊娠母羊将发育成熟的胎儿和胎盘从子宫中排出体外的生理过程称为分娩。分娩是受多种因素的调节而发生的生理活动，在妊娠后期母羊出现孕酮下降或雌激素升高、胎儿长大给子宫颈和阴道以刺激而激发垂体后叶释放催产素，并依次发动分娩。子宫肌纤维已达到高度伸张状态，由于胎儿迅速增大，胎中羊水增多，对子宫的压力增大，当达到一定程度时可引起子宫反射性收缩而发生分娩。

1. 分娩日期的预测

在规模化羊场商品羊生产中，母羊配种后，要及时推算出母羊的预产期。快速推算母羊预产期的简便方法：配种月份加 5

(得出数大于12则减去12)，配种日数减2（得出数是负数则加上30)，如2018年7月13日配种的母羊，则推算出其预产日期为2018年12月31日。

2. 产前准备

为了确保母羊生产的顺利进行，避免种羊发生难产或产后死亡，降低羔羊非正常死亡率，并且为羔羊后期生长打下良好的基础，很有必要充分做好母羊的产前准备。

(1) 母羊临产前的临床表现。母羊分娩前在生理和形态上都会发生一系列的变化，称为分娩预兆，根据这些变化来判断确切的分娩时间，以便安排好接产准备工作。

母羊临产时：乳房变大，乳头下垂，有少量清亮液体或初乳从乳头中挤出；阴门红肿并时有流出浓稠的黏液，排尿次数明显增加；骨盆开放松弛，肋窝下陷；食欲减退，起卧不安，时常顾腹，有时用脚刨地，不时鸣叫。当母羊卧地不起，四肢伸直并伴有努责时，说明母羊开始生产，应做好接产准备。

(2) 母羊分娩前应做好的相关准备。做好母羊分娩接产的准备工作是提高羔羊成活率的重要保障措施。

①产房与器具的准备：产前3~5天应把产房打扫干净，并用消毒药水进行彻底消毒。保持产房的干燥。备好接产用具、药物，如产科器具、消毒用酒精、碘酒、来苏尔、催产素等。

②人员准备：由于山羊是季节性生产的家畜，一般产羔较为集中，因此在产羔高峰期增加人员值守，尤其是兽医技术人员力量的配备充足，夜间值班人员安排妥当，以免造成羔羊不必要的机械性死亡。

③草料准备：由于产羔母羊体力消耗很大，又要哺乳羔羊，因此需要补饲，应准备好充足的优质干草，多汁饲料和精料，补饲量视母羊体况、产羔量而定。一般母羊在产羔后3天内每天应补饲优质干草、多汁饲料1.5~2kg，配合全价精料0.3~0.5kg。

（3）分娩。分娩时的生产动力来自子宫肌和腹肌的强烈收缩。腹壁肌和膈肌的收缩叫阵缩，努责是随意的阵发性收缩。

分娩过程可划分为 3 个阶段：从分娩开始到子宫颈口完全开张，称为开口期；从子宫颈口开张到胎儿产出称为产出期；从胎儿产出到胎衣排出称为胎衣排出期。胎衣一般在胎儿娩出后的 2~4h 排出。

①正常分娩的接产流程与操作要求：分娩是母羊正常的生理过程，母羊产羔时让其自行产出，接产人员的主要任务是监视分娩情况和护理初产的羔羊。一般情况下先洁净母羊乳房并用温水擦洗乳房和乳头，挤出几点初乳。将母羊外阴部洗净并消毒。经产羊比初产羊产程短，羊膜破后 30min 左右羔羊即可顺利产出。一般正产是两前肢先出，头部附于两前肢之上娩出，产双羔时，间隔时间 10~20min。羔羊产出后及时将羔羊口、鼻和耳上的黏液淘出并擦干净，以免羔羊误吞羊水，引起窒息或异物性肺炎。身上的黏液留给母羊舔干，这样有助于母羊认羔。羔羊脐带一般会自断，否则先将脐带内血向脐部顺捋几下，在离脐部 3~4cm 处用经消毒过的手术剪刀剪断，并用 5%碘酊在脐带断口消毒。分娩完后 1h，胎盘会自行排出，并及时取走，防止母羊养成吞食恶习。胎衣超 4h 不下，应报告兽医，让兽医采取治疗措施。

②母羊难产的临床表现及准确的处置方法：在分娩时，因母羊骨盆、阴道过于狭小，或母羊体弱产力不足，或胎儿过大，或胎位不正等原因都会造成难产。

胎位不正：接生人员修剪指甲并磨光，洗净双手并消毒手臂，戴上接生手套，涂上润滑剂，将胎儿露出部分送回阴道，抬高母羊后躯，手入产道校正胎位，然后随着母羊努责的节律将胎儿拉出。

胎儿过大：可将羔羊两前肢后推，数次拉送入，然后一手拉前肢一手扶头随母羊努责的节奏顺势往下方慢慢拉出，注意切不

用力过猛，以免拉伤阴道。

难产的预防：难产极易引起羔羊死亡，且可因助产不当，使子宫及产道受到损伤或感染，影响母羊以后的受孕，严重时可引起死亡。首先母羊的初配年龄不能过小，否则易造成因骨盆狭窄难产。妊娠期间不能过量饲喂，也不能营养不足，否则易造成因胎儿过大或胎儿太弱而发生难产。适当增加运动，防止胎位不正的发生率。

假死羔的处理：羔羊从母羊分娩出后，身体发育正常，心脏仍有跳动，但无呼吸，这种情况称假死。假死的原因主要是羔羊过早地呼吸而吸入羊水，或分娩时间过长缺氧所引起。如遇到羔羊假死可采取以下方法使羔羊复苏：一是提起羔羊的两后肢，让羔羊悬空，用手轻拍其胸、背部，让吸入的羊水流出。二是两手分别抓住前后肢，前后来回晃动，甩出误吸入的羊水。三是让羔羊平躺于地，双手有节律地按压胸部两侧，让其正常呼吸。四是朝鼻腔内吹气，起到人工呼吸的作用。通过以上 4 种处理，对于短时假死的羔羊都能缓过气来，一般都能复苏得救。

（4）产后护理。

①母羊护理：产后期是指母羊产后生殖器官的修正恢复时期。分娩和产后期，母羊机体尤其是生殖器官经历了剧烈变化，机体抵抗力降低，如生产时产道开张，产道表层黏膜损伤，产后子宫内积存了大量恶露，这都为病原微生物的入侵和繁殖创造了条件，因此要求对产后母羊加强护理，让它尽快恢复正常。如加强环境和羊体的卫生工作，保暖、防风、防潮、防感冒。产后饲喂优质且易于消化的饲料，注意观察产后变化情况，如有产后病发生，及时让兽医加以诊断和治疗。

②羔羊护理：刚出生的羔羊是由胎盘来进行气体交换和营养的摄取，而产出后则要自行呼吸，自行摄食。母羊体内温度稳定，而产出后外界温度不稳定，对于相当弱小羔羊更应做好

护理。

第五节　提高繁殖力的技术措施

养羊生产的目的是取得更多的肉、奶、皮等畜产品，而为了获取这些产品就必须要繁殖生产出更多的羊只，也就是羊群的数量的不断增多，群体的不断扩大，而繁殖正是为了羊数量的增值。母羊繁殖率的高低取决于繁殖效能高低，也就是要多配、多怀、多产、多活。如何达到种羊的最佳繁殖力呢？可从以下几方面来实现。

一、主要技术措施

羊是一种繁殖率较低的家畜，繁殖周期长，产羔率低，羊只生长速度慢，这些特性注定了羊是低繁殖率的家畜。养羊生产，影响母羊繁殖力的因素很多，如品种、营养水平、饲养管理、繁殖方法、疫病防控等。只有在生产过程中采取综合措施，抓好每个生产环节，方能提高母羊繁殖水平，才能获得最佳的经济效益。

1. 选择优良品种

在众多影响母羊繁殖水平的因素中，品种是最重要的因素，良种获高产，优良种性是获取高产的基础，因此要加强种羊的选育和选配，让母羊发挥出最好的生产水平。

(1) 种公羊的选择。俗话说得好：母好好一窝，公好好一坡。优良种公羊可以推动一整群母羊生产水平的提高，因此在种公羊选择上要格外重视，决不能马虎。首先是在体型外貌上要选符合本品种特征要求的公羊，生产性能上选个体生长发育良好、相关性状特征明显，并根据其亲代的生产性能和主要性状进行综合考量。

（2）种母羊的选择。在后备母羊选择时，注重主要生产性能指标，如繁殖力、生长速度、料肉比、抗病力等。母羊产羔率一般随年龄增大而提高，理论上3~6岁时繁殖力达最高，但在实际生产中由于饲养管理条件或饲养水平的不同，可能在2~3岁发情。

2. 提高能繁母羊比例

合理的羊群结构是实现商品羊高效生产的必要条件，能繁母羊在群体中所占的比例大小，对羊群增殖和饲养效率影响很大，一般在生产群中能繁母羊比例要达到60%~70%，在实际生产中，及时淘汰老、病、残母羊，及时补充进青年母羊参与繁殖。

3. 提高种羊饲养水平

通过饲养管理如短期优饲来保障配种前母羊膘情提复，确保母羊有良好的膘情，只有母羊膘情好，才能保证母羊发情正常，才能让母羊顺利配上种，怀上孕。强壮的怀孕母羊保障胎儿发育良好，难产发生率减少，产后奶水充足，哺乳良好，羔羊初生重大，羔羊健壮，成活率高，同时也为商品羊后期生长提供保障。

4. 应用高效繁殖新技术

规模化羊场养殖技术的核心是母羊的高效繁殖，母羊繁殖率的高低直接影响养羊场的经济效益，是羊场存亡的关键所在，因此必须做好落实好本工作。高效繁殖新技术包括：诱导发情、同期发情、超数排卵、胚胎移植和生物免疫技术等。

5. 利用多胎基因提高母羊繁殖力

（1）多胎母羊的生殖生理。一般认为排卵数与产羔数呈强正相关。排卵数与母羊的促性腺激素浓度有关，促性腺激素越高则排卵数越多。胚胎存活率与排卵数呈负相关。高产品种母羊的子宫容纳胚胎或胎儿的能力比低产品种羊要高。

（2）多胎的遗传机制。许多研究表明，多胎母羊产羔率高的主要原因是其排卵率高。

（3）应用多胎基因的前景。充分应用多胎基因，在大群中大力推广具有多胎主基因的公羊，是改变母羊繁殖性能的最直接和最根本的方法。目前我国除积极引进携带 Fec 基因的绵羊品种用于育种和改良整体羊群外，还通过杂交、后裔测定、染色体及分子遗传分析等方法和手段，确定该性状的遗传模式，并分离、固定、转移多产基因。此项技术具有十分重要的意义和巨大的潜在经济效益，前景十分广阔。

二、山羊高效高频繁育生产体系

山羊高频繁育体系的指导思想是：采用繁殖生物工程技术，打破母羊的季节性繁殖的限制，全年发情配种，均衡产羔，充分利用饲草料资源，使每只母羊每年所提供的胴体重量达到最高值。其特点是：最大限度地发挥母羊的繁殖生产潜力，根据市场需求来组织生产，均衡供应市场，让资金周转期缩短，最大限度提高养羊设施的利用率，提高劳动生产率，降低成本，便于工厂化管理。

1. 一年两产体系

一年两产体系可使母羊的年繁殖率提高 90%～100%，在不增加羊圈设施投资的前提下，母羊的生产率提高 1 倍，生产效益提高 40%～50%。一年两产体系的核心技术是母羊发情调控、羔羊超早期断奶、早期妊娠检查。在本体系实施中要按照生产要求，制定周密生产计划，将饲养、兽医保健、管理等融为一体，最终达到预定的目标。

2. 两年三产体系

两年三产体系是国外 20 世纪 50 年代后期提出的一种生产体系，要达到两年三产，则母羊每 8 个月产羔一次，该体系有其固定的配种和产羔计划，所产羔羊 2 月龄必须断奶，母羊断奶后一个月内必须完成配种。为了达到全年均衡产羔，在生产中，将羊

群分8个月产羔间隔的相互错开的4个组，每2个月安排1次生产，这样每隔2个月就有一批商品羊上市。用该体系组织生产，生产效率比通常方法可提高40%。本体系的技术核心是母羊的多胎处理、发情调控和羔羊早期断奶，强化育肥。

3. 三年四产体系

三年四产体系是按产羔间隔9个月来设计的，由美国首先提出的，这种体系适用于多胎品种的母羊，一般首次在母羊产后第四个月配种，以后几轮则是在第三个月配种，即1月、4月、6月和10月产羔，5月、8月、11月和2月配种，这样全群母羊的产羔间隔为6个月和9个月。

第七章　卫生保健

第一节　病因与病羊观察

一、疾病发生的原因、分类与发展规律

1. 疾病发生的原因

（1）按照疾病发生的内外诱因分类，疾病发生的原因分为自身因素、环境因素、人为因素。

①自身因素：很多羊在刚出生时就带有疾病，这种疾病有可能是由于母体的先天性遗传引起的，也可能是由于受到环境的影响所造成的机体变异。由于这种因素所造成的疾病是可能随时出现的，所以比较难以预测。

②环境因素：在生态系统中，任何生物都必须在一定的环境条件下才能生存，对于羊只而言也是如此。在羊的整个发育时期，其生存环境会遭到外界的干扰。恶劣的环境所导致的后果就是会使羊的整个机体功能受到影响，引起新陈代谢的紊乱，从而产生疾病。

③人为因素：在山羊的饲养过程中，人为因素会导致疾病的暴发。例如在养羊场管理中不重视人员管理与消毒，饲养员就很容易将羊场外的疾病带到场内，导致场内羊群感染疾病。另外，在日常管理当中，对于羊的饲料管理不规范，饲养人员缺乏安全

意识，也会导致一些病菌进入，或者导致饲料霉变，容易引起疾病的发生和传播。

（2）按照疾病发生的致病原分类，疾病发生的原因分为生物体因素和非生物体因素。

①生物体因素：造成羊疾病的生物体因素包括：病毒、细菌、支原体、衣原体、寄生虫、真菌等。以上因素引发的羊疾病主要有两种，一是传染病，二是寄生虫病。其中，传染病通常是由于细菌、病毒等生物的入侵而造成的，具备相应的传染性，能够在短时间内传播至大量的羊群，致使大量羊群集体性死亡。病毒侵入而引发的传染病主要有以下几种：口蹄疫、羊痘等。而细菌侵入则能够引发以下几种疾病：炭疽病、破伤风、羊肠毒血症等。寄生虫病通常是由寄生虫侵入引发的，与细菌、病毒不同，寄生虫在入侵羊体内后便会吸收营养物质，同时分泌毒性物质，造成羊的贫血或者发育不良，营养缺乏，直至死亡，常见的疾病有肝片吸虫、螨虫等。

②非生物体因素：非生物体因素是引发普通羊疾病的主要原因，通常由于饲养不当或者管理问题引起，常见疾病分为以下几种：内科病、外科病、产科病、营养代谢病。其中内科病以前胃疾病为主，主要是前胃弛缓、瓣胃阻塞、瘤胃积食。这些疾病通常都是由于饲养管理不当造成的，如饲料过于单一、饲料难以消化、饲料受到污染、饮水过少等。营养代谢疾病通常是由于饲料中缺乏矿物质以及维生素，或者是饲料营养过多引起的，进而致使疾病产生，甚至造成羊只死亡。

2. *疾病的分类*

常见的羊疾病主要分为三大类：传染病、寄生虫病和普通疾病。其中传染病的特点为传播速度快以及发病时间急，能够在短时间内传染至大量羊群。寄生虫与传染病较为相似，也能够传染至大量羊群，均能给养殖造成巨大的经济损失。相对而言，普通

疾病产生的影响较小，且发病规模也较小。

（1）传染性疾病。传染性疾病相比于后两种疾病而言，其危害性比较高。对于这种疾病而言，如若不进行及时的预防，则会造成大面积的危害，甚至会使整个养羊行业出现瘫痪。羊的传染病主要由病毒、真菌和细菌引起，这种疾病会有一定的潜伏期，在潜伏期间相对难被发现，但这时是控制疾病传播的最佳时期。同时，这类疾病的传染性极强，一般通过羊只之间的相互接触或者是间接进行传染，预防难度比较大。

（2）寄生虫疾病。寄生虫是常见的集中在动物体内寄生的蠕虫和原虫，以及在动物体外寄生的节肢动物。羊寄生虫疾病是一种比较常见的疾病，其大多是由于寄生于羊的寄生虫所引起的。无论是哪种寄生虫，均会吸收所寄生的羊体内的营养来使自己存活下来。这种疾病一般需要通过一定的介质才能进行传播，其传播的方式大多是依靠羊之间的相互接触来进行大面积传播。

（3）普通疾病。羊常见病是指羊常发的疾病，包括各种内科疾病、外科疾病或产科疾病，虽然其发病率非常高，但是危害比较小。在这些疾病当中，内科疾病一般是羊的呼吸、消化等出现病症；外科疾病一般包括意外碰撞伤、擦伤和眼疾病；产科疾病则会比较复杂，包括羊妊娠、产后和羊生产之后的一系列疾病。

3. 疾病发生发展的一般规律

疾病发生发展的一般规律主要是指各种疾病过程中一些普遍存在的共同的基本规律。

（1）损伤与抗损伤。损伤与抗损伤两者之间相互联系又相互斗争。例如烧伤，高温引起的皮肤、组织坏死，大量渗出引起的循环血量减少，血压下降等变化，属损伤性变化。与此同时，体内出现白细胞增加、微动脉收缩、心率加快、心排血量增加等，属抗损伤反应。损伤与抗损伤贯穿于疾病的全过程，双方作用力量对比，决定着疾病的发展方向和结局，当损伤性变化占优势时，病情就恶化，甚至造成死亡，反之，病情趋向缓解或痊愈。

损伤与抗损伤之间无严格的界线，有些变化可有双重作用，并且可以相互转化，例如，烧伤早期的血管收缩有助于维持动脉血压具有抗损伤意义，而持续收缩，就会加重组织器官的缺血、缺氧，甚至造成组织的坏死和器官的功能障碍。

（2）因果交替。因果转化是指在原始病因作用下，机体发生某种损伤性变化，这种变化一方面作为结果，同时又作为新的原因引起新的变化，原因、结果交替出现，互相转化，推动疾病的发展。

疾病中因果交替规律的发展，常可形成恶性循环，从而使疾病不断恶化、直到死亡。但如经过恰当的治疗，在疾病的康复过程中也可形成良性循环，从而促进机体的康复。

（3）局部与整体。任何疾病基本上都是整体疾病，都有局部表现和全身反应。在疾病过程中局部与整体相互影响，相互制约。例如，肺结核病的病变主要在肺，但一般都会出现发热、盗汗、乏力及血沉加快等全身反应。如肺结核病变越重，全身反应也会越大，反之，肺部病变轻，全身反应也会小；当机体抵抗力增强时，肺部病变可以局限化甚至痊愈，抵抗力下降时，肺部病变可以发展，甚至扩散到其他部位。因此，只有正确认识疾病中局部与整体的关系，才能无误地采取有效措施。

二、病羊的一般表象

养羊户最担心羊生病，羊生了病不但影响生产性能，降低效益，还需花钱看病，增加成本，一旦死亡，损失就更大了。所以养羊户一定要学会勤观察，了解病羊的一般表象，掌握一些病羊的识别方法，以期早发现，早治疗，减少损失。

1. 看动作知异常

无病的羊不论采食或休息，常聚集在一起，休息时多呈半侧卧势，一旦有人接近，反应激烈。患病的羊则表现为羊毛蓬乱无光泽，食欲不振，觅食和反刍的次数明显减少，严重时停止觅食和反刍，常常脱离羊群，卧在地上不动，运动量明显减少，而且出现各种异常姿势。

2. 看被毛知膘情

被毛发亮、均匀一致、光滑，皮肤在毛底层或毛少处常呈现粉红色，体格强壮，膘满肉肥，此羊健康。若颜色苍白或潮红，背毛粗乱、易断、成毛毡片状、易出汗，此羊为病羊。

3. 看眼神知精神

健康羊眼珠灵活，明亮有神，洁净湿润，望得远、看得清，精神饱满，耳朵灵活敏捷，很会听放牧召唤。采草时争先恐后，抢着吃头茬草。病羊则精神萎靡、迟钝，不愿抬头，闭着眼睛。耷拉着耳朵，眼睛无神，易流泪或流鼻涕，听力、视力减弱，行走缓慢，反应迟缓，病情严重者离群掉队。

4. 看腹围知反刍

采食后 20～30min，经过休息即可反刍，每 24h 反刍 5～8 次，每次持续 30～60min。反刍后要将胃内气体经口腔排出体外，即嗳气。每小时 10～12 次，腹围吃饱后增大，反刍后变小。病羊瘤胃积食时反刍和嗳气减少，无力、甚至停止，腹围增大、膨胀。慢性病则卷缩，抽腰吊肷。如果及时发现，快速治疗，开始恢复反刍和嗳气，是恢复健康的标志。

5. 看鼻镜观口色

健康羊只的鼻镜湿润、光滑有水珠，口腔红润，用手摸感到暖手，无恶臭味，舌头呈粉红色且有光泽、转动灵活、舌苔正常。病羊则鼻镜干燥，表面粗糙，无水珠或有裂纹，口腔时冷时热，口腔黏膜淡白流涎或潮红干涩，有恶臭味。病羊舌头活动不灵、软绵无力、舌苔薄而色淡或苔厚而粗糙无光。

6. 看尿液观粪便

健康羊的粪便呈圆形或椭圆形的粒状，排出后撒在地上呈星状，粪球表面光滑，比较干硬，补喂精料的良种羊呈较软的团块状，无异味。小便清亮无色或微带黄色，并有规律。病羊大小便不正常，大便或稀或硬，甚至停止，颜色异常呈褐色或浅褐色并有异臭味，小便色黄或带血。病羊如患寄生虫病多出现软便，颜色异常，呈褐色或浅褐色，异臭，病重者带有黏液排出，因粪便黏稠，多糊在肛门及尾根两侧，长期不掉。如痢疾则频频排便，里急后重。如肾炎则多尿期和无尿期交替出现，脸部、眼皮明显水肿。

7. 看结膜辨营养

健康羊眼睛结膜呈现浅淡红色，不流泪、无眼眵。病羊则出现苍白、潮红、充血、出血、瘀血、黄染、发绀等。如苍白、黄染，可能患贫血症、营养不良、寄生虫病、黄疸等。如潮红、充血、出血、瘀血，可能患某些发热性、炎症性、传染性病变。如发绀呈暗紫色，多是病情严重、缺氧的标志。营养不良则表现瘦弱无力、毛焦粗乱、走路打晃、饮食减少等病状。

8. 看呼吸知心跳

健康羊每分钟呼吸 12～20 次，胸腹式呼吸，一呼一吸平稳进行，不咳嗽，不喘粗气。心跳每分钟 70～80 次，羔羊 100～120 次/min。心音清晰，搏动有力，均匀一致。病羊则胸式或腹式呼吸，咳喘不停，心跳加快，节奏不齐，运动后张口喘粗气，出虚汗，流鼻涕等。

9. 看体温辨全面

健康羊的正常体温是 38～40℃，山羊正常体温为 37.5～39℃，绵羊 38.5～39.5℃。羔羊比成年羊高 1℃。病羊则或高或低，高是发热炎症表现，低是病危的表现。用手摸耳根部皮肤或

羊角就可得知。

三、临床检查的方法与技术要点

1. 问诊

（1）问诊目的。在病羊登记以后和现症检查之前进行的，通过询问的方式向养羊户或有关人员了解病羊平时的饲养管理、使役情况以及发病前后的经过，主要是帮助分析病因，为进一步检查提供线索和重点。

（2）问诊内容。

①生活史：饲料的种类、数量、质量、配方、调制方法、贮藏方法、饲喂方法和制度，水源情况，羊群的生产性能、使役情况，羊舍的卫生情况、环境条件，气候变化等。

②既往史：过去是否患过病，患过什么病，治疗和恢复情况如何。特别是群发病时，更要详细调查、了解当地疫病流行、防疫和检疫情况。

③现病史：发病时间、地点、数量、病程、临床症状、是否治疗、用药情况及疗效如何等。

（3）问诊方法。问诊时应持客观态度，先一般后具体，语言要通俗易懂，简明扼要，将问诊材料和临床检查的结果加以联系进行对比和全面的综合分析，为找到致病原因和建立诊断提供依据。对病重的羊，先进行简要问诊，并做抢救，事后补充。

2. 视诊

（1）视诊目的。用肉眼直接地或借助器械（如内窥镜、开腔器、开口器、胃镜等）间接地对病羊的整体或局部进行观察、搜集症状，通过所视所诊，了解病羊的一般概貌和临床症状，特别是一些主要症状，为进一步检查提供线索。

（2）视诊内容。

①整体状况：精神状态，营养状况。

②运动情况：站立姿势，行走姿势。

③表被情况：被毛，外伤，肿物。

④生理体腔（与外界相通的如鼻腔、口腔和生殖道）：颜色，分泌物，排泄物情况。

⑤生理功能：采食，饮水，咀嚼，吞咽，反刍，嗳气，呼吸方式等。

（3）视诊方法。

视诊的检查程序：先群体后个体，先整体后局部。视诊时，不保定病羊，使其取自然姿势，距离病羊 2m 左右，从左前方开始，由前向后，由左向右，绕圈一周，边走边看，先观静态后看动态。特别是在病羊的正前方和正后方时，应对照观察两侧胸、腹部的状态和对称性。视诊最好在自然光照的宽阔场地进行。病羊如活动后，应稍经休息，待呼吸平稳后再进行观察。

3. 触诊

（1）触诊目的。检查者用手（包括手指、手掌、手臂和拳头）对要检查的组织器官进行触压和感觉，了解病羊体表及腹腔器官的状态，以及根据某些组织器官生理或病理性的冲动（如心脏搏动、胃肠蠕动、脉搏跳动）来判定病变部位的大小、形状、硬度、温度和敏感性，从中获得症状资料。

（2）触诊内容。

①羊的体表状态：皮肤的温度、湿度、弹性以及有无肿胀和肿胀的性质；体表淋巴结的大小、硬度和疼痛感；某些组织器官的生理或病理性肿大。

羊营养不良或皮肤病，皮肤便无弹性。发高烧时，皮温会升高。一般用手摸羊耳朵或把手插进羊嘴里去握住舌头，可以判断羊是否发烧，但是准确的方法是用体温表测量。体表淋巴结主要检查颈下、肩前、膝上和乳房上淋巴结。当羊发生结核病、伪结

核病、羊链球菌病时，体表淋巴结往往肿大，其形状、硬度、温度、敏感性及活动性等也会发生变化。

皮肤肿胀的性质主要包括捏粉状：触诊柔软，指压留痕，去后徐徐消失，如触压生面团，主要是组织中发生浆液性浸润的结果，常见于皮下水肿；波动状：触压肿胀部位柔软有弹性有波动感，主要是组织间积聚液体的结果，常见于血肿、脓肿和淋巴外渗；捻发音：触诊柔软而稍有弹性，可听到捻发音，主要是组织中含有气体的结果，常见于皮下气肿、气肿疽；坚实感：肿胀部位坚实而致密，如触压肌肉和肝脏，主要是组织发生细胞浸润或结缔组织增生的结果，常见于蜂窝织炎、组织增生；坚固感：触诊肿胀部位坚硬如骨，常见于骨瘤、肠结石；赫尔尼亚（疝）：分为脐疝、阴囊疝和腹襞疝三种，局部内容物不定，可为固体、液状、气体，触诊可触到疝孔，临床上根据其特定的发生部位即可确诊。

②人工诱咳是检查者站在羊的左侧，用右手捏压气管前 3 个软骨环。羊患病时，容易引起咳嗽。羊发生肺炎、胸膜炎、结核时，咳嗽低弱，发生喉炎及支气管炎时，则咳嗽强而有力。

（3）触诊方法。触诊时动作要柔和，逐渐加压，切忌突然用力。应先健侧后病侧，先边缘后中心，先轻后重，必要时羊只要进行保定。

4. 叩诊

（1）叩诊目的。叩诊是用手指或叩诊锤来叩打羊体表部分或体表的垫着物，借助所发声音来判断被检组织器官的病理变化或活动状态。叩诊也可理解为变相触诊，因为在病理情况下的音响与生理性情况下的音响存在差别。

（2）叩诊内容。

叩诊的主要部位有：表在体腔，如颅腔、鼻腔、额窦、颌窦、胸腔、腹腔、喉腔等。含气器官，如肺、胃、肠。实质器

官，如肝、肾、脾、心。

基本叩诊音主要有以下 4 种。

①清音：清音为叩诊健康羊的胸廓所发出的持续、高朗的声音。音调低、音响大、持续时间长。如叩诊健康羊肺脏中央。

②浊音：浊音为健康状态下，叩打臀及肩部肌肉时发出的声音。音调高、音响小、持续时间短。如叩诊臀部肌肉和肝脏等实质器官。在病理状态下，当羊胸腔积聚大量掺出液时，叩打胸壁出现水平浊音界。

③鼓音：音调强、音响大、持续时间长。如叩诊马盲肠和反刍兽瘤胃上部。若瘤胃鼓气，则发出鼓音。

④半浊音（过清音）：介于清音和浊音之间的一种过渡音响。叩打含少量气体的组织，如肺部，可发出这种声音，如叩诊健康羊肺脏边缘。羊患支气管肺炎时，肺泡食气量减少，叩诊呈半浊音。

（3）叩诊方法。

①直接叩诊法，即用手或叩诊锤直接叩打被检部位。

②间接叩诊法，分为手指叩诊法和槌板叩诊法两种。

羊叩诊方法是左手食指或中指平放在检查部位，右手中指由第二指节成直角弯曲，向左手食指或中指第二指节上敲打。叩诊时应在安静的环境下进行；叩诊时叩诊板或手指必须紧贴羊体表，不要留有空隙；叩诊时用力均匀，间隔一致，每点叩击 2~3 次；发现异常叩诊音时，应与对侧同一部位进行比较。

5. 听诊

（1）听诊目的。听诊是利用听觉来判断羊体内正常和患病声音。直接用耳朵或借助器械间接地听取羊内脏器官在运动时发出的各种音响，以音响的性质去推断病理变化的一种诊断方法。

（2）听诊内容。

①心血管系统：心音的频率、性质、心杂音。

②呼吸系统：喉、气管、支气管呼吸音，肺泡呼吸音，啰音，胸膜的病理性音响。

③消化系统：胃肠蠕动音的性质、强度、频率。

（3）听诊方法。

①直接听诊法：在听诊部位放置一块听诊布，检查者将耳直接贴在羊被检部位进行听诊。因为直接听诊不卫生、不安全，临床较少使用。

②间接听诊法：借助听诊器进行听诊。听诊器末端要紧贴皮肤，注意区别羊被毛的摩擦音和肌肉的震颤音。

最常见听诊的部位为胸部（心、肺）和腹部（胃、肠）。如果在正常心音以外听到其他杂音，多为瓣膜疾病、创伤性心包炎、胸膜炎等，如心区部听诊出现拍水音和摩擦音可确诊为心包炎；心室部听诊出现心内杂音可确诊是心脏瓣膜病。肺区听诊出现支气管音或啰音时是肺炎的表现。腹部听诊主要是听取腹部胃肠蠕动的声音，健康羊左肷窝可听到瘤胃蠕动音，呈逐渐增强又逐渐减弱的沙沙音，每 2min 可听到 3~6 次。羊患前胃弛缓或发热性疾病时，瘤胃蠕动音减弱或消失。羊的肠音类似于流水声或漱口声，正常时较弱；在羊患肠炎初期，肠音亢进；便秘时，肠音消失；腹部听诊时听不到肠音是肠麻痹。

6. 嗅诊

就是通过用嗅觉来辨识排泄物、分泌物、呼出气及皮肤气味的一种辅助诊断方法。这种方法虽然没有前几种方法重要，但在某些疾病过程中，往往可以确定诊断。例如尿毒症时，皮肤、汗液、呼出气有尿臭味；酮血病时，呼出气、乳汁、尿液有酮臭味；肺坏疽时，鼻液带有腐败性恶臭，呼出气有腐臭味；子宫蓄脓、胎衣滞留时，阴道分泌物有腐臭味；胃肠炎时，粪便有腥臭或恶臭味；消化不良时，可从呼出气体中闻到酸臭味。

上述的 6 种检查方法中视、触、叩、听、嗅称为物理检查法。因为这些方法操作简单，方便易行，不受畜种、场地等因素的限制，并且可直接准确地判断病理变化，所以一直沿用至今。其中，视诊是获得病羊的整体状态和局部状态的初步印象，为深入重点检查提供线索，有时根据特殊症状即可确定诊断；叩诊和听诊可判定胸腔和腹腔器官的物理状态，对胸腹腔器官疾病的诊断具有重要的意义。总之，每种基本检查方法均有其固有的特点，但也有各自的不足，不能互相代替，应该相互配合使用。如听诊与叩诊配合检查胸腹腔器官疾病，触诊和听诊配合检查胃肠内容物和机能变化等。只有这样才能对某一器官疾病的病变获得全面的印象与合理的判定，这是临床工作的一般常规和准则。

第二节　日常操作技术

一、山羊保定技术

1. 保定前准备

（1）接近羊前，首先要观察羊的表现，并向养羊户了解羊的性情，有无踢、咬、抵等恶癖，从前左侧方慢慢接近，不可从后方突然接近羊只。

（2）接近羊时，首先要求养羊户在旁边协助保定，检查人员用手轻轻抚摸羊的颈侧或臀部，待其安静后，再进行检查。

（3）检查病羊时，应将一手放于病羊的肩部或髋结节部，一旦病羊剧烈骚动抵抗时，即可作为支点向对侧推动并迅速离开，以防意外的发生，确保人畜安全。

2. 羊的保定方法

（1）站立保定。两手握住羊的两角，骑跨羊身，以大腿内侧夹持羊两侧胸壁即可保定。可用于临床检查或治疗。

（2）倒卧保定。保定者俯身从对侧一手抓住两前肢系部或

抓一前肢臂部，另一手抓住腹肋部膝襞处扳倒羊体，然后改抓两后肢系部，前后一起按住即可。此法可用于治疗或简单手术。

3. 山羊保定技巧

在对山羊进行个体品质鉴定、称重、配种、防疫、检疫和买卖等活动时，一般都要抓羊、保定羊，抓羊时动作要快、准，迅速抓住山羊的后肋或飞节上部，因为肋部皮肤松弛、柔软，容易抓住，又不会使羊受伤。除此两部位，其他部位不能随便乱抓，以免伤害羊体。保定羊一般用两腿把羊颈夹在中间，抓住羊的肩部，使其不能前进和后退，以便对羊进行各种处理，切忌抓角和硬抓。

二、山羊诊断技术

临床检查病羊时，应按一定的顺序进行，以免某些症状被遗漏，同时可以获得比较全面的症状和资料，这对综合分析疾病和判定疾病非常重要，特别是初学者更应该养成这种良好的习惯。同时，应抱有严格的科学态度，着眼于对饲养、管理、使役和生产性能的了解，以及主要症状、典型症状、特殊症状以及各系统、器官疾病的综合症候群的检查。临床检查程序也不是固定不变的，可根据具体情况灵活运用。

1. 病羊的登记

记录病羊的有关特征：品种、性别、年龄、体重、毛色、编号、幢（棚、舍）号及时间，认真填写病历卡相关内容。

2. 病历调查

着手诊断前，向饲养管理人员了解患病山羊前后情况。

（1）现症病史。即此次发病以来的情况。

（2）既往病史。查看此次发病以前的疾病诊疗记录。

（3）生活史。了解羊群营养情况、生产性能、饲养管理情况。

3. 现症检查

(1) 一般检查。

①山羊精神状态：

良好：两眼有神，目光明亮，耳壳转动，注视动静，尾巴甩动，自由自在，活动敏捷，反应敏感。

不良：两眼无神，目光呆滞，头低耳耷，弓背垂尾，呆立不动，行动缓慢，反应迟钝。

②山羊体格发育：

良好：体格具备该品种此年龄段的大小，结构匀称，肌肉结实。

不良：体躯矮小，结构不匀称，骨骼变形，消瘦。

③山羊营养状况：

良好：肌肉丰满，皮下脂肪厚，体躯圆满，骨骼不显露，被毛整洁光泽，皮肤弹性好。

不良：消瘦，骨骼显露（皮包骨头，肋骨显露），被毛粗乱，皮肤弹性差。

消瘦是羊营养不良的标志特征。急剧消瘦：脱水（腹泻等），大出血，急剧高热，剧痛，大面积烧伤、烫伤，恶性肿瘤。慢性消瘦：饲养管理不良，营养不足或缺乏，慢性消化道疾病、慢性传染病、寄生虫病。

山羊消瘦的影响因素主要有：营养情况：先天不足，后天失调；慢性消耗性疾病：传染病、寄生虫病；代谢性疾病：矿物质、维生素的代谢失调，如 Ca（钙）、P（磷）比例失调，幼羊出现佝偻症，成羊出现软骨病，Zn（锌）代谢异常会导致食欲减退；内分泌机能紊乱、甲状腺机能低下：侏儒病；遗传因素。

④山羊异常姿势：

木马样：破伤风及全身性肌肉风湿症；站立不稳，体躯歪斜，摇晃或倚物站立：常见于机体平衡技能失调、中枢神经系

统，特别是小脑机能失调；前肢后踏，反肢前蹭，四肢集于腹下：关节炎、蹄叶炎、腹痛；卧地不起：瘫痪，四肢骨折、脱臼，急性肌无力，白肌病，或者是中枢神经障碍。

⑤异常运动与行为：

运动异常主要有：盲目运动、四周运动：视力障碍；暴进暴退：脑包虫；共济失调（山羊运步时动作不协调）：神经调节异常；跛行（瘸）：四肢或蹄部有疾患。

行为异常主要有：离群：发病；回头顾腹、后肢踢腹、起卧不安、打滚、磨牙：腹痛；角弓反张、背弓、侧弓反张、头颈后仰：破伤风、士的宁中毒；攻击人畜、撕咬、不听使唤：狂犬病；异嗜：某种微量元素或食盐缺乏。

⑥被毛：健康山羊的被毛整洁、有光泽、干净、平顺。患病山羊的被毛：蓬松、疏乱、无光泽、枯焦、质脆易断、易脱落。可能原因：营养不良，饲养管理差；慢性消耗性疾病、寄生虫病，发热、肺部病变等。山羊局部脱毛：外寄生虫（虱、蚧螨）感染，真菌引起皮疹；缺乏某种元素，如缺 S（硫）脱毛；缺 Cu（铜）被毛变直、颜色变浅；缺 I（碘）怀孕母羊产死胎、弱胎，局部无毛；缺 Zn（锌）产生皮炎、脱毛。肛周、后肢被毛被粪便污染：腹泻。外阴部周围非粪便污染：流产、子宫内膜炎。

⑦皮肤发绀：由于山羊机体缺氧，血液成酱油色，皮肤黏膜成紫色或青紫色。呼吸器官发生疾病：支气管、气管、肺炎及肺水肿、充血、瘀血；心血管系统发生疾病：各种心脏病、心肌炎、心包炎；胃肠臌气、扩张；中毒：亚硝酸盐中毒、甘薯黑斑病中毒。

⑧体表肿胀：

炎性肿胀：红肿热痛；浮肿：皮肤组织的水肿；气肿：细菌（气肿疽）感染；血肿、淋巴外渗、脓肿：外力作用引起的组织

非开放性损伤；疝（内脏器官通过天然孔道或破裂孔脱入至皮下或其他解剖腔部位）分为外疝：脐疝、腹股沟阴囊疝、腹壁疝；内疝：膈疝。其他：体表肿瘤；放线菌肿：常发生于下颌部。

⑨创伤与溃疡：

创伤：外力作用引起皮肤黏膜的伤口（注意创内有无异物、是否出血）。

溃疡：皮肤黏膜坏死形成缺损，成为经久不愈的肉芽肿或瘘管。

⑩可视黏膜：天然孔覆盖的黏膜，如眼、口、鼻、肛门、阴户等。眼结膜检查需注意在自然光线下进行；打开眼睛之前，检查有无眼分泌物，是否流泪；两只眼睛对照进行检查；动作娴熟，以第一次检查的结果为准。正常眼结膜：粉红色。病理变化主要有：苍白：贫血；潮红：一侧性—眼睛炎症、两侧性—全身性病理变化或两眼炎症；弥漫性：机体发热、疝痛、呼吸困难、酸中毒；树枝状：循环系统障碍。

⑪体表浅淋巴结：

触诊：羊颌下淋巴结、肩前淋巴结、腹股沟淋巴结、腹前淋巴结。

淋巴结正常：不是很坚实，也不是很柔软，无温热感，无疼痛感，滑动性良好。

淋巴结病理变化分为：全身性淋巴结肿大：全身感染；局部淋巴结肿大：局部炎症感染；急性淋巴结肿胀：淋巴结肿大不明显，热痛严重；慢性淋巴结肿胀、硬结、粘连、热痛反应不严重：结核病、布氏杆菌病；淋巴结化脓。

⑫疹疮：

湿疹：环境潮湿、污秽、真菌感染，表现为粟粒大小、突出体表，有黏液渗出；羊痘：山羊痘病毒感染，表现为水泡→脓

疱→痂块；水疱：发生于口、鼻周围、趾间，严重时溃烂，是口蹄疫、传染性水疱、水疱性口炎的主要特征。

（2）山羊生理指标的诊断。

①饮食欲：饮食欲好坏是羊体健康状况的可靠指标，除因繁殖原因所引起的饮食欲下降之外，任何致病因素都会首先影响羊的饮食欲。健康羊饮水、采食饲料、饲草都比较主动，特别是早晨给料时，应注意观察，掌握采食情况。

②反刍、嗳气：反刍可以反映羊只的瘤胃活动情况。健康山羊每天反刍 8h 左右，尤其晚间反刍次数较多，反刍通常在饲喂以后半个小时开始，每次反刍持续 30~40min，每一食团咀嚼 50~70 次，每昼夜反刍次数为 6~8 次。患病山羊可出现如下情况：反刍减少：食后反刍的时间推迟，每次反刍持续时间变短，每一食团咀嚼次数减少；反刍废绝：病羊长时间不反刍，见于高热、严重的前胃及真胃疾病或肠炎等。

嗳气是反刍家畜的一种生理现象，是由瘤胃产生的气体压迫瘤胃后背盲囊而引起的一种反射运动。健康山羊在休息时可见到颈部食管有自下而上的逆蠕动波，即嗳气动作。通常每小时有 20~30 次，也可用听诊器检查。嗳气减少是瘤胃运动机能障碍的标志，嗳气停止与食欲废绝、反刍消失同时发生，可能导致瘤胃膨胀。

③体温：测定体温是对任何病羊都必须进行的一项基本情况，通过用兽用体温计进行直肠测温。测温时检查者站在羊只的正后方，一手抓住尾巴并抬起，充分暴露肛门，一手将体温计的水银柱甩至 35℃以下，并涂以油类润滑剂，轻轻由肛门旋转插入直肠内 4/5 以上，把体温计夹在尾根的被毛上，经 3~5min 后即可拔出读数。健康成年羊的平均体温为 38.7℃，变动范围 37.2~39.6℃，3~6 个月羔羊的体温平均为 38.9℃，变动范围 38.1~40℃。正常变动范围受性别（母羊高于公羊 0.1~0.5℃）、

年龄（幼年高于成年 0.5～1℃）、季节（夏季高于冬季）、早晚（日差 0.2～0.5℃，小于 1℃）、妊娠（妊娠时略高）、运动、兴奋、采食（体温升高）影响。

体温升高，发热：由于致热原的作用，使体温调节中枢障碍温度调定点维持在一个较高的水平上，使体温升高。

发热程度：微热（升高 1℃），多见于轻微的病程；中热（升高 1～2℃），一般性的炎症、慢性及亚急性传染病，如结核、布氏杆菌病；高热（升高 2℃以上）：广泛的大面积炎症、急性传染病（大叶性肺炎）；最高热：急性传染病（炭疽等）。

发热类型（体温曲线）：稽留热，山羊高热持续数日，日差在 1℃以内的热型，如严重的顽固性的疾病（大叶性肺炎）；弛张热，山羊体温升高，持续好几天，日差在 1℃以上，不降至常温，如化脓性疾病、小叶性肺炎；间歇热，有热期和无热期呈交替的热型，如锥虫病；回归热，间歇期比较长的间歇热型；不规则热，没有什么明显的规律的热型，因此也没有临床意义。

体温降低（体温低于常温）：山羊机体处于衰竭状态，产热不足，营养不良造成。根据病羊体温的高低，大体可推断是急性传染病或非急性传染病，是炎症性疾病或非炎症性疾病，再结合病史调查，临床症状进行综合分析，就能确诊。

④呼吸：羊的呼吸也可反映其健康状况。健康羊呼吸次数由于外界温度、湿度、运动、兴奋、妊娠以及胃肠道充满程度不同而有差异，一般健康羊呼吸次数为 20～30 次/min。某些疾病可引起呼吸次数明显增加。但有些脑病和代谢性疾病，呼吸次数会减少。羊呼吸时胸壁与腹壁的运动强度基本相等，为胸腹式呼吸。若出现胸式或腹式呼吸则表明有疾病发生，同时也可检查羊只上呼吸道，即鼻液、咳嗽、喉咙肿胀、敏感性等。

呼吸的病理变化主要有胸式呼吸（腹部疾患）：腹膜炎、腹腔积液、胃肠臌气。腹式呼吸（胸部、肺疾患）：胸膜炎、肺

炎、肋骨骨折。呼吸困难：吸气性呼吸困难，吸气时，费力，伸头，见于上呼吸道狭窄、气管软骨变形；呼气性呼吸困难，呼气时，费力，延长，呈二重（段）呼气，肛门突出，见于肺气肿、细支气管炎；混合型呼吸困难，见于肺炎、创伤性心包炎、中毒、贫血、腹内压升高。

鼻液的病理变化主要有浆液性（水样、无黏性）：急性鼻卡他，黏膜的表层发生炎性充血；黏液性：灰白色、黏液、牵连状；化脓性（灰黄色、灰白色、黄绿色，比较黏稠）：呼吸道化脓性炎症；腐败性（污褐色、污泥状、恶臭）：肺坏；铁锈色（酱油样）：大叶性肺炎（纤维素性）；血性鼻液（有血）：鼻出血、肺出血（咯血）；泡沫性鼻液混有草渣：咽障碍、食道阻塞、上颌齿瘘；鼻液中混有寄生虫：羊鼻蝇、肺丝虫。

咳嗽：呼吸道炎症的固有症状（病程的初、中、后期，干、湿、不咳嗽）。干咳（短促、干、清脆，呈痛苦状），如咽喉炎、气管炎、肺结核、呼吸道有异物；湿咳（分泌液多而稀薄，时间长，湿、沉闷、痛苦性小），如支气管扩张、肺坏疽；喘鸣，如呼吸道有异物、气管环异形。

⑤脉搏：心脏收缩与舒张相应地动脉管壁出现一次扩张与回缩。羊的脉搏，通常在颌下动脉或股动脉进行触诊，健康成年羊脉搏每分钟为80~120次，怀孕后期及羔羊的脉搏更快些。患病时脉搏会发生变化，脉搏数减少到40次/min时，羊只已临近死亡。检查颈静脉有无阳性搏动。

⑥粪尿：

正常排粪：观察羊排粪的动作，排粪次数与排粪量，粪便的软硬及混杂物，对胃肠道疾病的诊断有重要意义。正常：健康羊排粪时站立，不费力（自然），排出的粪便呈球形表面湿润光滑，呈暗黑绿色，似黑黄豆，落地后稍变形，用手轻压即碎，每只羊每天排粪1~2kg。

排粪异常主要如下。

便秘：羊只排粪费力，次数、数量减少，排出的粪便少而干硬。引起原因：长期高热性疾病；长期饲喂低劣的高纤维性饲料；胃肠迟缓；肠梗阻。

腹泻：羊只频繁排粪，拉出稀糊状或水样粪便。如果粪便新鲜不是很臭，无黏液，这是对饲料不适应；如果特别腥臭，有黏液，甚至有血液，多见细菌性胃肠炎。

里急后重（腹痛欲便而不爽，里急，肛管沉重下坠感；后重，羊只屡呈排粪姿势、弓背努责、后躯摇晃、痛苦呻吟、仅排出少量的粪便或黏膜）：肠炎、有异物。

粪便呈鲜红色、暗红色、酱红色、污黑色：消化道出血。

粪便中含有草渣、食料：消化不良、胃有病。

粪便中含寄生虫及虫卵：内寄生虫感染。

正常排尿：健康母羊排尿时，开张后肢，拱背举尾，在腹肌的参与下，膀胱收缩，即可将尿液迅速排出；公羊排尿时不需腹肌参与，仅借助会阴部尿道的收缩即可将尿液作细流状排出。正常健康羊只的尿液清亮无色或稍黄，氨味。

排尿异常主要如下。

尿结石：公羊膀胱充盈，尿液不能排出，屡呈排尿姿势、努责、呻吟不安、阴茎抽动。

尿道炎症（肾炎）：尿潴留、排尿带痛，有时尿淋漓，有时尿液呈黄白色（脓尿），尿液有腐败性臭味。

尿毒性：无尿。

血红蛋白尿（尿中含有游离的血红蛋白）：机体有溶血性疾病、锥虫病、泌尿道有出血性病变。

（3）实验室检查。实验室检查就是运用物理学、化学和生物学等实验技术和方法，对病羊的血液、尿液、粪便、体液、组织细胞及病理产物，在实验室特定的设备与条件下，测定其物理

性状，分析其化学成分，或借助于显微镜观察其有形成分的方法，以获取反映机体功能状态，病理变化或病因等客观资料，配合其他临床资料进行综合分析，对协助临床明确疾病的诊断、观察病情、制定防治措施，判断预后及评价健康状况等均有重要意义，也为开展医学实验研究提供必需的技能和有益的数据资料。

（4）特殊检查。在临床检查结果的基础上，根据实际需要有选择地进行特殊检查。通过特殊检查可以确诊疾病和排除疾病。特殊检查主要包括 X 光诊断、B 超诊断、CT 诊断、核磁共振诊断、心电图诊断和电视腹腔镜诊断等。随着科学技术的发展，特殊诊断必将在兽医临床上广泛应用，这对提高兽医临床诊断水平具有十分重要的作用。

4. 建立诊断

认识疾病和认识其他事物一样，必须遵循“实践、认识、再实践、再认识”这一辩证唯物主义认识论的原则。通过病史调查和分系统临床检查、实验室检查和特殊检查等，系统全面地收集症状和有关发病经过的资料。然后对所收集到的症状、资料，进行综合分析、推理、判断、初步确定病变的部位、疾病的性质、致病原因及发病机理，建立初步诊断。依据初步诊断，实施防治，根据防治效果来验证诊断，并对诊断给予补充和修改，最后对疾病做出确切诊断。

5. 病历记录

病历记录不仅是诊疗机构的法定文件，也是兽医临床工作者不断总结诊疗经验的宝贵原始资料，并成为法律医学的证据。因此，必须认真填写，妥善保管。病例记录要全面、详细；对症状的描述，力求真实、具体准确，按主次症状，分系统顺序记载，避免零乱和遗漏；记录用词要通俗、简明，字迹清楚；对疑难病例，不能马上确诊的，可先填写初步诊断，待确诊后再填最后诊断。

三、山羊免疫技术

对山羊实施免疫接种是激发山羊自身的抵抗力，防止羊流行疫病传染的一种有效措施。在疫病高发季节或是高发区域，对羊群实行有计划有组织的免疫接种是十分必要的。另外，要熟悉疫苗常识，依靠专业人员进行免疫接种，切不可擅自实施造成不必要的损失。

1. 免疫接种目的和意义

免疫接种是根据特异性免疫的原理，采用人工方法，给羊只接种疫苗或免疫血清等生物制品，使羊机体自身产生或被动获得对相应病原微生物的抵抗力，即特异性免疫力，使羊从易感动物转为非易感动物，从而达到保护个体乃至群体预防和控制传染病发生和传播蔓延的目的，保护人和动物健康，促进畜牧业健康发展。

免疫接种不但能保护免疫接种的羊只不发生传染病，而且可以减少接种羊只垂直传播疫病，还可以使其子代获得母源抗体，提高子代免疫力。所以有组织、有计划地进行免疫接种，是预防、控制和消灭羊传染病的一种重要措施，特别是对于病毒性传染病，目前尚无有效的防治药物，免疫接种就具有更大的意义。但是，免疫接种只能提高易感动物的抵抗力，不能消灭传染源，切断传播途径。因此，在进行免疫接种时，必须配合消灭传染源和切断传播途径等其他综合性措施，才能更好地防治羊传染病。

2. 免疫接种分类

（1）根据免疫接种的时机不同，可将免疫接种分为预防接种、紧急接种和临时接种。

①预防接种：在经常发生某些传染病的地区、或有某些传染病潜在的地区、或受到邻近地区某些传染病经常威胁的地区，为了预防这些传染病发生和流行，平时有组织、有计划地给健康羊

只进行的免疫接种，称为预防接种。

预防接种要有针对性，要根据当地和邻近地区传染病的流行情况、流行特点和危害程度等情况制订免疫接种计划，有计划、有组织地进行。如果某一地区从未发生过某种传染病，也没有从别处传进来的可能时，那就没必要进行该传染病的预防接种。

②紧急接种：在发生传染病时，为了迅速控制和扑灭传染病的流行，对疫区和受威胁区尚未发病的羊只进行的应急性免疫接种，称为紧急接种。

紧急接种时，必须对预定接种羊群逐只进行详细观察和检查，只能对没有临床症状的羊只进行紧急接种，对染疫及疑似染疫羊只，必须在严格消毒的情况下立即隔离或扑杀，不能接种疫苗。

由于没有临床症状的羊群中可能有一部分处于感染潜伏期，在接种疫苗后会促使其发病。因此，在紧急接种后一段时间内，羊群中发病和死亡的数量会有增加的可能，但由于接种疫苗的羊只会很快产生抵抗力，所以发病和死亡数量在短时间会很快下降，传染病流行也会很快停息。

紧急接种应先从安全地区开始，逐只接种，以形成一个免疫隔离带。然后再到受威胁区，最后再到疫区对假定健康羊只进行接种。紧急接种时，必须每注射一只羊，更换一个针头。

③临时接种：在引进或运出羊只时，为了避免在运输途中或到达目的地后发生传染病而进行的预防免疫接种，称为临时接种。临时接种应根据运输途中和目的地传染病流行情况进行免疫接种。

（2）根据免疫接种所用生物制品不同，可将免疫接种分为主动免疫和被动免疫。

①主动免疫：给山羊接种疫苗，刺激机体免疫系统发生应答反应，产生特异性免疫力，称为主动免疫。主动免疫的优点是产

生的免疫力维持时间较长，可达数月至数年；疫苗价格便宜，可大面积使用。缺点是需一定的诱导期，产生免疫力较慢，一般在接种后1~7日后（病毒性活疫苗需3~4日，细菌性活疫苗需5~7日）方可产生免疫力；对已经感染，处于潜伏期的羊只，有可能促使其发病。

②被动免疫：将免疫血清或自然发病后康复羊只的血清人工输入未免疫羊只，使其获得对某种病原的特异性免疫力，称为被动免疫。被动免疫的优点是无诱导期，产生免疫力快，注射后便可立即发挥作用。缺点是免疫力维持时间短，一般仅2~3周；而且免疫血清价格高，大量使用难以做到。

四、山羊常用药物使用技术

1. 抗生素类药物

（1）青霉素。青霉素种类很多，常用的是青霉素钾盐和钠盐，主要对革兰氏阳性菌有较大的抑制作用，肌内注射可治疗链球菌病、羔羊肺炎等。治疗用量：肌内注射20万~80万单位，每天2次，连用3~5天。

（2）链霉素。主要对革兰氏阴性菌具有抑制和杀灭作用，对少数革兰氏阳性菌也有作用，口服可治疗羔羊腹泻，肌内注射可治疗炭疽、乳腺炎、羔羊肺炎及布鲁氏菌病。治疗用量：羔羊口服0.2~0.5g，成年羊注射50万~100万单位，每天2次，连用3天。

（3）泰乐霉素。对革兰氏阳性菌及一些阴性菌有效，特别对霉形体的作用强，可治疗羊传染性胸膜肺炎。治疗用量：肌内注射每次5~10mg/kg体重，每天用药1次。

2. 抗病毒类药物

（1）黄芪多糖。属于营养药，能提高机体免疫力，加强各种抗生素的效力，适用于羊流行性感冒、病毒性腹泻的治疗。治

疗用量：每 100g 拌料 600~800kg，连喂 3~5 天。

（2）鱼腥草。主要功效是清热解毒、消肿排脓、利尿通淋等，适用于支气管炎、清热解毒、肺炎、乳房块、子宫炎等治疗。治疗用量：根据羊只大小每次 5~10ml/只。

（3）利巴韦林。用于痘病毒引起的疾病，如羊传染性脓疱病、羊痘。治疗用量：每 1g 拌料 5~10kg，一日 2 次，连用3~5 天。

3. 抗寄生虫药物

（1）硫酸铜。用于防治羊莫尼茨绦虫、捻转胃虫及毛圆线虫。治疗用量：1%硫酸铜溶液内服，3~6 月龄每次 30~45ml/只，成年羊每次 80~100ml/只。

（2）阿苯达唑。用于防治胃肠道线虫、肺线虫、肝片吸虫和绦虫有效，尤其对所有的消化道线虫的成虫驱除效果最好。治疗用量：内服，每千克体重为 10~15mg。

（3）阿维菌素、伊维菌素。为广谱抗寄生虫药，具有高效广谱和安全低毒等优点，对羊各种胃肠线虫、螨、蜱和虱均有很强的驱杀作用。口服 0. 2g/kg 体或肌内注射 0. 3~0. 4g/kg 体重可杀灭内外寄生虫。

4. 用药原则

（1）正确配伍，协同用药。熟悉药物性质，掌握药物的用途、用法、用量、适应征、不良反应、禁忌征，合理组方，增加疗效，避免拮抗作用和中和作用，能起到事半功倍的效果。

（2）辨证施治，综合治疗。经过综合诊断，查明病因以后，迅速采取综合治疗措施。一方面，针对病原选用有效的抗生素或抗病毒药物；另一方面，调节和恢复机体的生理机能，如解热，镇痛，强心，补液等缓解或消除某些严重症状。

（3）按疗程用药，勿频繁换药。一般情况下，用药后症状减轻或消失后，追加用药 1~2 天，以巩固疗效，用药时间一般为3~5天。

第三节　日常预防措施

一、加强饲养管理

禁止外来人员进入羊舍，羊舍门口要设简易消毒池。

新引进种羊应隔离30天以上，确定无病才可引入羊群。

经常检查羊群疫情，发现病羊或可疑羊只，应及时确诊、治疗。病羊应该立即隔离或者淘汰。对棚舍及工具彻底消毒。

发现传染病应立即上报，立即处理，划定封锁疫区，防止扩散。

凡涉及养羊的人员，应定期进行人畜共患传染病（如结核病、布氏杆菌病）等的检查。一方面确保饲养人员健康，另一方面也可以防止人畜之间相互感染。

二、环境卫生与消毒

1. 养羊场常规消毒

（1）消毒的目的与意义。消毒的目的是切断传播途径，预防和控制传染病的传播和蔓延。各种传染病的传播因素和传播途径是多种多样的，在不同情况下，同一种传染病的传播途径也可能不同，因而消毒对各类传染病的意义也各不相同。对经消化道传播的疾病的意义最大，对经呼吸道传播的疾病的意义有限，对由节肢动物或啮齿类动物传播的疾病一般不起作用。消毒不能消除患病动物体内的病原体，因而它仅是预防、控制和消灭传染病的重要措施之一，应配合隔离、免疫接种、杀虫、灭鼠、扑杀、无害化处理等措施才能取得成效。

（2）消毒的种类。根据消毒的具体目标可分为预防性消毒、随时消毒和终末消毒。

预防性消毒是指在平时为了预防传染病和寄生虫病的发生，对羊舍、场地、环境、人员、车辆、用具和饮水、饲料等所进行的消毒。预防性消毒应定期地、反复地进行。

随时消毒又称紧急防疫消毒，是指在发生传染病时，为了及时消灭从患病羊体内排出的病原体而采取的应急性消毒措施。消毒的对象包括病羊所在的圈舍、隔离场地以及被病羊分泌物、排泄物污染和可能污染的一切场所、用具和物品等。随时消毒应及时进行，通常要进行多次消毒。

终末消毒是指在病羊解除隔离前或痊愈或死亡后，或者在疫区解除封锁之前，为了消灭疫区内可能残留的病原体，对疫区所进行的全面彻底的最后一次大消毒。终末消毒的特点是全面彻底。终末消毒后，即可恢复正常的生产和工作程序。

(3) 消毒的方法。

①羊舍消毒：羊舍内要定期进行消毒，每周一次。羊舍转群时要进行消毒。每批羊调出后，舍内要严格进行清扫、冲洗和消毒，并空圈（棚）7~14 天。

清扫和洗刷：舍内坚持每天进行机械清扫，主要清除粪便、垫料、剩余饲料、灰尘及墙壁和棚顶上的蜘蛛网、尘土等，保持料槽、水槽、用具干净，地面清洁。扫除的污物集中进行焚烧或生物热发酵。污物清除后，如是水泥地面，还应进行清水冲洗。

消毒药喷洒：羊舍清扫和冲洗干净后，即可用消毒药物进行喷洒。喷洒时，以表面湿润为度。消毒液的用量每平方米 1L，泥土地面、运动场为每平方米 1.5L 左右。消毒时应按一定顺序进行，一般从离门远处开始，以墙壁、顶棚、地面的顺序依次喷洒一遍后，再由内向外将地面重复喷洒一次，关闭门窗 2~3h，然后打开门窗通风换气，再用清水冲洗饲料槽、地面等，将残余的消毒剂清除干净。

羊舍内严重污染时，先用2%~3%热碱水冲洗，作用8h后，把粪便污物彻底清除干净，然后选用有效消毒液喷洒消毒，维持24h后再重复进行一次。

羊舍内应定期进行消毒，每周至少一次。每批羊调出后，舍内应严格进行清扫、冲洗和消毒，并空舍7~14天。

②淋浴室、更衣室的消毒：进入生产区前要淋浴后更换衣鞋。更衣室的紫外灯应固定吊装在天花板上，距地面2m左右，按8m^3空间用1支15W紫外灯管的要求安装。灯管每两星期要用酒精棉擦拭1次，并根据使用年限，及时更换灯管。工作服应保持清洁，定期清洗，用紫外灯照射消毒，照射时每10~15min翻动1次。接触或可能接触传染源的衣帽、鞋等，先用有效浓度的消毒剂浸泡，再清洗、晾干。

③运载工具消毒：装运健康羊只及其产品的运载工具，机械清除后用消毒剂喷洒；装运一般病原菌所污染的病羊及其产品的运载工具，先用消毒剂喷洒，然后机械清除，再用含3%~4%有效氯的漂白粉或2%~3%烧碱溶液洗涤，0.5h后再重复进行一次上述消毒过程；受芽孢污染的运载工具，应先用消毒药喷洒，然后机械清除，再选用合适的消毒剂进行消毒，半小时后再用热水喷洒，之后，再重复进行一次上述消毒过程。

④羊体消毒：大多采用喷雾消毒方法，要注意气候变化和防止中毒，应选择对人和羊只安全、无毒、无刺激的消毒剂，如季铵盐类、氧化剂类等。

健康羊只的预防性消毒：按照养羊场养殖情况制订相应的预防性消毒程序，每周带羊只消毒2~4次。

选择对皮肤刺激小、浓度低的消毒药，如季铵盐类消毒药品。

母羊进入产房前进行体表清洗和消毒，用0.1%高锰酸钾溶液对外阴和乳房清洗消毒。新生羔羊断脐要用碘酊严格消毒，用

0.1%高锰酸钾水擦洗全身。

发生传染病时的体外消毒：选择2~3种可以带羊只消毒的药物，每天至少带羊只消毒一次，每7天换另一种不同的消毒药，直到疫情平息，再按正常的消毒程序进行。

处理患羊或疑似患羊的尸体时，要用浸有有效消毒液的布块，把有可能流出病原体的鼻孔、口腔等天然孔和其他部分堵塞好，防止污物漏出，用大塑料薄膜把整个尸体包扎起来，再按病死畜禽尸体处理程序处理。

⑤地面土壤的消毒：养羊场内的道路和环境保持清洁卫生，因地制宜地选用高效低毒、广谱的消毒剂，定期进行消毒。有芽孢杆菌污染的场所，要严格加以消毒处理。首先用含2.5%有效氯的漂白粉溶液喷洒地面，然后将表层土壤掘起30cm，撒上干漂白粉（每平方米加漂白粉5kg），将漂白粉与土混合，加水湿润后原地压平。一些小面积的污染或一般性传染病时，可用有效消毒剂喷洒。

⑥饮水和空气消毒：常用的饮用水消毒方法为化学消毒法，一般选用溶于水又无毒性的含氯消毒剂。饮水器、水管及水箱可用有效氯20%以上的漂白粉，稀释成3%溶液，浸泡或冲洗消毒。最简便的空气消毒方法是通风，其次是利用紫外线杀菌或甲醛气体熏蒸等化学药物进行消毒。

⑦消毒池和消毒室的管理：养羊场大门口设置消毒池、消毒室。大门入口处要设置宽与大门相同，长等于大型机动车车轮一周半长防渗硬质水泥结构的消毒池，池内灌消毒药，深度为25~30cm，池内药物要及时更换，使用时间一般不超过一周，并保持其有效浓度。消毒池旁应铺设供过往行人消毒鞋底的消毒垫，并保持湿润状态。

消毒室须安装紫外线灯，地面设有消毒垫或喷淋消毒设施。消毒室应开两个门，一侧通向生活管理区，一侧通向生产区；并

安装紫外线灯、室内设有更衣柜、洗手池（盆），地面有消毒垫、更衣换鞋等设施；有条件的养羊场可设淋浴室，供员工淋浴后换穿场内专用工作服、鞋。

⑧人员的消毒管理：

饲养、防疫、检疫等人员进入羊舍时，应穿专用的工作服、胶靴等，并对其定期消毒。

所有进入生产区的人员，必须坚持严格的消毒制度。场区门前消毒池（盆）、更衣室更衣、消毒液洗手，生产区门前消毒池及各羊舍门前消毒（盆）消毒后方可入内。条件具备时，要先沐浴、更衣，再消毒才能进入羊舍内。工作完毕后，将双手浸泡于消毒剂内 2min，用肥皂流水冲洗，更衣。

本场外出人员和车辆，必须经过全面消毒后方可回场。

⑨杀虫灭鼠：结合养羊场具体情况，交替使用杀虫灭鼠的药物和器械，坚持经常性和突击性杀虫灭鼠相结合，加强虫、鼠的生物防治工作。

2. 化学消毒注意事项

(1) 注意选择消毒药。消毒药对微生物有一定的选择性，并受环境温度、湿度、酸碱度的影响。因此，应针对所要杀灭的病原微生物特点、消毒对象的特点、环境温度、湿度、酸碱度等，选择对病原体消毒力强，对人畜毒性小，不损坏被消毒物体，易溶于水，在消毒环境中比较稳定，价廉易得，使用方便的消毒剂。

如要杀灭革兰氏阳性菌应选择季铵盐类等杀灭革兰氏阳性菌效果好的消毒剂；如果杀灭细菌芽孢，应选择杀菌力强，能杀灭细菌芽孢的消毒剂；如果杀灭病毒，应选择对病毒消毒效果好的碱性消毒剂；如消毒地面、墙壁等时，可不考虑消毒剂对组织的刺激性和腐蚀性，选择杀菌力强的烧碱；如消毒用具、器械、手指时，应选择消毒效果好，又毒性低、无局部刺激性的氯碇等；

消毒饲养器具时，应选择氯制剂或过氧乙酸，以免因消毒剂的气味影响饮食或饮水；消毒羊只体表时，应选择消毒效果好而又对羊体无害的0.1%新洁尔灭、0.1%过氧乙酸等。如室温在16℃以上时，可用乳酸、过氧乙酸或甲醛熏蒸消毒；如室温在0℃以下时可用2%~4%次氯酸钠加2%碳酸钠熏蒸消毒。

（2）选择适宜的消毒方法。根据消毒药的性质和消毒对象的特点，选择洗刷、浸泡、喷洒、熏蒸等适宜的消毒方法。

（3）注意消毒剂的浓度。一般来说，消毒剂的浓度和消毒效果呈正比，即消毒剂浓度越大，其消毒效力越强（但是70%~75%酒精比其他浓度酒精消毒效力都强）。但浓度越大，对机体、器具的损伤或破坏作用也越大。因此，在消毒时，应根据消毒对象、消毒目的的需要，选择既有效而又安全的浓度，不可随意加大或减少药物的浓度。

（4）注意环境温度、湿度和酸碱度。环境温度、湿度和酸碱度对消毒效果都有明显的影响，必须加以注意。

一般来说，温度升高，消毒剂杀菌能力增强。例如温度每升高10℃，石炭酸的消毒作用可增加5~8倍，金属盐类消毒剂消毒作用可增加2~5倍。

湿度对许多气体消毒剂的消毒作用有明显的影响。这种影响来自两个方面。

一是湿度直接影响微生物的含水量。用环氧乙烷消毒时，若细菌含水量太多，则需要延长消毒时间；细菌含水量太少时，消毒效果亦明显降低；完全脱水的细菌用环氧乙烷很难将其杀灭。

二是每种气体消毒剂都有其适应的相对湿度范围，如用甲醛熏蒸消毒时，要求相对湿度大于60%为宜。用过氧乙酸消毒时，要求相对湿度不低于40%，以60%~80%为宜。直接喷洒消毒干粉剂消毒时，需要有较高的相对湿度，使药物潮解后才能充分发挥作用。

酸碱度可以从两个方面影响杀菌作用，一是对消毒剂作用，可以改变其溶解度、离解程度和分子结构。如酚、次氯酸、苯甲酸在酸性环境中杀菌作用强，戊二醛、阳离子表面活性剂在碱性环境中杀菌作用强等；二是对微生物的影响，微生物生长的适宜pH值范围为6~8，pH值过高或过低对微生物生长均有影响。

（5）注意把有机物清除干净。粪便、饲料残渣、污物、排泄物、分泌物等，对病原微生物有机械保护作用和降低消毒剂消毒作用的作用。因此，在使用消毒剂消毒时必须先将消毒对象（地面、设备、用具、墙壁等）清扫、洗刷干净，再使用消毒剂，使消毒剂能充分作用于消毒对象。

（6）注意要有足够的接触时间。消毒剂与病原微生物接触时间越长，杀死病原微生物越多。因此，消毒时，要使消毒剂与消毒对象有足够的接触时间。

（7）注意剂量。喷洒消毒时，应根据消毒对象、消毒目的等计算消毒液用量，一般是每平方米用1L消毒液，使地面、墙壁、物品等消毒对象表面都有一层消毒液覆盖。熏蒸消毒时，应根据消毒空间大小和消毒对象计算消毒剂用量。

（8）消毒操作要认真细致。消毒剂只有接触病原微生物，才能将其杀灭。因此，喷洒消毒剂一定要均匀，每个角落都喷洒到位，避免操作不当，影响消毒效果。

3. 当前规模化舍饲羊场消毒工作中存在的问题

（1）缺乏消毒设施。有的羊场无任何出入场消毒设施，没有制订消毒制度，常年不消毒或消毒非常随意。

（2）消毒液长期不换。有的羊场消毒池内的消毒液长期不换，不知消毒液已过期，致使车辆及人员进出羊场等于没有消毒。

（3）长期使用一种消毒液。有的羊场长期使用一种消毒剂进行消毒，不定期更换消毒药品，致使病原菌产生耐药性，影响

消毒效果。

（4）不按说明配制消毒液。有的羊场饲养员在配制消毒液时任意增减浓度，配制好后又不及时使用，这样不仅降低了药物的消毒效果，还达不到消毒目的。

（5）不经常消毒。有的羊场平时不消毒，有疫情时才消毒。

（6）缺少消毒记录。有的羊场重生产轻记录，没有消毒记录或存在消毒记录不完整。消毒记录应包括消毒日期、消毒场所、消毒剂名称、消毒浓度、消毒方法、消毒操作人员签字等内容，记录应保存2年以上。

三、免疫接种

1. 免疫接种前工作

（1）制订免疫接种计划和免疫程序。

①制订免疫接种计划：免疫接种前应当对当地和邻近地区、现在和既往羊只传染病流行情况、流行特点和防治情况等进行调查和了解，弄清当地和邻近地区、现在和既往流行传染病的种类、流行的特点、流行的范围、流行的因素、防治情况和危害程度等情况，然后依据这些情况，经过综合分析，制订免疫接种计划，内容包括免疫接种区域范围、使用疫苗种类、接种时间、接种数量、接种方法、接种剂量等，有计划、有组织地进行免疫接种。

②制定免疫程序：一个养羊场需用多种疫苗来预防不同的传染病，也需要根据各种疫苗的免疫特性来合理地制订预防接种的次数和间隔时间。

免疫程序内容包括：接种疫苗的种类、接种时间、接种方法、剂量、不同疫苗之间的间隔时间、同一种疫苗两次接种间隔的时间等。

没有适用于各地区及各饲养场固定的、统一的免疫程序，免

疫程序执行一段时间后应根据免疫效果和情况变化而作适当的调整，不存在一成不变的免疫程序。开展抗体监测，依据抗体水平制订免疫程序是最科学的方法。

（2）准备疫苗、器械、药品等。

①疫苗和稀释液：按照免疫接种计划或免疫程序规定，准备所需要的疫苗和稀释液。

②器械：

接种器械：注射器、针头、镊子等。

消毒器械：剪毛剪、镊子、煮沸消毒器或高压蒸汽灭菌器等。

其他器械：带盖搪瓷盘、疫苗冷藏箱、冰袋、体温计、听诊器、洗手盆、毛巾等。

③药品：

消毒药品：75%酒精、5%碘酊、脱脂棉、肥皂、来苏尔或新洁尔灭溶液等。

急救药品：0.1%盐酸肾上腺素、地塞米松磷酸钠等。

④人员护服用品：工作服或防护服、工作帽、胶靴、口罩、护目镜等。

⑤其他：免疫接种登记表、免疫卡、耳标钳、耳标等。

（3）阅读疫苗使用说明书。免疫接种前，要认真阅读疫苗使用说明书，熟悉疫苗的主要成分与含量、物理性状、作用与用途、用法与用量、使用注意事项等。

（4）人员消毒和个人防护。免疫接种人员要剪短手指甲，用肥皂、消毒液（来苏尔或新洁尔灭溶液等）洗手，再用75%酒精消毒手指，穿消毒工作服、鞋、帽。

（5）消毒器械。将注射器用清水冲洗干净，如为玻璃注射器，将针管与针芯分开，用纱布包好，如为金属注射器，拧松调节螺丝，抽出活塞，取出玻璃管，用纱布包好。针头用清水冲洗

干净，成排插在多层纱布的夹层中。镊子、剪刀洗净，用纱布包好。将清洗干净包装好的器械放入高压蒸汽灭菌器或煮沸消毒器内灭菌。灭菌后，放入无菌带盖搪瓷盘内备用。高压蒸汽灭菌的器械保存期为1周，煮沸消毒的器械当日使用。超过保存期或打开后，需重新消毒后，方能使用。

注射器和针头禁止使用化学药品（酒精、来苏尔等）浸泡消毒。使用一次性无菌塑料注射器时，要检查包装是否完好和是否在有效期内。

2. 免疫接种操作要点

羊的免疫主要采用注射免疫，是将疫苗或免疫血清用注射器注入羊只肌内、皮下、皮内、静脉等，使之获得免疫力的免疫接种方法。

（1）肌内注射。肌内注射应选择肌肉丰满、血管少、远离神经干、活动少、易于注射的部位。羊宜在股内侧或颈部注射。

稀释疫苗。按疫苗使用说明书注明的头（只）份，用规定的稀释液，按规定的稀释倍数、稀释方法稀释。稀释时先除去稀释液和疫苗瓶口的火漆或石蜡，再分别用酒精棉球消毒稀释液和疫苗瓶的瓶塞，然后用注射器抽取稀释液，注入疫苗瓶中，充分振摇，使疫苗完全溶解，补充稀释液至规定量。如使用灭活疫苗等液体疫苗，不需稀释，注射疫苗前应先将疫苗放置室内预温，使之达到15~25℃。

吸取疫苗。充分振摇疫苗瓶，使疫苗混合均匀，但不可剧烈振摇，防止产生气泡；排净注射器和针头内水分；用75%酒精棉球消毒疫苗瓶瓶塞；将注射器针头刺入疫苗瓶液面下，吸取疫苗。如果疫苗一次吸不完，疫苗瓶上要固定一个消毒针头，并用拧干酒精的棉球盖上针头尾部；已经吸入注射器的疫苗，切不可再注入疫苗瓶内；给羊只注射疫苗的针头，绝对不能用于吸取疫苗，以防疫苗污染。

消毒注射部位。首先剪去注射部位的被毛（剪毛时应逆毛方向剪，直径≥5cm），再用2%～5%碘酊棉球由内向外螺旋式消毒接种部位，最后再用75%酒精棉球脱碘。接种活疫苗时不能用碘酊消毒接种部位，应用75%酒精棉球消毒，待干后再接种。

注射疫苗。左手固定注射部位皮肤，右手持注射器，使针头与皮肤呈45°角，刺入肌肉（这样可以避免拔出针头时，疫苗液外流），然后改用左手挟住注射器和针头尾部，右手回抽一下针芯，如无回血，即可慢慢注入药液。

（2）皮下注射。皮下注射应选择皮薄、被毛少、皮肤松弛、皮下血管少的部位，羊宜在股内侧。

稀释疫苗、预温疫苗、吸取疫苗、保定羊只、注射部位消毒方法同肌内注射。注射时，左手食指与拇指将皮肤提起呈三角形，右手持注射器，沿三角形基部刺入皮下，左手放开皮肤，（如果针头刺入皮下，则可较自由地拨动），回抽针芯，如无回血，推动注射器活塞将疫苗缓慢注入。若有回血，应更换注射部位，重新注射。注射完后用消毒干棉球按住注射部位，快速拔出针头。

（3）皮内注射。皮内注射目前只适用于羊痘疫苗接种，宜选择皮肤致密、被毛少的颈侧或尾根部。

稀释疫苗、吸取疫苗、保定羊只、消毒注射部位方法同肌内注射。注射时，用左手将皮肤挟起一皱褶或以左手绷紧固定皮肤，右手持注射器，针头斜面向上，在皱褶上或皮肤上斜着使针头几乎于皮面平行（与皮肤呈10°～15°角）刺入皮内约0.5cm，放松左手，左手在针头和针筒交接处固定针头，右手持注射器，缓慢注入疫苗。如针头确在皮内，则注射时感觉有较大的阻力，同时注射部位会出现一个小圆丘，突起于皮肤表面。注射完毕，针管顺时针方向旋转45°角后，拔出针头。注射后勿按摩注射部位，以免疫苗外溢。

（4）静脉注射。适用于注射免疫血清，进行紧急预防或治疗，羊注射部位宜在颈静脉。

保定羊只，局部剪毛消毒后，看清静脉，用左手指按压注射部位稍下（后）方，使静脉显露，右手持注射器或注射针头，迅速准确刺入血管，见有血液流出时，放开左手指，将针头顺着血管向里略微送深，固定好针头，连接注射器或输液管，检查有回血后，缓慢注入免疫血清。注射完毕，左手拿酒精棉球紧压针孔，右手迅速拔出针头。为了防止出现血肿，继续紧压针孔局部片刻，最后涂布5%碘酊消毒。

3. 免疫接种后工作

（1）填写免疫档案或传输免疫信息。免疫接种后，要及时、准确填写免疫档案，内容包括：养羊户姓名、年（月、日）龄、接种日期、疫苗名称、疫苗批号、生产厂家、接种头数、接种剂量、防疫员签字等。对佩戴了二维码耳标的羊，还需按规定要求，通过移动智能识读器填写免疫信息并上传至中央数据库。

（2）清理器材。免疫接种后，要将使用过的注射器、针头、工作服、鞋、帽等器材清洗干净，消毒灭菌，准备以后使用。

（3）处理疫苗。开启和已稀释的疫苗，当天未用完者应消毒后，无害化处理。未开启的疫苗，放入冰箱，在有效期内下次接种时首先使用。

（4）处理废弃物。用完的空疫苗瓶，用过的酒精棉球、碘酊棉球等废弃物要消毒后无害化处理。

（5）观察反应。免疫接种后，动物防疫人员要对受接种羊只反应情况进行认真观察，观察其饮食、精神、食欲及大小便等情况，并抽查体温。一般经过30~60min后没有反应时，可以停止观察。

（6）开展免疫监测。免疫接种后应抽取一定比例的免疫接种羊只血液样品，进行免疫抗体监测，了解免疫效果，为制定和

改进免疫程序提供科学依据。

4. 免疫接种反应及处置

(1) 免疫接种反应。由于疫苗对羊体来说是外源性物质，机体对其通常会发生一系列反应，其强度与性质由疫苗的种类、质量和毒性等因素所决定。在实际应用中，免疫接种所引起的机体不良反应可分为以下两种。

在免疫接种以后发生的，由疫苗本身所固有的特性所引起，对机体只会造成一过性生理功能障碍的反应称为一般反应。一般反应分为全身反应和局部反应。

全身反应，主要表现为体温升高、精神不振、食欲减少等，一般持续1~3天，即可恢复正常。

①局部反应：主要表现为注射局部肿胀、疼痛，一般1~3天后，会逐渐消退；有些受接种羊只，还会出现注射局部结缔组织增生，形成硬结，但对健康无害。

②过敏反应：接种疫苗后，由于个体差异等原因引起的个别羊只发生的异常或病理性免疫反应，称为过敏反应。常表现为注射疫苗后数分钟至1h内，受接种羊只出现烦躁不安、震颤、抽搐、出汗、呼吸困难、脉搏细速、四肢末梢厥冷等，严重时可因休克而死亡。

(2) 免疫接种反应的处置。

轻度全身反应，一般不需做任何处理，必要时可使受接种羊只适当休息；饲喂营养丰富、易消化的饲料；供给清洁、充足的饮水；保持羊舍温度、湿度、光照适宜和通风良好等，避免继发其他疾病。全身反应严重者，可对症治疗。

轻度的局部反应，一般不需做任何处理，较重的局部反应，可用干净毛巾热敷，或对症治疗。

受接种羊只发生过敏反应时，必须立即进行急救，采取迅速肌内注0.1%盐酸肾上腺素或地塞米松磷酸钠等抗过敏药物和其

他对症治疗措施。

四、驱虫

羊的寄生虫病是羊的最常见和危害最严重的病之一。羊在饲养过程中容易感染寄生虫，影响羊只生长发育，因此科学合理驱虫可以预防羊的疾病，提高生产水平。

一般羊的驱虫为一年两次：春季 3—5 月 1 次，秋末再驱 1 次。伊维菌素主要用于预防螨虫，吡喹酮类主要用于预防脑包虫，除虫菊酯类主要用于预防寄生虫，丙硫苯咪唑主要用于预防胃肠线虫、绦虫及肝片吸虫。

第八章　常见病防治

第一节　常见传染病的防治

一、传染病概述

1. 传染病的发生、发展规律与传播特点

传染病是由各种病原体引起的能在人与人、动物与动物或人与动物之间相互传播的一类疾病。羊的传染病指由病原微生物（如细菌、病毒、支原体等）侵入羊体而引起的一类疫病。病原体中大部分是微生物，小部分为寄生虫，寄生虫引起的疾病又称为寄生虫病。羊的传染病可以按病原体和传播途径等进行分类。

传染病的特点是有病原体，有传染性和流行性，感染后常有免疫力。有些传染病还有季节性或地方性。它的一个基本特征是能在个体之间直接或间接相互传染，构成流行。

2. 预防羊群传染病的三大基本环节及技术要点

传染病在羊群中发生、传播和流行，必须具备 3 个必要环节：传染源、传播途径、易感羊。不同传染病的薄弱环节各不相同，在预防中应充分利用，若能完全切断其中的一个环节，即可防止该种传染病的发生和流行。

（1）传染源就是受感染的羊，包括已发病的病羊和带菌（毒）的羊，尤其是带菌（毒）的羊，外表无临床症状且一般不

易查出，容易被人们忽视。对已发病的病羊和带菌（毒）的羊，要隔离，积极治疗；如果不治死亡后，要采取焚烧或深埋处理，切断传染源；如果治愈，也要继续观察一段时间后，再和其他羊合群。

（2）传播途径指病原从传染源排出后，经过一定的方式再侵入健康动物的途径。传播途径可分为水平传播和垂直传播两类。

水平传播又分为直接接触传播和间接接触传播。直接接触传播是在没有任何外界因素的参与下，病羊与健康羊直接接触引起传染，特点是一个接一个发生，有明显连锁性。间接接触传播，即病原体通过媒介如饲料、饮水、土壤、空气等间接地使健康羊发生传染。大多数传染病以间接接触为主要传播方式。垂直传播即从母体经胎盘、产道将病原体传播到后代。

对病羊要早发现、早隔离、早治疗，切断病原体的传播途径，对母畜患有传染病的要及时治疗，对不能治愈的要及时淘汰，防止将病原体传播给后代。

（3）羊的易感性是指对某种传染病病原体感受性的大小。与病原体的种类和毒力强弱、羊的免疫状态、遗传特性、外界环境、饲养管理等因素有关。给羊注射疫苗、抗病血清，或通过母源抗体使羊变为不易感，都是常采取的措施。

二、常见细菌性传染病的诊治

（一）羊气肿疽

俗称“黑腿病”，是由气肿疽梭菌引起的一种急性、败血性传染病。以肌肉丰满的部位（尤其是股部）发生黑色的气性肿胀为特征。

病羊和病死羊是主要的传染源。病羊肿胀部破溃后，病菌随渗出物排出而污染环境，羊采食了含有大量气肿疽梭菌（芽孢）

的土壤、草料和饮水，经消化道感染。病菌也可通过皮肤创伤和吸血昆虫（如蜱、蝇等）叮咬传播。本病为地方传染病，山区、平原或低湿草地均可发生。发病没有明显的季节性，任何季节均可发病，但以夏季放牧羊发病较多，舍饲羊发病较少。

羊发病突然，体温高达40~41℃，反刍停止。其特征表现为跛行，不久在肌肉丰满部位，如腿上部、胸、颈、腰、臀等发生气性、坏疽性炎症肿胀。肿胀处起初有热感和痛感，后变冷且无知觉，皮肤干燥、紧张、紫黑色，叩之如鼓，压之有捻发音。肿胀部破溃或切开后，流出黑红色泡沫的酸臭液体。附近淋巴结肿大。病羊逐渐呼吸困难，脉搏快而细，全身症状加剧，如治疗不及时，羊只常在1~2天内死亡。

剖检可见病部肌肉肿胀，有捻发音，切开面呈现黑红色，部分湿润，压之流出黑红色渗出液，内含气泡；病部上面的皮下组织呈黄色，胶冻样的血染，含有气泡；其他部分的肌肉干燥，状如海绵，有很多气泡，有一种特殊的甜臭味。

1. 预防措施

（1）对近3年内发生过气肿疽的地区，每年春天要接种气肿疽菌苗，每只成年羊皮下注射1ml，羔羊长到6个月时再加强免疫1次，免疫期为6个月。

（2）一旦发生本病，要对整个羊群逐只检查。

对病羊和可疑羊就地隔离治疗，其他羊立即接种气肿疽菌苗，羊舍、用具等用5%~10%氢氧化钠溶液或0.2%升汞液或20%漂白粉溶液进行严格消毒。

病死的羊不准食用，将被污染的粪尿、垫草等一起烧毁或深埋，防止形成气肿疽疫源地。

2. 治疗措施

（1）在发病初期，用大剂量的抗生素或磺胺类药治疗有效。青霉素，每次100万~200万单位，肌内注射，每天3次。若结

合使用抗气肿疽血清，效果会更好。同时需采用强心、补液及其他对症疗法。

（2）早期病例，可用1%～2%高锰酸钾溶液，或3%过氧化氢，或3%石炭酸溶液，在肿胀部周围分点皮下或肌内注射；或用0.25%～0.5%普鲁卡因溶液10～20ml，溶解青霉素80万～120万单位，于肿胀部周围分点皮下或肌内注射。

（二）羔羊大肠杆菌病

该病是由致病性大肠杆菌引起的一种急性传染病，多发生在初生羔羊，主要表现急性败血症和胃肠炎，死亡率很高。

多发生于出生数天至6周龄的羔羊，呈地方性流行，也有散发的。气候不良、营养不足、场地潮湿污秽等，易造成发病；主要在冬春舍饲期间发生；多经消化道感染。

潜伏期1～2天，分为败血型和下痢型两种类型。败血型多发于2～6周龄的羔羊。病羊体温41～42℃，精神沉郁，迅速虚脱，有轻微的腹泻或不腹泻，有的带有神经症状，运步失调，磨牙，视力障碍，也有的病例出现关节炎；多于病后4～12h死亡。胸、腹腔和心包大量积液，内有纤维素；关节肿大，内含混浊液体或脓性絮片；脑膜充血，有很多小出血点。下痢型多发于2～8日龄的新生羔。病羊初体温略高，出现腹泻后体温下降，粪便呈半液体状，带气泡，有时混有血液，羔羊表现腹痛，虚弱，严重脱水，不能起立；如不及时治疗，可于24～36h死亡。

剖检败血型病羊，可见胸、腹腔和心包大量积液，内有纤维素；关节肿大，内含混浊液体或脓性絮片；脑膜充血，有很多小出血点。剖解下痢型病羊，可见胃内乳凝块发酵，肠黏膜充血、水肿和出血，肠内混有血液和气泡，肠系膜淋巴结肿胀，切面多汁或充血。一般根据流行病学、临床症状可做出初步诊断，确诊需进行细菌学检查。

1. 预防措施

（1）加强孕羊的饲养管理，确保新产羔羊的健壮，以增强机体抵抗力。

（2）改善羊舍的环境卫生，做到定期消毒，尤其是在母羊分娩前后应对羊舍彻底消毒1~2次。

（3）注意幼羊防寒保暖工作，尽早让羔羊吃到足够的初乳。

（4）对污染的环境、用具，可用3%~5%来苏尔液消毒。

2. 治疗措施

（1）早期治疗，注意护理，可提高疗效。

（2）使用各种抗生素，如四环素、多西环素、新霉素、小檗碱，并发肺炎可注射青霉素或恩诺沙星。

（3）调整胃肠机能，纠正酸中毒，防止脱水需补充体液，5%的葡萄糖生理盐水500ml。

（4）硫酸镁、福尔马林、高锰酸钾疗法：用胃管灌服6%的硫酸镁溶液（含0.5%福尔马林）40ml，经6~8h再灌服1%的高锰酸钾溶液10~20ml，未愈的可重服灌高锰酸钾溶液1~2次。

（三）羊李氏杆菌病

又名转圈病，是由产单核细胞李氏杆菌引起的人、畜共患的一种散发性传染病，发病率低，死亡率高。

该病易感动物的种类范围广，通过消化道、呼吸道及损伤的皮肤而感染；呈散发性，发病率低，病死率很高。自然感染的潜伏期为2~3周，有的可能只有几天，也有长达2个月的。病初体温升高1~2℃，不久下降至接近常温。病羊精神沉郁，目光呆滞，头低垂，一侧或两侧耳下垂，不能随群活动。有的意识障碍，无目的地乱窜乱撞。舌麻痹，采食、咀嚼、吞咽困难。鼻孔流出黏性分泌物；眼流泪，结膜发炎，眼球突出，常向一个方向斜视，甚至视力丧失。头颈偏向一侧，走动时向一侧转圈，遇有障碍物时则以头抵靠不动。颈项强直，头颈呈角弓反张。后期卧

地不起、昏迷、四肢划动呈游泳状，一般于 3～7 天死亡。妊娠母羊常发生流产，羔羊常发生急性败血症而很快死亡。病死率很高，随着年龄的增长而下降。

剖检可见病羊脑及脑膜充血、水肿，脑脊液增多稍浑浊。流产母羊胎盘发炎、子叶水肿，子宫内膜充血、出血或坏死，血液和组织中单核细胞增多。由于其症状的多样性，临床诊断比较困难。病羊如表现特殊神经症状、流产、血液中单核细胞增多，可疑为本病。确诊必须用微生物学方法加以诊断。

1. 预防措施

平时注意羊舍的清洁卫生和羊群的饲养管理，消灭啮齿动物；发病地区，应将病畜隔离治疗；病羊尸体要深埋，并用 5% 来苏尔对污染场地进行消毒。

2. 治疗措施

病羊早期可采取大剂量磺胺类药与抗生素并用，疗效较好。用 20%磺胺嘧啶钠，按每千克体重 5～10ml，庆大霉素，按每千克体重1 000～1 500单位，均肌内注射。病羊出现神经症状时，可用盐酸氯丙嗪治疗，按每千克体重 1～3mg 用药。

（四）羊沙门杆菌病

羊沙门杆菌病是由鼠伤寒沙门菌、羊流产沙门菌、都柏林沙门菌引起的羊的一种传染病，以羊下痢、孕羊流产为特征。羊流产沙门菌主要引起绵羊流产，都柏林沙门菌和鼠伤寒沙门菌主要引起羔羊副伤寒。

可通过消化道和呼吸道引起感染，病羊和健康羊交配或用病公羊的精液人工授精也可感染。本病发生于不同年龄的羊，无明显的季节性，育成期羔羊常于夏季和早秋发病，孕羊主要在晚冬、早春季节发生流产。潜伏期因年龄、应激因子和侵入途径不同而不同。羔羊副伤寒多见于 15～30 日龄的羔羊，食欲减退，腹泻，排黏性带血稀粪，有恶臭；精神委顿，继而倒地，经 1～5

天死亡。绵羊流产多见于妊娠的最后2个月，厌食，精神抑郁，部分羊有腹泻症状。

剖检可见下痢型病羔尸体消瘦，真胃与小肠黏膜充血，肠道内容物稀薄如水，肠系膜淋巴结水肿，脾脏充血，肾脏皮质部与心外膜有出血点；流产、死产胎儿或生后1周内死亡的羔羊，表现败血症病变，组织水肿，充血，肝脾肿胀，有灰色病灶，胎盘水肿、出血。可通过对根据发病特点、临床症状和病理变化做出诊断的疑病羊，再进行细菌分离鉴定加以确诊。

预防措施

加强对羔羊和母羊的饲养管理，保持卫生，减少诱病因素；发生本病后，对流产母羊及时隔离治疗；流产的胎儿、胎衣及污染物要烧毁，同时对流产场地、用具全面、彻底进行消毒处理；对可能受传染的羊群注射相应的预防疫苗。

（五）羊链球菌病

羊链球菌病是由链球菌引起羊的一种急性、热性、败血性传染病。以咽喉部及下颌淋巴结肿胀，大叶性肺炎，呼吸异常困难，胆囊肿大为特征。

绵羊对该病易感性高，山羊次之。病羊和带菌羊为传染病，呼吸道为主要传播途径，也可经皮肤创伤、虱蝇叮咬等途径传播；病死羊的肉、骨、皮毛等亦可散播病原。新发疫区常呈流行性发生；老疫区则呈地方性流行或散发性。以冬、春季节气候寒冷，草质不良时发生较多。

本病的潜伏期，自然感染时为2~7天，少数可达10天。

最急性型：病羊实发症状不明显，常于24h内死亡。

急性型：病羊病初体温升高到41℃以上，精神萎靡，垂头、呆立、不愿行走。食欲减退或废绝，停止反刍。眼球膜充血，流泪，随后出现浆液性分泌物，鼻腔流出浆液性脓性鼻汁。咽喉肿胀，咽背和颌下淋巴结肿大，呼吸困难，流涎、咳嗽。粪便有时

带有黏液或血液。孕羊阴门红肿，多发生流产。最后衰竭倒地，多数窒息死亡。病程 2~3 天。

亚急性型：体温升高，食欲减退。流黏性透明鼻汁，咳嗽，呼吸困难。粪便稀软带有黏液或血液。嗜卧、不愿走动，走时步态不稳，病程 1~2 周。

慢性型：一般轻度发热、消瘦、食欲不振、腹围缩小、步态僵硬；有的病羊咳嗽，有的出现关节炎。病程 1 个月左右，发生死亡。

剖检可见皮下结缔组织充血，胸腔内有深黄色的胶样渗出液，肺脏气肿。心内、外膜都有点状出血。心肌浑浊，脾脏稍肿大，胆囊肿大，内充满黑绿色胆汁。十二指肠及一部分小肠黏膜脱落，呈深红色弥漫性出血，肠内容物混有血液呈暗红色。浆膜出血，肠系膜淋巴结出血，肿大。根据临床症状、流行特点及剖检病变和实验室诊断可对本病进行确诊。

1. 预防措施

（1）加强饲养管理，做好防寒保温工作。严禁由疫区调进羊只或输入羊肉及毛皮产品。

（2）预防接种，疫区每年发病季节到来之前，使用羊链球菌氢氧化铝甲醛苗进行预防注射。背部皮下注射，6 个月龄以上羊每只 5ml；6 个月龄以下羊每只 3ml；3 个月龄以下的羔羊，第 1 次注射后，最好到 6 个月以后再注射 1 次，以增强免疫力。免疫期半年以上。

（3）发生本病时，立即隔离病羊，封锁、消毒。羊舍、羊圈用二氯异氰脲酸钠按 1∶800 稀释消毒，或用 1% 甲醛液、10% 石灰乳、3% 来苏尔等消毒液消毒。粪便堆积发酵处理。尸体深埋。

2. 治疗措施

早期应用青霉素或磺胺类药物。青霉素 80 万~160 万单位/

次，每天肌内注射 2 次，连用 2~3 天。磺胺嘧啶按 5~6g/次（小羊减半），内服 1~3 次/天。

（六）羔羊双球菌病

又称双球菌败血症，是由肺炎双球菌引起的一种急性传染病。病原体存在于病畜的鼻液、粪尿、生殖道分泌物里。经过呼吸道和消化道以及脐带而传染。潜伏期为 3~15 天。一般冬春季节复发，呈地方性流行。病羔表现为败血症，并常伴有肺炎和胃肠炎。最急性型病羔体温突然升高，寒战，呼吸、心跳加快，有鼻漏，黏膜充血，在几小时内死亡，多呈败血症。急性型病羔发热、精神不振，咳嗽，食欲废绝，关节肿胀，表现为肺炎及关节炎。有时下痢，一般 5~7 天死亡。慢性型多半是急性转为慢性型。病羔体温有时高有时低，呈关节炎，胸膜炎和肺炎症状，间歇性下痢，日渐消瘦，病情加重，多数死亡。

剖检发病羔羊，可见败血症变化，脾肿大，肠内容物呈血样，胸腹腔有积液。肺有大小不等的化脓灶，心外膜、肋胸膜、肺胸膜呈纤维素炎症，并有粘连。

1. 预防措施

对母羊及羔羊场应改善环境卫生，加强饲养管理，提高抗病力。对患乳腺炎及子宫内膜炎的哺乳母羊应及时治疗，控制传染源。羊舍地面、用具要彻底消毒，保证环境的清洁。

2. 治疗措施

发现病羔及时隔离，采取药物治疗。病畜按每千克体重肌内注射四环素 0.01~0.02g；口服磺胺甲基嘧啶按 0.2g。此外还应根据病情采取对症疗法，如退热、止咳、祛痰等。

（七）羊肉毒梭菌中毒症

本病是羊食入肉毒梭菌毒素而引起的急性致死性疾病，特征为运动神经麻痹和延脑麻痹。该菌的芽孢广泛分布于自然界，在

腐败尸体和腐烂饲料中含有大量的肉毒梭菌毒素，在各个地区都可发生。主要是由于羊食入霉烂饲料、腐败尸体和已有毒素污染的饲料、饮水而发病。各种畜禽均有易感性，动物只有食入被肉毒梭菌毒素污染的饲料、饮水后才能发病。本病多发于夏、秋两季，呈散发或地方性流行。

病羊初期常表现兴奋症状，共济失调，步态僵硬。行走时头弯于一侧或作点头运动，尾向一侧摆动。流涎，有浆液性鼻漏。腹式呼吸，终至呼吸麻痹死亡。

剖检病尸一般无特异变化，有时在胃内发现骨片、木石等物，说明生前有异食癖；咽喉和会厌处有灰黄色被覆物，其下面有出血点；胃肠黏膜可能有卡他性炎症和小点状出血，心内外膜也可能有小点状出血；脑膜可能充血；肺可能发生充血和水肿。通过调查发病原因和发病经过并结合临床症状和病理变化，可做出初步诊断；若进一步确诊，必须检查饲料和尸体内有无毒素存在。

1. 预防措施

注意环境卫生，及时清除牧场或羊舍内的腐败尸体和残骸，特别注意不用腐败饲草饲喂羊；平时在饲料中添加适量的食盐、钙和磷等矿物质，以防止动物发生异食癖，乱舔食尸体和残骸等；发现本病应及时查明毒素的来源，予以清除。

2. 治疗措施

特异性治疗可用肉毒梭菌多价血清，但须早期使用，同时使用泻剂和进行灌肠，以帮助排出肠内的毒素。遇有体温升高者，需同时注射抗生素或磺胺类药物以防发生肺炎。

（八）羊黑疫

又称“传染性坏死性肝炎”，是由 B 型诺维氏梭菌引起的山羊的一种急性高度致死性毒血症。本病以肝实质发生坏死性病灶为特征。

本病主要发生于低洼、潮湿地区，以春、夏季节多发，发病常与肝片吸虫的感染侵袭密切相关。临床表现与羊快疫、羊肠毒血症等疾病极为相似。病程短促，大多数发病羊只表现为突然死亡，临床症状不明显。部分病例可拖延 1~2 天，病羊放牧时掉群，食欲废绝，精神沉郁，反刍停止，呼吸急促，体温 41.5℃，常昏睡俯卧而死。病羊尸体皮下静脉显著淤血，使羊皮呈暗黑色外观（黑疫之名由此而来）。

1. 防治措施

（1）流行本病的地区应搞好控制肝片吸虫感染的工作。

（2）常发病地区定期接种“羊快疫、肠毒血症、猝击、羔羊痢疾、黑疫五联苗”，每只羊皮下或肌内注射 5ml，注苗后 2 周产生免疫力，保护期达半年。

（3）本病发生、流行时，将羊群移牧于高燥地区。可用抗诺维氏梭菌血清进行早期预防，每只羊皮下或肌内注射 10~15ml，必要时重复 1 次。

（4）病程稍缓的羊只，肌内注射青霉素 80 万~160 万单位，每日 2 次，连用 3 日。或者发病早期静脉或肌内注射抗诺维氏梭菌血清 50~80ml，必要时重复用药 1 次。

2. 治疗措施

发生本病时，通过注射羊黑疫血清—羊疫清配合头孢和干扰素使用，连用 1~2 天，可收到满意的效果。

三、常见病毒性传染病的诊治

（一）口蹄疫

俗称“口疮”“蹄癀”，是由口蹄疫病毒引起的偶蹄类动物共患的急性、热性、高度接触性传染病。其临床特征是患病动物口腔黏膜、蹄部和乳房发生水疱和溃疡。该病主要侵害偶蹄兽，如牛、羊、猪、鹿、骆驼等，其中以猪、牛最为易感；其次是绵

羊、山羊和骆驼等。人也可感染此病。病畜和带毒动物是该病的主要传染源，痊愈家畜可带毒 4~12 个月。病毒在带毒畜体内可产生抗原变异，产生新的亚型。本病主要靠直接和间接接触性传播，消化道和呼吸道传染是主要传播途径，也可通过眼结膜、鼻黏膜、乳头及伤口感染。空气传播对本病的快速大面积流行起着十分重要的作用，常可随风散播到 50~100km 外发病，故有顺风传播之说。

羊感染口蹄疫病毒后一般经过 1~7 天的潜伏期出现症状。病羊体温升高，初期体温可达 40~41℃，精神沉郁，食欲减退或拒食，脉搏和呼吸加快。口腔、蹄、乳房等部位出现水疱、溃疡和糜烂。严重病例可在咽喉、气管、前胃等的黏膜上发生圆形烂斑和溃疡，上盖黑棕色痂块。绵羊蹄部症状明显，口黏膜变化较轻。山羊症状多见于口腔，呈弥漫性口黏膜炎，水疱见于硬腭和舌面，蹄部病变较轻。病羊水疱破溃后，体温即明显下降，症状逐渐好转。除口腔、蹄部的水疱和烂斑外，病羊消化道黏膜有出血性炎症，心肌色泽较淡，质地松软，心外膜与心内膜有弥散性及斑点状出血，心肌切面有灰白色或淡黄色、针头大小的斑点或条纹，如虎斑，称为“虎斑心”，以心内膜的病变最为显著。

本病根据流行病学及临床症状，可以作出初步诊断，但应注意与羊传染性脓包病、羊痘、蓝舌病等进行鉴别诊断，必要时可采取病羊水疱皮或水疱液、血清等送实验室进行确诊。

1. 预防措施

（1）本病发病急、传播快、危害大，必须严格搞好综合防治措施。

（2）要严格畜产品的进出口，加强检疫，不从疫区引进偶蹄动物及产品；按照国家规定实施强制免疫，特别是种羊场、规模饲养场（户）必须严格按照免疫程序实施免疫。

种羊场、规模羊场免疫程序：种公羊、后备母羊，每年接种疫苗2次，每间隔6个月免疫1次，每次肌注单价苗1.5ml；生产母羊，在产后1个月或配种前，约每年的3月、8月各免疫1次，每次肌注1.5ml。

农村散养羊免疫程序：成年羊，每年免疫2次，每间隔6个月免疫1次，每次肌注1.5ml；幼羊，出生后4~5个月免疫1次，肌注1ml，隔6个月再免疫1次，肌注1.5ml。

（3）一旦发生疫情，要遵照“早、快、严、小”的原则，严格执行封锁、隔离、消毒、紧急预防接种、检疫等综合扑灭措施。

2. 治疗措施

对病羊首先要加强护理，例如圈棚干燥，通风良好，供给柔软饲料（如青草、面汤、米汤等）和清洁的饮水，经常消毒圈棚。在加强护理的同时，根据患病部位不同，给予不同治疗。

（1）口腔患病。用0.1%~0.2%高锰酸钾、0.2%福尔马林、2%~3%明矾或2%~3%醋酸（或食醋）洗涤口腔，然后给溃烂面上涂抹碘甘油或1%~3%硫酸铜，也可撒布冰硼散。

（2）蹄部患病。用3%煤酚皂溶液、1%福尔马林或3%~5%硫酸铜浸泡蹄子。也可以用消毒软膏（如1∶1的木焦油凡士林）或10%碘酊涂抹，然后用绷带包裹起来。

（3）乳房患病。应小心挤奶，用2%~3%硼酸水洗涤乳头，然后涂以消毒药膏。

（4）恶性口蹄疫。对于患恶性口蹄疫的病羊，应特别注意心脏机能的保护，及时应用强心剂和葡萄糖注射液。为了预防和治疗继发性感染，也可以肌内注射青霉素。

（二）小反刍兽疫

又叫羊瘟，是由小反刍兽疫病毒引起的一种急性病毒性传染病。自然发病仅见于山羊和绵羊。山羊发病严重，绵羊也偶有严重病例发生，一旦感染，传染非常迅速，易全群爆发，在我国列

为一类疾病。潜伏期为 4～5 天，最长 21 天。临床表现为发病急，高热达 41℃以上，并可持续 3～5 天；病畜精神沉郁，食欲减退，鼻镜干燥。口鼻腔分泌物逐步变成黏液脓性，如果病畜不死，这种症状可持续 14 天。发热开始 4 天内，齿龈充血，口腔黏膜弥漫性溃疡和大量流涎，进而转变成坏死。在疾病后期，常出现血样腹泻。肺炎、咳嗽、胸部啰音以及腹式呼吸等。

发病率高达 100%，在严重暴发时，死亡率为 100%，在轻度发生时，死亡率不超过 50%。幼年动物发病严重发病率和死亡都很高。

根据临床症状可以初步诊断。

病畜尸体剖检可见本病病变与牛瘟相似，眼部有结膜炎，弥散性卡他性炎症。肠炎，胃肠道大面积坏死，糜烂性损伤从嘴延伸到瘤胃、网胃交接处；小肠一般有中度损伤，呈现有限的出血性条纹；大肠、盲肠、结肠有小的红色出血点，时间稍长汇合在一起，呈现“斑马纹”样特征性线状条纹，根据流行病学及临床症状，可以作出初步诊断。

1. 预防措施

（1）应立即隔离疑似患病动物，限制其移动，加强消毒。人员消毒可选用刺激性小的消毒剂，如柠檬酸、酒精和碘化物（碘消灵）等。

（2）针对全群可以使用小反刍兽疫专用血清免疫，孕畜均可以使用。对羊群全场用药，预防传染（病畜的分泌物和排泄物均含有病毒）。

2. 治疗措施

用生理盐水稀释头孢先锋和刀豆素和地塞米松（2～5mg/50kg 体重）混合肌内注射在羊颈一侧。小反刍兽疫专用血清单独使用（20ml 用于治疗 100kg 体重，预防可以用到 200kg 体重）打在羊颈另外一侧，同时分点注射。

（三）传染性脓疱

俗称羊口疮，是由羊口疮病毒引起的一种传染病，其特征为在羊的口唇等处皮肤和黏膜形成丘疹、脓疱、溃疡和结成疣状厚痂。

本病只危害绵羊和山羊，且以 3～6 月龄的羔羊发病为多，常呈群发性流行。成年羊也可感染发病，但呈散发性流行。人也可感染羊口疮病毒。病羊和带毒羊为传染源，主要通过损伤的皮肤、黏膜感染。自然感染是由于引入病羊或带毒羊，或者利用被病羊污染的厩舍或牧场而引起。由于病毒的抵抗力较强，本病在羊群内可连续危害多年。潜伏期 4~8 天。

本病在临床上一般分为唇型、蹄型和外阴型 3 种病型，但以唇型感染为主要症状。病羊先于口角上唇或鼻镜处出现散在小红斑，以后逐渐变为丘疹和小结节，继而成为水疱、脓疱、脓肿互相融合，波及整个口唇周围，形成大面积痂垢，痂垢不断增厚，整个嘴唇肿大，外翻、呈桑椹状隆起，严重影响采食。病羊表现为流涎、精神萎缩、被毛粗乱、日见消瘦。

通过临床症状和实验室检验，可以对本病进行确诊。

1. 预防措施

（1）勿从疫区引进羊或购入饲料、畜产品。引进羊须隔离观察 2～3 周，严格检疫，同时应将蹄部多次清洗、消毒，证明无病后方可混入大群饲养。

（2）保护羊的皮肤、黏膜勿受损伤，捡出饲料和垫草中的芒刺。加喂适量食盐，以减少羊只啃土啃墙，防止发生外伤。

（3）本病流行区用羊口疮弱毒疫苗进行免疫接种，使用疫苗毒株型应与当地流行毒株相同。也可在严格隔离的条件下，采集当地自然发病羊的痂皮回归易感羊制成活毒疫苗，对未发病羊的尾根无毛部进行划痕接种，10 天后即可产生免疫力，保护期可达 1 年左右。

2. 治疗措施

病羊可先用水杨酸软膏将痂垢软化，除去痂垢后再用0.1%~0.2%高锰酸钾溶液冲洗创面，然后涂2%龙胆紫、碘甘油溶液或土霉素软膏，每日1~2次，至痊愈。蹄型病羊则将蹄部置5%~10%福尔马林溶液中浸泡1min，连续浸泡3次；也可隔日用3%龙胆紫溶液、1%苦味酸溶液或土霉素软膏涂拭患部。

（四）羊痘

是由痘病毒引起的急性发热性传染病，其特征是皮肤和黏膜上发生特殊的丘疹和疱疹（痘疹）。

山羊痘潜伏期6~8天，病初鼻孔闭塞、呼吸促迫，有的山羊流浆液或黏液性鼻涕，眼睑肿胀、结膜充血、有浆液性分泌物，体温升高到41~42℃，鼻孔周围、面部、耳部、背部、胸腹部、四肢无毛区、有两分至一元钱硬币大小的块状疹，疹块破溃后，有淡黄色液体流出，时间长了结痂。全过程约4周。山羊痘并发时呼吸道、消化道和关节炎症，严重时可引起脓毒败血症死亡。

1. 预防措施

（1）平时注意环境卫生，加强饲养管理。

（2）检疫。特别是引进种羊，隔离4个星期，检疫不带病毒才可混群。

（3）疫区内用疫苗预防接种，羊痘鸡化毒苗，0.5ml/只，尾根部皮下注射，免疫期1年。

（4）发病山羊立即进行隔离治疗和消毒，病死山羊尸体立即深埋，防止病源扩散。

2. 治疗措施

山羊痘用青霉素、链霉素无效，接种山羊疫苗，该病停止发生。

（1）免疫血清。大羊10~20ml，小羊5~10ml皮下注射。

（2）对症疗法。10%NaCl 液 40～60ml 或 $NaHCO_3$ 液 250ml，静脉滴注。局部用 1%高锰酸钾液洗涤患部，再涂擦碘甘油。

（3）支持疗法。10%葡萄糖液 500ml、5%葡萄糖酸钙 40ml、青霉素 380 万单位、链霉素 2g，一次性静脉滴注。

第二节　常见寄生虫病的防治

一、寄生虫概述

寄生虫是指具有致病性的低等真核生物，可作为病原体，也可作为媒介传播疾病。寄生虫特征为在宿主或寄主体内或附着于体外以获取维持其生存、发育或者繁殖所需的营养或者庇护的一切生物。

寄生是在一定条件下出现在寄生虫与宿主之间的一种特定关系。寄生虫进入宿主，对宿主产生不同的损害，如夺取宿主营养、对寄生部位或其相邻组织造成机械性损伤、其分泌物、排泄物和死亡虫体的分解物对宿主产生毒性或和抗原物质的作用及诱导宿主超敏反应等；寄生虫及其产物对宿主均为异物，能引起一系列反应，也就是宿主的防御功能，它的主要表现就是免疫，包括非特异性免疫和特异性免疫。

寄生虫完成生活史过程，有的只需要一个宿主，有的需要两个以上宿主。寄生虫不同发育阶段所寄生的宿主，包括如下。

1. 中间宿主

指寄生虫的幼虫或无性生殖阶段所寄生的宿主。若有两个以上中间宿主，可按寄生先后分为第一、第二中间宿主等，例如某些种类淡水螺和淡水鱼分别是华支睾吸虫的第一、第二中间宿主。

2. 终末宿主

指寄生虫成虫或有性生殖阶段所寄生的宿主。例如人是血吸虫的终末宿主。

3. 储存宿主（也称保虫宿主）

某些蠕虫成虫或原虫某一发育阶段寄生于人体，也可寄生于某些脊椎动物，在一定条件下可传播给人。在流行病学上，称这些动物为保虫宿主或储存宿主。例如，血吸虫成虫可寄生于人和牛，牛即为血吸虫的保虫宿主。

4. 转续宿主

某些寄生虫的幼虫侵入非正常宿主、不能发育为成虫，长期保持幼虫状态，当此幼虫期有机会再进入正常终末宿主体内后，才可继续发育为成虫，这种非正常宿主称为转续宿主。例如，卫氏并殖吸虫的童虫，进入非正常宿主野猪体内，不能发育为成虫，可长期保持童虫状态，若犬吞食含有此童虫的野猪肉，则童虫可在犬体内发育为成虫。野猪就是该虫的转续宿主。

二、寄生虫病的防治原则

羊群感染寄生虫病的过程大多呈慢性经过，很容易被忽视，羊患了寄生虫病后，往往发育不良，皮毛干燥，抵抗力下降，容易并发其他疾病死亡，给养殖业造成极大的经济损失。为了预防羊群发生寄生虫病，需要做到以下几点。

1. 加强对羊群的饲养和管理

首先要保证羊只日粮的足量供给和全价营养，充分发挥机体的抗病能力。其次加强管理，保管好饲料，防止被污染，不要到低洼潮湿的地方放牧或饮水，也不要到这些地方割青草喂羊；羊舍应保持干燥、光线充足，通风良好，饲养密度要合理，防止过于拥挤；羊舍和运动场应勤打扫、勤换垫料，垃圾和粪便进行发酵处理。

2. 驱虫

为减少羊寄生虫病造成的损失，应根据本地区寄生虫病的流行规律，加大对寄生虫病预防的投入，合理使用药物，对羊只进行驱虫预防。

定期驱虫应把握的时机和方法。

（1）羊体内寄生虫预防驱虫。坚持每年春天3—4月和初冬10—11月2次全群集中驱虫，保证羊只的增膘复壮和安全越冬。此外，在水草丰茂前的6—7月加强用药1次，保证有效地控制寄生虫对羊只的危害。

（2）羊体外寄生虫预防驱虫。体外寄生虫主要防制疥螨、痒螨、蚤、蜱等。健康羊只可在每年3—4月和10—11月进行2次药浴；对个别患病羊只，用高于全群药浴浓度的药液及时处理，使其不至传染全群。

（3）对转群前、分娩前后、配种前和断奶时的羊只也要进行预防驱虫。配种前驱虫，有利于母羊怀胎和防止寄生虫引起流产；分娩前驱虫，注意用药剂量准确，一般按常用量的2/3给药，产前15~20天、产后21~28天各驱虫1次；断奶时驱虫一般在断奶前后20天各驱虫1次；种公畜在4、6、8、10月各驱虫1次。

3. 合理有效地使用驱虫药

在组织大规模定期性驱虫、杀虫工作时，应先作小群试验，在取得经验之后，再全面开展，确保群体用药安全、经济、有效并提高驱虫效果。在选择药物时，应考虑安全有效、成本低廉和使用方便。体内驱虫用药前要停食或早晨空腹投药，用药时饮水中加速溶多维，减少应激。对患病的羊只可暂不驱虫，待康复后再驱虫。

4. 加强对患寄生虫病羊只的治疗

对患病羊进行治疗，可使病羊尽快恢复健康，将虫体驱出体

外，抑制寄生虫的繁殖，杀死病原体，防止病源扩散。羊患寄生虫病主要表现消瘦、贫血、黄疸、水肿、营养不良、发育受阻和消化障碍等慢性消耗性疾病的症状，结合流行病学和尸体剖检变化一般可做出初步诊断，必要时可使用实验室诊断的方法，检查粪便中的虫卵和幼虫，以便确诊。治疗时，根据羊的体质、病情和寄生虫的生物学特性等，采取不同的方法及早进行驱虫和杀虫，要在对症治疗、加强护理、提高病羊抵抗力的基础上，应用各种驱虫或杀虫药物。另外，对于某些直接接触感染的寄生虫病，还应将病畜进行隔离治疗。

5. 注意饮水卫生

寄生虫的感染因素常常污染水源，有些中间宿主还生存于水中，因此，不良的饮水往往是寄生虫病的感染来源。羊的饮水最好是自来水和井水，其次是流动的河水。注意不要使用不流动的池塘、坑、沼泽地、稻田、小溪和水渠等处的水源作为羊的饮水。

6. 做好粪便的无害化处理

患寄生虫病羊只的粪便中常常有很多寄生虫卵、幼虫和卵囊等，如果处理不好，就会污染草料、饮水，使寄生虫病传播范围扩大。因此，要对羊的粪便，尤其是患寄生虫病的羊只和羊群投驱虫药后 7 天内所排粪便进行收集，运送到指定的地点进行堆积发酵，利用粪便发酵产生的生物热，杀死寄生虫的虫卵、幼虫和虫囊。具体方法是：把粪便堆成堆，外用 10cm 泥土糊好，再用塑料膜封死，发酵 1 个月后方可开封使用。

三、常见寄生虫病的防治

寄生虫病对养羊产业造成的危害极大，最常见导致羊群发病的寄生虫有肝片吸虫、绦虫、捻转胃虫、积节虫、钩虫、鞭虫、肺丝虫以及蝇、螨等。

1. 肝片吸虫病

又叫肝蛭病，虫体扁平，很像树叶，比南瓜子略大，全身呈淡红色，吸盘在虫的头部。一般寄生在羊的胆管内，虫卵随羊粪排出后，再寄生到一种螺蛳体内。经过多次分裂繁殖后，最后成为无数具有侵害能力的幼虫而附在水草上。当羊吃了这种草后，幼虫随草而食，穿过肠壁，进入血管和腹腔，再侵入胆管。

病羊渐见消瘦，严重贫血，羊毛干燥易断，下颌水肿，食欲减退。到后期则出现下痢，最后导致死亡，急性时体温升高并有神经症状。

防治措施：最主要的是春、夏、秋三季少用水草，而把水草集中到冬季利用。严重感染时每年定期驱虫 3～4 次。硝氯酚，每千克体重口服 3～4mg，或注射 1～2mg；硫氯酚（别丁）100mg/kg，加水摇匀后一次灌服，疗效确实而安全。现在常用的还有广谱抗虫药，如阿苯达唑等。

2. 绦虫病

最常见的为莫尼茨绦虫，虫长 1～5m，很像煮熟的宽面条；虫体由许多节片连成，呈米黄色，绦虫主要寄生在羊小肠内，待节片成熟后，随粪便排出。节片中含有大量虫卵，虫卵被一种地上的小蜘蛛吞食后，就在蜘蛛体内发育成似囊尾蚴。山羊吃草吞入这种蜘蛛后，就会发生绦虫病。

羊感染绦虫病后很快消瘦，羊毛粗乱无光，食欲减退而饮水增多，出现拉稀、贫血和水肿，有时神经错乱。

治疗措施：

（1）可用 1%硫酸铜溶液灌服，2ml/kg 体重，安全而有效。

注意：硫酸铜一定要溶解在雨水或蒸馏水内，药液要现配，还要避免用金属器具盛装药液，喂药前 12h 和喂药后 2～3h 禁止饮水和吃奶。

（2）也可用硫氯酚（别丁）治疗，疗效很好，100mg/kg 体

重，加水溶解后灌服。驱绦灵（氯硝柳氨）口服，50~75mg/kg体重；吡喹酮口服30~50mg/kg体重，连续5天，也有较好疗效。

（3）左旋咪唑驱虫每千克体重7.5~12mg，连用3天，早晨羊空腹时喂。

3. 羊肺丝虫病

羊肺丝虫病是由丝状肺虫寄生于支气管内引起，该病多发生于夏秋季，绵羊和山羊都可发生。病羊主要表现为支气管肺炎症状。病初干咳，以后逐渐变为湿咳，鼻流黏性鼻液，体温一般正常，严重时可上升到40℃以上，食欲减退，逐渐消瘦。该种寄生虫对羊的危害很大，需加强防治。

剖检可见尸体消瘦及贫血，主要病变在肺脏。肺的边缘有肉样硬度的小结节，颜色发白，突出于肺的表面。肺的底部有透明的大斑块，形状不整齐，周围充血。支气管和气管内充有黄白色或红色黏液，其中含有很多伸直或成团的虫体。支气管和气管的黏膜肿胀而充血，并有小点状出血。

防治措施：放牧是引起该病的主要原因，虽然国家已禁牧，但仍有很多地方没有严格舍饲，舍饲后该病发生率将明显降低；青草要先晾晒后再饲喂，不饮污水；对粪便进行发酵处理，以杀死幼虫；每月驱虫，阿维菌素皮下注射0.2mg/kg体重或0.6mg/kg体重混饲。

4. 肠结虫病

由肠结虫寄生在羊的结肠内所引起，以顽固性下痢为主要特征，病羊消瘦、伴有贫血、胃肠炎和水肿现象。

防治措施：每年春、秋两季各进行一次驱虫，驱虫可以选取以下药品。

（1）敌百虫，每千克体重0.05g，配成10%的溶液灌服，或配成5%的水溶液皮下注射。

（2）硫化二苯胺（又叫吩噻嗪），每千克体重0.5g，加淀粉制成丸剂口服。

（3）1%的福尔马林溶液1 000～1 500ml灌服。

（4）羔羊要尽早与患病母羊分开，然后选择高燥的牧地进行放牧。

5. 捻转胃虫病

由捻转胃虫寄生在羊的真胃里致病。雌虫在羊胃内产卵，排出后条件适宜时，很快就能孵出幼虫；经3次蜕皮后就成为有侵袭能力的幼虫，进入羊体后，再度危害真胃黏膜和腺体，并能分泌毒素。

病羊精神不振，瘦弱和贫血，生长发育停止，病久下痢，常和前胃疾病并发而死亡。

治疗措施：可用左旋咪唑，8mg/kg体重口服或5～6mg/kg体重注射；也可用甲苯达唑口服10～15mg/kg或塞苯咪唑50～100mg/kg；用5%～10%精制敌百虫溶液内服或灌肠，100～120mg/kg，疗效好，且能同时驱除多种内寄生虫。

6. 钩虫病

由钩虫寄生在羊的小肠内引起羊致病。雌虫就在这里产卵，虫卵排出体外后，一旦环境适宜就很快孵出幼虫，经二次蜕变成为有侵袭能力的幼虫。幼虫可以从羊的皮肤或消化道侵入羊体，最后寄生于小肠，造成肠黏膜溃疡，从而使病羊极度贫血和消瘦，颌下水肿，长期下痢，可引起山羊大群死亡。

治疗措施：四氯乙烯，口服，0.1～0.2ml。其他治疗方法与捻转胃虫相同。

7. 螨病

是由螨寄生在羊皮肤上而引起的疾病。

由于螨的刺咬和穿孔，病羊奇痒无比，因而到处摩擦和用嘴啃咬，引起皮肤发炎和脓肿，最后使皮肤变厚，失去弹性，发皱

并盖满大量痂片，以头部最为严重，很像结痂的“癞痢头”。蛾病在冬季蔓延最快，羊极易感染，常因长期不安，消瘦致死。

治疗措施：治疗时先剪去羊毛，用肥皂水洗去痂皮和污物，用水洗净后再涂药。大群养羊时，较简便的方法是药浴。药液可用0.5%~1%的敌百虫水溶液，或50%辛硫磷乳油加水配制成0.05%的药液。药浴要在天气晴朗无风的时间进行，药液温度应保持36~38℃，药浴时间为1min，方法有废机油和敌百虫粉混合搅拌之后涂抹；废机油涂抹，同时注射伊维菌素；用双甲脒涂抹、刷洗。

第三节 常见普通病的诊治

一、血尿

指泌尿系统无炎性存在的渗出性、慢性，并且没有明显全身症状的疾病，日久会引起贫血和生长缓慢。

机体在极度消耗的情况下，尽管饮食欲增加，在营养严重不足时，出现血液渗透压改变和溶血现象时，会有本病发生。

1. 血尿类型

（1）肾型。肾脏性尿血，尿液呈黑褐色，血液和尿均匀混合。

（2）膀胱型。每次排尿末了阶段，才出现血尿，呈红色，并含有血丝。

（3）尿道型。在每次排尿开始阶段，就首先排出鲜红色血尿。

2. 防治措施

对症治疗。

（1）肌内注射维生素 K_2 20~40mg。

（2）10%氯化钙 20ml，5%葡萄糖 300ml，1 次静脉注射。

（3）当归 30g、瞿麦 20g、赤芍 30g、血余炭 10g、阿胶 10g，1 次煎服。

二、尿结石

又称尿石病，是指尿路中盐类结晶凝结成大小不一、数量不等的凝结物，刺激尿路黏膜而引起的出血性炎症和尿路阻塞性疾病。临床上以腹痛、排尿障碍和血尿为特征。

1. 发病原因

（1）长期饲喂高钙、低磷和富硅、富磷的饲料。

（2）饮水缺乏。

（3）维生素 A 缺乏导致尿路上皮组织角化，促进尿石形成。

（4）感染等因素引起。临床常见病羊尿道口经常附有白色附着物；公羊阴茎 S 弯曲部出现肿大，尿道口水肿；频频排尿，排尿用力且疼痛；排尿困难，呈间歇性、周期性发作，时轻时重。

2. 防治措施

（1）纠正不合理喂养方法，然后采取以下药物和手术治疗。

（2）在病初症状轻微时用醋酸钾 3g、小苏打 10g，1 次内服，每天 2 次，连服 5 天。

（3）对严重尿结石如 S 弯曲和尿道结石、膀胱结石，须采用手术治疗。

三、眼结膜炎

又称红眼病（Pinkeye），是由多种病原引起羊眼角膜结膜发炎的一种传染病。其特征是传染快，眼明显发炎，大量流泪，严重时发生角膜混浊甚至溃疡。本病广泛分布，属常见多发病。山羊不同年龄和性别易感性均较强，甚至出生数日的羔羊也能出现

典型症状。

本病潜伏期一般为 2~7 天，病程一般为 20 天左右，绝大多数病例能自愈。临床常见病羊单眼或双眼大量流泪，结膜充血肿胀甚至反转向外。眼部奇痒疼痛，利用外物或蹄拭眼部。羞明闭眼，怕光照射。

防治措施

（1）坚持预防为主，控制原发病，提高羊的抵抗力。

（2）用 2%硼酸水冲洗眼部后，用 3%硫酸锌点眼。

（3）对有脓性分泌物，可用青霉素 80 万单位溶于注射用水 5ml 中，再加入 1%普鲁卡因 2ml 滴入眼结膜囊内，每天早晚各点 1 次。

四、不孕症

适龄繁殖母羊不发情或发情而久配不孕，称为不孕症。

常见于生殖器官畸形，如卵巢、输卵管、子宫等不健全。后天性不孕见于经产羊的卵巢、子宫炎症，某些寄生虫引起的严重营养不良及传染病引起的后遗症等。临床常见病羊达到繁殖年龄，发情规律不正常，或正常但久配不孕，可视为生殖器官畸形，无治愈希望。病羊发情周期正常，唯有阴道经常有脓性分泌物，直检子宫体异常，食欲不佳，膘情差，应视为子宫炎。病羊发情不规律，甚至出现发情旺盛，持续天数长（慕雄狂），应视为卵巢疾病。病羊其他生理正常，唯有配种后阴道流血，应视为子宫功能疾病或阴道滴虫。

防治措施

（1）凡子宫和阴道炎症，可采取冲洗、消毒、抑菌疗法，用 0.1%的高锰酸钾和 0.2%的依沙吖啶灌入子宫内，然后再用虹吸法导出，如此反复冲洗，最后灌碘甘油 15ml。

（2）对卵巢疾病，可选用三合激素 2~3ml 1 次皮下注射。

（3）内服中药也很有疗效，当归 20g、沉香 10g、杜仲 15g、淫羊藿 20g、益母草 30g，1 次煎服，每天 1 剂，连服 3 天。

五、子宫内膜炎

是指子宫内膜的化脓性和坏死性炎症。以屡配不孕，经常从阴道流出浆液性或脓性分泌物为特征。难产时人工助产消毒不严引起子宫感染，以及流产和胎衣停滞引起子宫内胎衣腐败，导致本病发生。

临床常见病羊急性子宫内膜炎伴有频频努责，尾下外阴污染，脓性、血性分泌物，体温升高，食欲大减，每当卧地后，从阴道流出白色污秽样脓性分泌物。

防治措施

（1）用 2%来苏尔 300ml 灌注子宫内，24h 后用 0.1%依沙吖啶1 000ml 灌注子宫，3h 后皮下注射垂体后叶素 10~30 单位。

（2）青霉素 240 万单位溶于 5%糖盐水中，200ml，1 次静脉注射，每天 1 次，连用 3 天。

（3）当归 30g、赤芍 20g、蒲公英 50g、地骨皮 30g，煎汁灌服，每天 1 次，连服 3 天。

六、阴道脱出

是阴道外翻，脱出在阴门外的疾病。

当孕羊临产时，由于激素调整，引起阴道过度松弛，加上羊久卧，缺乏必要运动而引发本病。临床常见病初羊卧地时，会从阴门露出拳头大、红色阴道体，而站立后即缩回阴道内。严重时，站立后仍不能收缩回去，这时脱出的部分，会污染异物，颜色变暗，也会使脱出部分逐渐增大，甚至顶端可看到子宫颈口，并且出现排尿困难。

防治措施

（1）尽早用0.1%高锰酸钾水溶液洗干净，送回阴道内，再用70%酒精60ml、1%普鲁卡因4ml，在阴门两侧注入阴道两旁肌肉内。

（2）若是临产母羊，可用黄体酮10ml，1次肌内注射，每天1次，连用3天即可。

七、子宫脱出

子宫脱出是指羊在分娩后，子宫全部或部分脱出在阴门外。

由于羊孕期营养不良，体质虚弱，加上在分娩时，外界气候过热（暑天）或过冷（严冬），引起分娩时间过长，使子宫产后复原困难，收缩无力。出现里急后重现象，加上羊努责不停，从而使子宫随不停努责而脱出。

防治措施

抬高羊的后躯，用0.1%高锰酸钾温水清洗脱出部，然后用生理盐水纱布，将脱出子宫托起，两手手指并齐从子宫基部（阴门两侧）用力往里顶推（两手交替慢慢用力推），可将脱出部分全部送回骨盆腔。这时可向子宫内注入0.1%高锰酸钾水400ml。术者双手提起羊后腿，使羊体垂直地面，用力摇动羊后躯，使子宫借助子宫内的消毒液流动达到恢复原位，然后将阴门口缝2~3针，以防再脱即可。

八、流产

即妊娠中断，不到预产期提前产出胎儿。引起流产的原因很多，主要有传染病、中毒、外伤等。

怀孕后期管理不当、拥挤、打伤、高热性疾病、支原体、布氏杆菌等感染，误用能引起子宫收缩的药物（如麦角素和激素类药物），均能引起胎盘脱离子宫的血液供应，造成胎儿死亡而产出。

1. 流产类型

(1) 先兆性流产，也叫“胎动”，孕羊表现轻微腹痛，并从阴道流出少量血液。

(2) 早期流产（孕后 40~60 天）不易发现，少数从阴道排出幼小胎儿，多数胎儿在子宫内死亡后溶化，叫隐性流产。

(3) 大月份流产（已孕 3 个月以上），多表现类似分娩症候，所产胎儿大多数死亡，一般对母羊影响不大，仅从阴道流出较多的恶臭。

2. 防治措施

初期尽量保胎。保胎困难时，如阴道流血量多，胎衣破裂、羊水流出时，则尽快引产或催产。

(1) 对先兆性流产，应尽快皮下注射 0.5%硫酸阿托品 1~3ml，然后肌内注射黄体酮 10mg，如流产先兆解除后，可继续用黄体酮 15mg，1 次肌内注射，每天 1 次，连用 3 天。

(2) 胎儿交叉，即一胎儿前腿伸入阴道，而另一胎儿双后肢也进入产道。首先将腿全部送回子宫，然后只拉一胎头，进入产道即可。

(3) 胎向异常，若为横生，可用手推送胎儿，寻找胎头，拉出即可。若颈前位，也是用手推送颈部，寻找胎头，拉出即可。

九、产后感染

又叫“产褥热”，是产后子宫、产道感染而引起的感染性、热性疾病。以体温升高，少尿或无尿，恶露不尽为特征。

当助产时消毒不严，产道损伤，产后子宫收缩复原不全，在机体抵抗力弱的情况下，各种化脓菌大量繁殖，导致子宫壁充血肿胀，渗出物增加，从而引起全身性反应，高热、拒食和菌血症

发生。病羊常在产后 2～3 天，突然出现体温升高至 41℃以上，精神沉郁，多卧少起，泌乳停止。从阴道流出红色脓性恶露。食欲、反刍停止，呼吸加快，努责。

防治措施

（1）立即用 0.1%高锰酸钾水溶液冲洗子宫，并向子宫内灌入呋喃西林 3g。

（2）青霉素 320 万单位、链霉素 100 万单位、5%糖盐水 300ml，1 次静脉注射，每天 1 次，连用 3 天。

（3）胎儿姿势，胎位不正性难产。

十、血乳症

指奶羊在各方面正常的情况下，唯有挤出的乳汁内含有红色血样物。

由于高产的奶羊在产奶高峰期，饲料和饲草中缺乏磷元素所引起。多发生于高产奶山羊，尤其是在产奶高峰期。在病羊全身健康良好的情况下，每次挤奶乳汁中均混有红色物，将乳汁放入试管经沉淀后，有血块存在。

防治措施

（1）首先在饲料中增加含磷物质，如加喂麸皮、补饲骨粉和鱼粉。

（2）5%氯化钙 20ml，1 次静脉注射，1 天 1 次，连用 3 天。

十一、产后瘫痪

是一种代谢性疾病。症状表现为羊分娩后四肢软弱，站立不起。

病羊孕期饲养不良，缺乏矿物饲料和微量元素，磷、钙比例失调，产后腹压急速下降，引起羊全身血容量相对下降，血糖降低，出现代谢衰竭症，呼吸、心跳减弱，出现全身麻木，知觉迟

钝。临床常见病羊产后精神高度沉郁，体温偏低，四肢凉感，头歪向一侧，卧地不能站起。对各种刺激反应迟钝，呈昏迷状，人工扶起羊体后，羊四肢不能支持站立而又卧地。

防治措施

（1）用葡萄糖盐水500ml、10%安钠咖5ml、维生素C 10ml，氢化可的松10ml，1次静脉注射，接着注入10%葡萄糖200ml。

（2）硝酸士的宁2mg，1次注入百会穴中。

（3）0.1%亚硒酸钠注射液1~2ml，1次肌内注射。

（4）葡萄糖酸钙100ml，1次静脉注射。

十二、日射病与热射病

羊是耐寒恶热的动物，在盛夏的直射阳光照耀下或者在高温、拥挤的环境中，会发生热射病。由于羊的汗腺不发达，散热能力差，主要靠口腔和舌的蒸发水分而散热，每当在烈日下停留时间过长或高温高湿环境中过久，均可引起本病发生。

临床常见病羊神经紊乱，不安静，张口伸舌，呼吸迫促，头部炽热，走路摇摆。体温升高至42℃以上，可视黏膜充血，瞳孔时大时小，心悸亢进。

防治措施

（1）立即将羊只移到阴凉通风处，用凉水敷头部或凉水从肛门灌入。

（2）放静脉血50~100ml，同时注入5%糖盐水500~1 000ml。

（3）内服六一散30g，藿香正气水5ml。

十三、奶羊骨软症

奶羊骨软症是指成年奶羊磷、钙代谢不平衡引起的骨质疏松症。多发生在冬春枯草时期（又是产奶高峰时期）。以食欲减

退、异食癖和跛行为特征。

羊产奶期间，乳汁中需要大量钙质，若饲料里磷补充不足，会严重影响钙的吸收利用，从而出现缺磷性营养不良，易发生骨软症。临床常见病羊食欲大减，喜啃碱土和砖石，行走无力，四肢软弱，产奶量下降。严重时颜面骨膨大，四肢聚于腹下，拱背，有时还会出现血尿。

防治措施

（1）首先纠正饲料搭配不合理，增加含磷、钙多的饲料，如豆饼和麸皮。

（2）立即肌内注射维生素 D_3 注射液，每次 4ml，隔日注射 1 次。

（3）每天在饲料中添加骨粉 200g，让羊自食，连喂 10 天。

十四、食毛症

实际是营养缺乏症，尤其是缺乏含胱氨酸性蛋白质。以在羊群中互相啃咬体表的羊毛致使多数羊只体表大片毛被啃光，露出真皮肤为特征。

在冬春枯草季节，由于饲草缺乏，尤其缺乏青绿饲料，在饥饿并缺乏蛋白质的情况下，引起羊异食癖发生，每年冬末春初时发生最多。临床常见羊群在夜间或休息时，互相啃体表被毛。以怀孕羊和青年羊啃其他羊体表被毛最多，羊体被毛粗乱易折。严重时，群羊消瘦，甚至将体毛啃吃大半，呈裸体，羊粪中混有羊毛。

防治措施

（1）立即供给多样化饲草，补饲豆饼、鱼粉、硫酸铜。

（2）对怀孕羊每天补饲 1 个生鸡蛋也很有效。

（3）补饲苜蓿粉和石膏粉。

十五、奶山羊酮尿病

是由于碳水化合物和脂肪代谢紊乱，血液中积聚多量酮体所引起的酸中毒性疾病。以食欲下降、吃干草而拒食精料为本病特点。

奶山羊在产羔后，饲料搭配不合理，精料过多，碳水化合物过少，引起机体内营养不平衡，尤其蛋白脂肪过多，分解后产生酮体，引起自体中毒。

临床常见病羊食欲反常，反刍减少，精神沉郁，瘤胃轻度臌气，便秘，蹄部疼痛，跛行。颈部肌肉痉挛，四肢聚于腹下。有时出现神经症状，时而兴奋不安，时而卧地蜷缩，屈躯昏睡。从肺中呼出类似氯仿气。

防治措施

（1）立即肌内注射氢化可的松 10~15ml（30~50mg）。

（2）10%葡萄糖 200ml、5%碳酸氢钠 100~200ml，1 次静脉注射。

（3）小苏打 15g、红糖 30g，1 次灌服，每天 1 次，连服 3 天。

（4）甘油 30ml，1 次灌服。

十六、低磷血症

低磷血症发生有明显季节性和区域性，是由于饲草中含磷元素过低，引起羊体内缺磷而致病。

每当春季干枯草缺乏，新萌发的青嫩草芽含水量过大，光照很少时，青嫩草芽呈黄色，含磷量低，另外，某些地区土壤中含磷量偏低，该地区所产植物的秸秆和草含磷量必然低，加上怀孕羊和羔羊需磷量又多，所以促使本病发生。

临床常见病羊采食不欢，腹围紧缩，出现异食现象，如爱舔食骨头、烂布、石头等异物。严重时出现神经症状，心慌意乱，心悸亢进，心音混而不清，有时突然倒地，片刻又站立如无病样，对光线、声音敏感，叫声嘶哑，周期性出现血尿。

防治措施

饲料中添加骨粉，每天60g，喂至痊愈。

十七、低镁血症

又叫“青草抽搐”症，多发生在每年4—5月雨量充足，青嫩草旺长时期，以全身抽搐、心跳缓慢为特征。

刚萌发的青嫩草颜色呈黄色，本身含镁离子就少，加上未经阳光照射进行光合作用，所以含镁离子更少。相反，这时未经光合作用的嫩草，含钾离子偏多。当羊采食含高钾低镁的嫩草后，轻则严重腹泻，重则出现“青草抽搐”症。

临床常见病羊突然发病，全身发抖，体温低于常温，心跳缓慢，共济失调。阵发性全身痉挛，倒地抽搐，头向一侧屈曲。呈间歇性发作，一阵过后，仍能站立采食。

防治措施

（1）内服硫酸镁20g。

（2）肌内注射维生素$D_3$1万单位。

十八、奶山羊钴缺乏症

高产奶山羊缺乏钴元素时有发生，以厌食和掉毛，产奶量下降为特征。

当为了提高产奶量一味的增加能量饲料，如玉米和高淀粉饲料，而蛋白质饲料不足，最易发生钴缺乏症。钴元素在机体养分分解和合成过程中起催化作用。若没有钴的参与，丙酸与碳水化合物代谢就会紊乱，首先出现核酸合成缓慢。引起机体所有生化反应——合成与分解紊乱。

临床常见病羊渐进性消瘦，食欲大减，被毛粗乱，体表成片脱毛，尤其胸壁和腹侧脱毛尤甚。可视黏膜苍白，顽固性下痢(内服收敛药无效)。眼周围有痂皮，并且经常流眼泪。

防治措施

（1）在饲料中补充含钴添加剂，连喂半月即可纠正。

（2）肌内注射维生素 B_{12}，每次注射500mg，1周1次。

十九、维生素A缺乏症

维生素A缺乏症又叫“夜盲症”“鸡宿眼”，每到傍晚，病羊出现双目失明。

病羊瘤胃发酵功能失常，胃内微生物繁殖不平衡引起维生素A的合成和吸收受到严重破坏，出现羊只维生素A缺乏症。

临床常见怀孕病母羊产出弱羔瞎眼或眼部畸形、四肢发育不良、行走困难。运动障碍的羔羊（俗称瞎瘫病）。适龄母羊出现屡配不孕，长期空怀。羔羊（2~3月龄）会出现阵发性抽搐，走路东倒西歪。

防治措施

（1）立即停止饲喂棉籽饼，用维生素AD针剂肌内注射，每次2ml，隔日1次。

（2）内服鱼肝油，每天5ml，连服3天。

（3）为了预防本病发生，可在饲料中加喂苍术粉，每天10g即可。

二十、维生素E缺乏症

维生素E缺乏症多见于舍饲奶山羊，放牧羊几乎不会发生。以生殖机能紊乱为特征。

由于长期缺乏青绿饲料，长期饲喂晒干的农作物秸秆（含维生素E极少）等原因造成羊只维生素E缺乏。临床常见种用病公羊表现性欲下降，不愿主动交配，配种准胎率下降。适龄病母羊发情周期紊乱，屡配不孕。病羔羊表现步态不稳，四肢僵硬。

防治措施

（1）多喂青绿杂草和青贮饲料。

（2）醋酸生育醇 5mg，1 次肌内注射，间隔 3 天再注射 1 次。

第九章　羊场经营与管理

第一节　标准化生产概述及技术规范

一、标准化生产概述

羊的标准化生产需要达到“六化”，即品种良种化、养殖设施化、生产规范化、防疫制度化、粪污处理无害化和监管常态化。

1. 品种良种化

在畜牧业的生产贡献率中，遗传的影响因素要占 40%，营养与饲料占到 20%，管理占 20%，疾病防治占 15%，其他环境等占 5%，因此在羊的生产中，品种是生产水平提高的基础，根据生产的目的，选择好的优良品种，才能充分发挥羊的生产潜力，提高羊场的经济效益。

上海地区对长江三角洲白山羊（崇明白山羊）的杂交改良工作持续进行，取得了较好的效果。20 多年来，对崇明白山羊的杂交改良一般是通过品种间的杂交获取杂交优势。1992 年 2 月由上海市财政局、畜牧局共同下达《肉羊肥育配套技术》丰收计划项目，于 1995 年年底完成，分别通过南江黄羊、萨能山羊、黄淮山羊与本地羊开展杂交，杂交羊 10 月龄体重 21～26kg，比本地白山羊体重提高 35%以上，屠宰率 51.5%，比本地山羊高 3%~5%，随后白山羊的杂交利用工作得到广泛开展。

2001 年崇明县畜牧兽医站、崇明种羊场联合申请实施了《崇明白山羊杂交改良技术推广》课题，以崇明种羊场为实施基地进行良种繁育生产，以波尔、萨能为基础羊群进行扩繁，然后将种公羊下放配种点为农民提供服务，项目实施的 2001—2002 年间，共向全县 14 个乡镇投放种公羊 299 头，杂交配种 12.8 万多头，杂交改良率 64.2%，其中三星、堡镇、中兴、港沿四个杂交改良的重点乡镇共投放公羊 143 头，杂交配种 5.29 万多头，杂交改良率 65.8%，杂交改良后羔羊初生重 3.1kg，2 月龄断奶重超过 9kg，周岁体重 28.2kg，达到了较好的效果，从而推动了全县杂交改良工作的进一步开展。

2007—2010 年，崇明县动物疫控中心（前身为崇明县畜牧兽医站）申请实施了《崇明白山羊规模化高效健康养殖技术推广应用》科技兴农项目，对崇明白山羊二元杂交利用开展了试验，结果表明波崇杂交优势最为突出，为此，确定崇明白山羊杂交改良以“波×崇”为主，其次为“萨×崇”杂交。此外崇明白山羊的多元杂交也在不断推行，生产实践表明：以萨能羊为第一父本，波尔羊为第二父本的三元杂交模式在生产中较受推崇，但当下纯种的波尔山羊、萨能山羊在崇明养殖也较少，所以生产中一般利用其杂交羊作父本开展杂交生产肉羊。

杂交利用还须注意商品羊的外观与毛色要保持与当地原有品种一致，如波尔纯种羊与白山羊杂交后会产生一定比例的杂色羊，这类杂色羊在销售时由于与白山羊有较明显视差导致难卖且价格低而蒙受损失，因此要选用杂交波尔公羊做父本。

2. 养殖设施化

目前，我国畜牧业正处于从传统畜牧业向现代畜牧业转型的关键时期，发展畜禽标准化设施养殖是加快生产方式转变，建设现代畜牧业的重要内容。加快推进畜禽标准化设施养殖，有利于提高生产效率和生产水平，增加农民收入；有利于有效提升疫病防控能力，降低疫病风险，保障人畜安全和畜产品安全；有利于畜禽粪污的集中有效处理和资源化利用，实现畜牧业与环境的协调发展。就山羊的规模化养殖来说，养殖的设施化需要遵循“选址科学、布局合理、设施配置高效实用”的基本原则。

根据崇明白山羊保种场在标准化建设过程中取得了一些经验，分享如下。

（1）羊场的布局。崇明白山羊保种场整体分为生产区、生活和管理区、饲草料加工区、生产隔离区，各区域间以道路或防疫沟隔离，生产区按育成公羊舍、种公羊舍、空胎母羊舍、轻胎母羊舍、重胎母羊舍、产房和育成母羊舍顺序布局，因保种场以种羊繁殖为主，故未专门设置肉羊舍，少部分肉羊安置在育成羊舍。种公羊舍主要饲养配种公羊和后备公羊；空胎母羊舍主要饲养处于空胎时期的母羊；轻胎母羊舍主要饲养配种 90 天以内已孕的母羊；重胎母羊舍主要饲养配种 90~140 天的已孕母羊；产房主要饲养配种 140 天已分娩至羔羊断奶前的母羊和羔羊；育成母羊舍和育成公羊舍分别饲养断奶后的母羊和断奶后的公羊。

这样布局和分类的优点有：可根据不同羊的营养需要特点进行分料饲喂；便于进行棚舍的保洁、消毒、疫苗的免疫、驱虫等常规工作；便于根据不同羊的需求进行功能设施的配置；便于棚舍栏杆的标准化配置；空胎母羊舍与种公羊舍靠近，有利于母羊的发情，同时也有利于发情的观察和配种的操作，特别是尚未应用人工授精的羊场；便于不同生理阶段羊的转群工作；育成公羊舍与育成母羊舍相距较远，可有效防止小公羊乱逃偷配的现象。

（2）羊舍内设施的配置。

①地面：由于本地区地下水位较高，为防止地下水渗出，造成污水增加，羊舍内地面均采用地上式。可在地面上方 60~80cm 处铺设漏缝地板，材料可用木质或竹质，中间漏缝为 1~

1.5cm。采用竹质商品化漏缝地板的，在铺设地板前需对地板上的螺母进行防滑脱处理。产房内地面在产羔前需加铺1.2cm孔径的白色或无色尼龙平网防止初生羔羊卡脚，产羔一周后可撤离，长期不撤离不利于产床的整洁。

②羊栏杆：空胎母羊舍、轻胎母羊舍、重胎母羊舍羊栏杆间隔15~20cm左右，栏杆高度不低于1.5m。产房内和育成羊舍栏杆50cm以下，间隔不大于5cm，防止羊串棚，50cm以上间隔15~20cm，栏杆高度不低于1.5m。种公羊舍采用加固的钢质材料或砖墙，相邻舍间隔不可用透明材料，防公羊间互视，栏杆间隔15~20cm，栏杆高度不低于1.5m。

③水槽：水槽可选用碗式或鸭嘴式，对于鸭嘴式应做好冬季的防冻工作，高度以羊颈的高度为准；对于碗式，碗口上沿应比羊尾巴略高，防止羊粪落入水碗污染水源。

④食槽：食槽可根据场内的实际情况采用合适的材料，做成半圆形或上宽下窄的形状，深度15~25cm。食槽的长度根据最大存栏羊数计算，一般每只成年羊的食槽的长度不低于35cm，育成羊不低于25cm。

⑤清粪设施：漏缝地板下方为粪道可设置机械清粪设施，因羊粪尿的腐蚀性较强，刮粪板宜采用不锈钢材质，牵引的介质可选用链式和钢丝绳式，链式的优点在于断裂后便于维修，缺点在于羊粪易在链条缝中堆积。钢丝绳的优点在于整洁度高，缺点在于断裂后维修困难。限位开关建议采用两套，作为“双保险”，使用效果上来说红外线控制的限位开关的效果要优于机械式的。

⑥保暖设施：在产房内设置保暖设施，电暖设施的需防止母羊攀爬啃咬电线，采用保温箱的需防止羔羊堆积导致窒息。

⑦通风控温设施：本地羊舍宜采用开放式外墙配置卷帘，安装大功率排风扇和喷淋设施，不同季节可以用卷帘调节通风，夏天使用风扇和喷淋增加通风降温；冬天可将卷帘放下保温，舍内

有害气体可采用定时短期屋顶抽排风的方式排出。

⑧消毒设施：羊舍内设置管道喷淋设施，可作为消毒和夏天降温使用，消毒时应注意消毒药物须选择 pH 值接近中性的药物，减少对管道和喷口的腐蚀，提高设施的使用年限。

（3）饲草料加工贮存设施的配置。

①饲草粉碎机：羊场配置饲草粉碎机和除尘设施，不同干草分别粉碎后再混合利用，粉碎所用的筛网孔径以 1.2～1.5cm 为宜。孔径过粗草料浪费较多，过细不利于羊的消化利用。

②TMR 混合机：需根据场内养殖的实际配置 TMR 混合设施，可采用专业公司生产的设备，也可应用类似混凝土搅拌机的简易设备，安装 TMR 设施时需要考虑加水的方便性。

③精饲料加工：视羊场规模配置精饲料的粉碎与混合设备。

④青贮窖：羊场可根据场内生产实际，配置合适容积的青贮窖，本地区建议采用地上式的，窖壁需要加固，防止制作青贮时倒塌，窖底应留排水口排到污水池内。

⑤青贮取料设备：羊场可根据场内生产实际，配置青贮取料设备。

⑥饲草料仓库：根据羊场的养殖量配备合适容积的饲草料仓库，仓库应做好防火、防鼠等措施。

（4）环保设施。规模化羊场须配置污水池、干粪棚和病死羊的无害化处理设施。羊场生产过程中产生的污水相对较少，污水池容量设计时需考虑青贮窖的排水。

（5）其他设施。其他在养殖生产中的设施，如喂料车、运输车、B 超机、显微镜、冰箱等。

3. 生产规范化

（1）日常工作流程的规范化。根据场内常规工作内容，理清各项内容的相互关系，合理进行分工和安排，确保各项工作按时高质量的完成。崇明白山羊保种场对羊场的日常工作进行了细

化，分为疾病诊疗与配种工作、饲料加工、喂料与清洁3项主要工作。疾病诊疗与配种工作的日常工作内容为巡棚，主要查看、处理并记录待产羊情况、羊群健康情况、当日羊发情情况、当天需要测定羊情况、需打耳标羊情况、产房脚垫的铺垫与撤离情况等，这些工作每天都通过信息化管理系统以清单形式列出，相关人员对照完成相应工作。饲料加工的日常工作内容主要是按照TMR饲料配方要求，进行饲料原料的初加工和TMR的制作。喂料与清洁的日常主要工作内容为食槽、水槽、过道的清理、喂料以及羊粪的装袋与运输等。

（2）投入品应用的规范化。投入品主要有饲料及饲料添加剂、兽药和疫苗等，无论哪种产品的使用均应符合法律法规和规定。在兽药的使用上严格遵守剂量、休药期和处方药的相关规定。

（3）人员配置与使用的规范化。在员工的使用上应符合劳动法的相关规定，积极组织员工参加技术培训，鼓励员工参加职业技能认定。

（4）饲养管理的规范化。根据场内的实际情况，将羊群进行分类，并根据各类羊的特点，制定科学的饲养管理规程。崇明白山羊保种场内将羊分成了种公羊、轻空胎母羊、重胎哺乳母羊、羔羊4类，制定了相应的管理规程。

（5）档案记录的规范化。规模化山羊养殖场须做好各项档案记录，通常包括配种记录、产羔记录、断奶记录、疾病诊疗记录、死亡无害化处理记录、销售记录、免疫记录、消毒记录、饲料及饲料添加剂使用记录等，这些记录须按照固定格式规范化准确地填写。崇明白山羊保种场将相关档案记录的表格整合进信息化管理系统，安排专人每天进行信息的录入，并定期进行数据的关联分析，将分析结果应用于指导生产和作为工作人员绩效考核的客观依据，使档案记录不仅仅是为了应付监管工作，更是为了服务于羊场的生产。

4. 防疫制度化

（1）有健全的规章制度。规模化养殖场须建立健全的规章制度，主要包括消毒管理制度、消毒药物配置管理制度、病死亡羊无害化处理制度、疫情上报制度、粪污的无害化处理制度等，同时，为提高员工对传染性疾病的认识，确保遇到了情况时能有序应对，还需制定传染性疾病应急处置方案，包括羊痘、口蹄疫、小反刍兽疫、布氏杆菌病等的病原、流行病学、临床症状、病变、诊断、防治等方面的内容。

（2）有完善的防疫设施。规模化山羊养殖场需要配备完善的防疫设施，包括进出场的消毒池、更衣室、洗澡间等，全场消毒用的消毒车、棚舍内消毒设备，防鼠、防犬猫、防鸟的设施，与外界的隔离设施，病死羊无害化处理设施等。

（3）有强的防疫措施的执行力。有了好的制度和设施，还需有强的执行力，羊场将相关制度与设施的操作与人员的绩效考核结合起来，并通过培训提高员工防疫的意识。

5. 粪污、病死羊尸体处理无害化

畜禽粪污处理方法得当，设施齐全且运转正常，达到相关排放标准，实现粪污处理无害化或资源化利用。崇明白山羊保种场由于在棚舍设计时就采取了雨污分离、碗式饮水器等污水的减量化措施，羊尿基本被羊粪吸收，每天将羊粪装袋集中堆放发酵，生产过程中几乎没有污水产生。同时通过与经纪人签订合同，将发酵后的羊粪用于果树和经济作物，羊粪的资源化利用达到了100%。粪污处理无害化主要包括以下几个要素。

（1）粪污无害化处理原则。

①源头减排，预防为主：动物摄食的日粮养分中，大部分能被动物吸收，用于其生长和繁殖，其余的养分则随排泄物进入环境。因此为减少粪尿等废弃物的数量，可通过适量饲喂、牧草秸

秆加工后饲喂、场内雨污分离、减少饮水浪费等措施实现源头减量，但源头减排不应以牺牲动物的生产性能为代价，而应平衡生产效益与环境效益之间的关系。

②种养结合，资源利用：畜禽粪污当中富含农作物生产所需要的氮、磷等养分，因此，不应将其视为废弃物。如果利用得当，是农业生产的必需资源。畜禽粪污经过适当处理后，固体部分可通过堆肥好氧发酵生产有机肥、液体部分可作为液体肥料，不仅能改良土壤和为农作物生长提供养分，而且能大大降低粪污的处理成本，缓解环保压力。因此，优先选择对养殖废弃资源进行循环利用，发展有机农业，通过种植业和养殖业的有机结合，实现农村生态效益、社会效益、经济效益的协调发展。

当然需要注意的是，基于养殖污水的液体肥料，由于运输比较困难，且成本较高，提倡就近利用，因此，要求养殖场周围具有足够的农田面积，不仅如此，由于农业生产中的肥料使用具有季节性，应有足够的设施对非施肥季节的液体肥料进行贮存。对液体肥料的农业利用，要制订合理的规划并选择适当的施用技术和方法，既要避免施用不足导致农作物减产，也要避免施用过量而给地表水、地下水和土壤环境带来污染，实现养殖粪污资源化与环保效益双赢。

③因地制宜，合理选择：由于我国南北气候差别大，养殖场周围的自然条件各不相同，养殖场的规模也大小不一，养殖场所在地的环境要求也有所差别，因此，应综合考虑我国各地区社会经济发展水平、资源环境条件以及环境保护具体目标，根据规模化畜禽养殖场的实际需要，配套设计不同的治理工程措施，切实解决养殖场的污染治理问题。

（2）粪污无害化处理的方法。羊粪便中的氮、磷、钾及微量营养素提供了维持作物生产所必需的营养物质，属优质粪肥，具有肥效高且持久的特点。

羊粪是一种速效、微碱性肥料，有机质多，肥效快，适于各种土壤施用。目前养羊场粪污处理利用主要方式是用作农作物肥料，即羊粪经传统的堆积发酵处理后还田。羊粪还可与经过粉碎的秸秆、生物菌搅拌后，利用生物发酵技术，对羊粪进行发酵，制成有机肥。

①收集方式：由于羊粪相对于其他家畜粪便而言含水率低，养羊场的羊粪大多采用机械清粪方法，定期或一次性清理羊舍粪便，很少采用水冲式清粪。

②处理技术：

◎粪污堆积发酵技术

羊粪堆积发酵就是利用各种微生物的活动来分解粪中有机成分，有效地提高有机物的利用率，这也是目前养羊场最常用的方法。

场地要求：羊粪堆积场地为水泥地或铺有塑料膜的地面，也可在水泥槽中进行。堆粪场地面要防渗漏，堆粪场地大小可根据实际情况而定。

堆积体积：将羊粪堆成长条状，高度 1.5~2m，宽 1.5~3m，长度视场地大小和粪便多少而定。

堆积方法：先比较疏松地堆积一层，待堆温达 60~70℃时，保持 3~5 天，或待堆温自然稍降后，将粪堆压实，而后再堆积加新鲜粪一层，如此层层堆积至 1.5~2m 为止，用泥浆膜密封。特别是在多雨季节，粪堆覆盖塑料膜可防止粪水渗入地下污染环境。

可多采用堆肥舍、堆肥槽、堆肥塔、堆肥盘等设施进行堆肥，优点是腐熟快、臭气少，可连续生产。

翻堆：为保证堆肥质量，含水量超过 75%的最好中途翻堆，含水量低于 60%的建议加水。

堆肥时间：堆肥在密封 2 个月或 3~6 个月后启用。

通风措施：为促进发酵过程，可在料堆中竖插或横插适当数量的通气管。

◎沼气池无害化处理

羊场粪污的沼气工程，是以厌氧发酵为核心技术，集粪便处理、沼气生产、沼肥资源化利用为一体的系统工程。南方由于气温相对北方较高，具有一定规模的养羊场基本上都配套建设沼气池，将羊场粪污等直接送入沼气池，进行厌氧发酵处理。

沼气工程处理系统包括贮粪池、沼气池、沼液贮存池、沼液沼渣排出管道等。羊场粪污自羊舍排出，先进入贮粪池，然后用泵抽到沼气池进行厌氧发酵处理，生产的沼气可为场区或周边农户提供生活能源，同时，产生的沼液和沼渣可作为有机肥料施入草地、菜地、果园和大田用于农作物生产，该模式对羊场废弃物进行循环利用，是目前较为有效的羊粪污处理方式之一。

（3）病死羊尸体无害化处理的重要性。科学有效地进行病死畜禽无害化处理，对维护公共卫生安全、打造动物性食品健康生活品质、防控人畜共患传染病、促进畜牧业可持续发展有着非常重要的作用。

①病死羊尸体无害化处理的方法与技术措施：病死羊的无害化处理要严格按照《病死及死因不明动物处置办法》和《病害动物和病害动物产品生物安全处理规程》这两个规范进行操作。现阶段，在病死羊无害化处理中，应用较多、较成熟的技术主要包括深埋法、焚烧法等处理方法。

◎深埋法

深埋法是指通过用掩埋的方法将病死畜禽尸体及产品等相关物品包裹在密封的塑料袋或其他容器中然后进行处理，其要求是不得污染地下水等周边环境。具体操作过程主要包括装运、掩埋点的选址、坑体、挖掘、掩埋。深埋法是处理畜禽病害肉尸的一种常用、可靠、简便易行的方法。深埋法比较简单、费用低，且不易产生气味，但因其无害化过程缓慢，某些病原微生物能长期

生存，如果做不好防渗工作，有可能污染土壤或地下水。另外，本法不适用于患有炭疽等芽孢杆菌类疫病，以及染疫动物及产品、组织的处理。

◎焚烧法

指将病死的畜禽堆放在足够的燃料物上或放在焚烧炉中，确保获得最大的燃烧火焰，在最短的时间内实现畜禽尸体完全燃烧碳化，达到无害化的目的。并尽量减少新的污染物质产生，避免造成二次污染。工艺流程主要包括焚烧、排放物（烟气、粉尘）、污水等处理。焚化可采用的方法有：柴堆火化、焚化炉和焚烧窖（坑）等。焚烧法处理病死畜禽安全彻底，病原被彻底杀灭，仅有少量灰烬，减量化效果明显。大量火床焚烧和简易焚烧炉燃烧的过程中会产生大量污染物（烟气），同时燃烧过程中如有未完全燃烧的有机物，会对环境造成污染。

除以上两种主要方法外，也可采用化尸窖法、生物降解法处理病死羊尸体。

②上海市病死羊尸体无害化处理要求：为彻底解决上海市养殖生产单位的病死畜禽无害化处理问题，上海市于 2002 年成立了动物无害化处理中心，实行病死动物免费收集和无害化处理。

◎尸体包装要求

包装材料应符合密闭、防水、防渗、防破损、耐腐蚀等要求。包装材料的容积、尺寸和数量应与需处理动物尸体及相关动物产品的体积、数量相匹配。包装后应进行密封。使用后，一次性包装材料应做销毁处理，可循环使用的包装材料应进行清洗消毒。

◎暂存要求

采用冷冻或冷藏方式进行暂存，防止无害化处理前动物尸体腐败。暂存场所应能防水、防渗、防鼠、防盗，易于清洗和消毒。设置明显警示标识。定期对暂存场所及周边环境进行清洗消毒。

◎人员防护

动物尸体的收集、暂存及无害化处理操作的工作人员应经过专门培训，掌握相应的动物防疫知识。工作人员在操作过程中应穿戴防护服、口罩、护目镜、胶鞋及手套等防护用具。工作人员应使用专用的收集工具、包装用品、运载工具、清洗工具、消毒器材等。工作完毕后，应对一次性防护用品作销毁处理，对循环使用的防护用品消毒处理。

◎记录要求

病死羊的收集、暂存、装运、无害化处理等环节应建有台账和记录。

记录应包括病死羊数量、标识号、死亡原因、消毒方法、收集时间、经手人员等。涉及病死羊无害化处理的台账和记录至少要保存两年。

6. 监管常态化

依照《中华人民共和国畜牧法》《饲料和饲料添加剂管理条例》《兽药管理条例》等法律法规，对饲料、饲料添加剂和兽药等投入品使用，畜禽养殖档案建立和畜禽标识使用实施有效监管，从源头上保障畜产品质量安全，实现监管常态化。

二、生产计划

畜牧业计划是企业行使管理职能，组织、领导、监督和控制生产经营活动的重要方式。周密且层次分明的生产经营计划，有助于企业不断挖掘自身潜力，合理组织利用各种资源，科学安排生产和销售，保证经济效益的不断提高。不同畜牧企业适用的计划各异，但科学合理、切实可行的计划，均要求编制过程中遵循一定的原则，并使用正确的方去，协调供需平衡，做到与国家规划和企业目标一致，确保完成生产任务。

1. 山羊生产计划的编制与实施

山羊生产计划的编制应根据羊场业务的种类，结合生产资源的质和量，研究羊场的收支资料及其他生产记录，先设计多个方案，然后进行比较，选择其中最有益的生产计划来经营羊场。羊场的生产归根结底源自羊的正常生长、繁殖和周转，因此，羊场的生产计划主要包括羊的配种与分娩计划、羊群周转计划和饲料供应计划等。

2. 配种分娩计划的编制方法与要求

羊的配种分娩计划是按照羊的配种分娩规律，结合国家和当地畜牧业发展需求，根据企业生产任务来科学安排配种和分娩时间的方法。它是实现羊群再生产和扩大再生产的重要保证，也是确定集约化、规模化养殖工艺流程的重要步骤。在编制羊场配种分娩计划时，可按照以下步骤进行。

（1）根据生产任务、市场状况和棚舍情况，确定计划任务指标和配种产羔方式。

（2）掌握计划期初羊群的结构和棚舍分布情况。

（3）掌握上年度母羊配种情况，包括已配种头数和时间等。

（4）计算本年度配种及产羔头数和时间。

（5）编制并填写配种与分娩计划表。

3. 羊群周转计划的编制方法与要求

羊群在一定时期内，由于羔羊的出生、种羊的淘汰、育肥羊的购入和出售、羔羊从幼年组转到成年组等原因，经常发生数量的增减变化，这种变化过程就叫作羊群周转。企业根据羊群结构的现状和经营计划的要求，确定计划期内羊群内部的数量增减变化和计划期末羊群的新结构，就叫作羊群的周转计划。在编制羊群周转计划时，可按照以下步骤进行。

（1）根据市场情况和企业实际条件，明确生产经营模式、目标和任务。

（2）掌握羊群配种与分娩计划。

（3）掌握当前羊群结构状况、初配月龄、成活率及上市情况等材料。

（4）确定本计划期间羊群的转群、出售、淘汰、购入、屠宰等变化情况，编制并填写周转计划表。

4. 饲草饲料生产计划的编制方法与要求

饲草饲料是羊场生产的物质保证，生产中既要保证及时充足的供应又要避免积压。饲草饲料供应计划是依据羊场生产周转计划及饲养消耗定额来制订。饲草饲料费用占生产总成本一半以上，所以在制订饲草饲料计划时既要特别注意价格，同时又要保证质量。不同饲养方式、品种和日龄的羊所需饲草饲料量是不同的。各场可根据当地草料资源的不同条件和不同羊群的营养需要，首先制定出各羊群科学合理的草料日粮配方，并根据不同羊群的饲养数量和每只每天平均消耗草料量，推算出全场每天、每周、每月及全年各种草料的需要量。并依据市场价格情况和羊场资金实际，做好所需原料的订购、贮备和生产供应。

三、技术规范

1. 免疫程序的制定原则与方法

根据当地疫情、动物机体状况（母源抗体或后天免疫抗体消长情况）以及现有疫苗的性能，为使动物机体获得稳定的免疫力，选用适当的疫苗，安排在适当的时间给动物进行免疫接种，叫免疫程序。免疫程序中应包括：疫苗种类、时间、次序、剂量、部位及有关注意事项等。

免疫程序的制定需要考虑羊群的免疫状态、疾病流行特点、本地疫情、疫苗免疫特性、免疫时间、部位、频次等。因此，羊场需要结合自己情况量身定制免疫程序，同时需要借助完善的疫病和免疫效果监测制度，对其进行不断优化调整，从而使羊群建立坚强、有效的防疫屏障。

崇明白山羊保种场根据本地疫情的特点和上级主管部门的免疫规划制定了适合本场的免疫程序（表 9–1）。

表 9–1　崇明白山羊免疫程序表

类别	疫苗名称	免疫时间	预防疫病	免疫期
全场免疫	羊口蹄疫苗	每年 3 月和 9 月	羊口蹄疫	6 个月
	羊痘鸡胚化弱毒疫苗	每年 3 月或 9 月	山羊痘	12 个月
	小反刍兽疫疫苗	每年 4 月或 10 月	小反刍兽疫	12 个月
	山羊传染性胸膜肺炎氢氧化铝菌苗	每年 5 月或 11 月	山羊传染性胸膜肺炎	12 个月
	羊三联四防灭活苗	每年 4 月或 10 月	羊快疫、羊猝狙、羊肠毒血症、羔羊痢疾	12 个月
羔羊首免	羊口蹄疫苗	2~3 月龄首免，1 个月后加强一次	羊口蹄疫	
	羊痘鸡胚化弱毒疫苗	2~3 月龄首免	山羊痘	

2. 实施标准化饲养、规模化管理的技术要点

山羊的规模化养殖企业可根据场内的实际情况和羊的生理特点，从硬件设施、饲料的加工与配制、繁殖与配种、饲养管理、疫病防治等几个方面制定企业的生产技术规范。崇明白山羊保种场的生产技术规范见附件。

四、生产技术指标

生产技术指标是反映生产技术水平的量化指标。通过对生产技术指标的计算分析，可以反映出生产技术措施的效果，以便不

断总结经验，改进工作，进一步提高生产技术水平，主要包括以下主要内容。

1. 饲料报酬

指投入单位饲料所获得的畜产品的量。反映饲料的饲喂效果。在肉羊生产上常以投入单位饲料所获得的肉羊增重表示。

提高饲料报酬的方法通常如下所示。

（1）改进饲养方法。传统的放牧饲养方式，由于羊的活动量大，用以维持和满足代谢过程中所需的热能和各种营养物质的需要量大。

（2）改进饲草料加工方法。对羊饲料，特别是粗饲料进行适当的加工，如粉碎、氨化等，以保持较好适口性和长度，可促进消化吸收，大幅减少浪费。据崇明白山羊保种场试验，将粗饲料的长度控制在 1~2cm 可提高粗饲料的利用率，减少浪费。

（3）改进饲料的配制和饲喂方法，科学配制日粮。改变传统的单一的饲喂方法，采用 TMR 形式，配制全价的日粮，可大幅扩充饲料资源的来源，提高饲料的消化利用率。

（4）实行科学的管理。饲养管理条件的好坏，除直接影响畜禽的健康和生长发育外，同时也影响饲料的利用率，据试验，畜禽在舍温-10℃时，比在 10℃时散发的热量要高 28%，所以在冬季，给山羊生活在比较干燥、温暖的圈舍内，可在一定程度上减少其体温散失和体内营养的消耗。

（5）实行科学的限饲技术。根据畜禽在不同生长阶段和不同的生产目的，通过调整饲料营养浓度或增减饲喂量等方法，在确保其生产性能的前提下，提高饲料利用率。

（6）合理应用饲料添加剂。在基础日粮中，根据营养需要，合理的添加氨基酸、维生素、矿物质等，不仅能完善饲料的全价性，而且对减少疾病，保证健康，促进生长发育，提高饲料利用率有明显的作用。

2. 产羔率

指产羔数占产羔母羊的百分率。它反映母羊的妊娠和产羔情况。计算方法为：

产羔率（%）=产羔数/产羔母羊数×100

提高产羔率的方法通常如下所示。

（1）加强选种选配。母羊多胎性遗传力很强，在羊群中要经常选留多胎羊，特别是选择第一胎多羔的母羊或者它本身的后代。

（2）提高适龄母羊在羊群中的比重。

（3）短期优饲。配种前2~3周短期优饲。

（4）改进配种方法，适时多次输精是促进一胎多产，提高繁殖率的途径之一。精子在母羊的子宫内生存约9h，母羊如果排两个或三个卵，不是同时排出的，为了使卵都授精，可以在母羊发情的中期、末期多次输精（本交），可以提高受胎率。

3. 羔羊成活率

在本年度内断奶成活的羔羊数占出生羔羊的百分率。它反映羔羊的抚育水平。计算方法为：

羔羊成活率（%）=断奶成活羔羊数/出生羔羊数×100

提高羔羊成活率的措施如下。

（1）加强母羊妊娠期的管理。对妊娠期母羊的营养水平、饲养环境、疾病预防等均要加强关注，保持胎儿生长发育的良好环境。

（2）做好羔羊的管理。吃好初乳，适当的人工喂养、寄养，及时进行补饲，维持良好的环境，加强对疾病的防控等，均是提高羔羊率的措施。

（3）加强技术人员的管理。合理的绩效考核方式，提高技术人员的积极性，加强技术人员的责任感，也是提高羔羊成活率的重要措施之一。

4. 受配率

指本年度内参加配种的母羊数占羊群内适龄繁殖母羊数的百分率。主要反映羊群内适龄繁殖母羊的发情和配种情况。

受配率（%）= 配种母羊数/适龄母羊数×100

提高受配率的主要措施如下。

（1）加强人员管理，提高工作人员的责任心。由于当前山羊的发情鉴定主要还是以人的观察为主，工作人员的工作责任心直接影响整场羊的受配率。

（2）加强对羊场母羊生产数据的分析。通过对羊场母羊数据的分析，及时选出长期不发情的母羊，并进行适当的处理，有利于羊场受配率的提高。

（3）采取技术措施，实现羔羊的早期断奶。羔羊的早期断奶有利于母羊尽早进入下一个繁殖周期，提高母羊的利用效率。

5. 受胎率

指在本年度内配种后妊娠母羊占参加配种母羊数的百分率。实际工作中又可分为以下几种。

（1）总受胎率。指本年度受胎母羊数占参加配种母羊的百分率。它反映母羊群中受胎母羊的比例。计算方法为：

总受胎率（%）= 受胎母羊数/配种母羊数×100

（2）情期受胎率。指在一定的期限内受胎母羊数占本期内参加配种的发情母羊数的百分率。它反映母羊发情周期的配种质量。计算方法为：

情期受胎率（%）= 受胎母羊数/情期配种数×100

第二节　产品营销与成本核算

白山羊养殖的最终目标是通过经销商走向市场，为消费者提供农产品，满足不同层次的消费需求。经销商可以是纯粹的商品

经营户、或从事白山羊屠宰加工的小刀手，也可以集白山羊养殖与销售于一体的商户。但无论属哪种经销类型，遵章守纪是前提，诚信是立足之根本，只有这样，才能利于白山羊产业的发展和壮大，才能闯出一片新天地。

一、遵章守纪、合法经营

饲养白山羊的最终目的是为人类提供优质畜产品，因此产品质量的优劣直接关系到人的健康状况，为此我国在畜禽养殖、屠宰、产品经营等过程中均有相应的法律、法规作出明确规定，一旦违反了其中相关事项，就会受到相应的处罚。因此，无论是生产者、还是经营者，均应熟悉相关的法律、法规。

1. 了解《畜牧法》《动物防疫法》《动物标识管理办法》《重大动物疫病应急条例》等国家层面的法律、法规，熟悉其中的要义

这些条款是开展生产、经营活动的前提和基础，是从事生产经营活动的保障。如《畜牧法》第六条、第四十三条、第四十六条，《动物防疫法》第十四条等对从事养殖行为规范提出了明确要求，《畜牧法》第五十二条、第六十九条，《动物防疫法》第四十二条，《动物免疫标识管理办法》第十九条等条款对生产经营行为提出了准则，因此作为一名生产者、经营者应知法、懂法、守法，在法律许可的框架内从事生产经营行为。

2. 规范投入品安全，确保食用农产品质量

白山羊养殖过程中的投入品主要有饲料（草）、兽药、疫苗、添加剂等。投入品质量的优劣，直接影响到畜产品质量，为保障投入品使用安全，除依靠执法部门强化对生产、经营领域的执法力度外，作为生产经营者，也要有规范投入品使用的意识。在投入品使用过程中应遵守下列规范。

（1）饲料来源应品种多样化。机体的生长需多种营养元素，

能从天然的饲料中提供的，就不应额外添加，因此多样性的饲料来源既满足了生长需要，又避免了人为添加营养元素的可能。

（2）饲草应无霉变。饲料（草）发生霉变主要由三方面决定：温度、温度、氧气。一般情况下，将水分控制在安全线以下是防止霉变最有效且简单易行的方法，故饲草（料）一旦收获后应尽快使其干燥，并保持干燥均匀一致，已经霉变的饲草不但会引起羊只腹泻、甚至死亡，同时霉菌毒素也会在白山羊体内蓄积，一旦人食用后，霉菌毒素会在人体内富集而危害健康。

（3）不得使用动物性饲料。我国农业部发布的《禁止在反刍动物饲料中添加和使用动物性饲料的通知》中要求，严禁在反刍动物饲料中使用肉骨粉、骨粉、血粉、血浆粉、动物下脚料，动物脂肪、蹄角粉、羽毛粉、鸡杂碎粉、血浆及其他血液制品等。之所以要求这样做，是因为在这类动物性蛋白质饲料中有一种异常蛋白质，饲喂后会引发类似“疯牛病”的疾病，同时动物性饲料中可能会含有沙门氏菌等致病菌而危害健康。

（4）严禁使用违禁药物，我国已陆续发布了禁止在饲料和动物饮水中使用的药物品种目录（五大类 40 种）、食品动物禁用的兽药及其他化合物清单（共 21 项），这些均是养殖企业在生产过程中必须遵守的制度。

（5）执行兽药休药期规定，未达到休药期的动物产品不得上市销售。

（6）不使用四无产品。对无生产日期、无厂商、无生产地址、无保质期的所有“四无”投入品不得在生产中使用，这类商品往往有一定的质量隐患，使用后对白山羊产生危害，从而间接影响到人类健康。

（7）审慎使用抗生素，减少对抗生素的依赖性和随意性。抗生素除了在环境恶劣、发病率高、症状感染较重时应用效益较佳外，实践和经验证明，在很多场合下，抗生素并非是非用不可的，可通过改善饲养管理、改善卫生状况、强化生物安全、应用生态养殖技术等措施替代，以最大限度减少抗生素的用量。

（8）严禁使用人用药，以防止耐药菌株的产生。

（9）药物添加剂使用应符合农业部药物添加剂使用规范。

（10）原料药不得直接加入饲料中使用。

3. 严格执行“粪便无害化卫生要求”“畜禽养殖业污染物排放标准”“畜禽病害肉尸及其产品无害化处理规程”等技术标准与规范

这是开展白山羊养殖的行为规范。白山羊养殖过程中不可避免会产生粪、尿、污水、垫料、废饲料及散落的毛羽等养殖生产废弃物，特别是规模养殖场（户），其在养殖生产过程中产生的粪、尿等废弃物更多于散养户，作为一名生产者，应建设相应设施予以收集并通过厌氧发酵以杀灭其中的病原菌、寄生虫卵后再实行资源化利用，实现变废为宝。严禁一切任意排放、污染环境的不负责任行为，在白山羊养殖生产活动中，由于各种原因发生的白山羊染病死亡后，其尸体的处理也应遵循焚烧或深埋等相应的无害化处理规程，严禁销售病死动物，否则都会受到相应的处罚。

4. 掌握各级政府关于白山羊养殖的优惠政策和对行业发展的相关扶持政策

政策的扶持是产业发展的根本保证，有了政策的支持，对产业的发展可取得事半功倍的作用。但政策是一定社会条件下的产物，是由当时的社会生产和产业发展特点所决定的，因而政策不是一成不变的，是有一定时效性的。随着社会的进步，产业的发展，相关的扶持政策也会有相应的调整，同时不同的区域，相关的扶持政策也会不同，如崇明区和金山区，虽同属上海市，但由于发展白山羊产业的起步不同、养殖情况不同，扶持政策也各不相同。如崇明设定对从认定的扩繁场购买的种羊，每头补贴 300

元，而金山区金山惠镇设定公羊补贴 500 元/头、母羊补贴 150 元/头、肉羊补贴 80 元/头的差价补贴办法。同时，应及时关注当地政策的变化并作相应调整，避免死守一项政策的做法。如崇明县人民政府 2012 年 69 号文第二条确保地产农产品有效供给中，对发展白山羊有以下扶持政策。

第一，鼓励崇明白山羊规模养殖场建设。对符合崇明白山羊产业规划布局，规模在 300 头以上的新建场，给予一次性补贴，经县技术部门验收合格后，扩繁场补贴 15 万元/座，肉羊场补贴 10 万元/座。

第二，扶持崇明白山羊生产发展，白山羊养殖户从县技术部门认定的良种扩繁场购买体重 15kg 以上的种羊，给予 300 元/头的补贴。

同时该年度的政策设定了该政策的有效期为 2012 年 1 月 1 日至 2016 年 12 月 31 日。而在 2017 年 186 号文中，对白山羊的扶持政策进行了调整，调整后内容如下。

补贴对象：经区农委认定的扩繁场和肉羊场。

补贴条件：从区保种场、扩繁场购买崇明白山羊种羊。

补贴标准：300 元/头。

政策发生调整的主要原因是经过几年的发展，规模养殖已达到一定水平，规模养殖在产业发展中的作用要远远大于散养户，而当前无论是崇明白山羊种羊，还是扩繁场提供的杂交种羊，数量有限，属于稀缺资源，为充分、合理利用现有的种质资源，促进产业的发展，故通过扶持规模生产以实现白山羊产业做大做强，并创建崇明白山羊品牌。

二、诚信为立足之本

人们都希望在公平、公正的环境中消费，付出与收获是相等的，但在现实社会中，以次充好、以假乱真、短斤缺两等生意经

时不时会出现，表面上看，好像是消费者亏了，但从长远看，损害的定是商家利益，消费者一旦觉察上当受骗后，绝不会再次上当消费，并给熟悉的消费者予以提醒，相反口碑好的经营户不但能建立较稳固的消费者群体，而且通过消费者的宣传，还能拥有更多的消费者。因此能长久经营的，定是讲诚信的经营主体。为此对生产者，或是经营者提出了一个诚信的考验。那么如何做到诚信？

一是树立全员诚信意识，构建单位诚信文化。诚信既是一种行为，更是一种道德观念。因此，要建立诚信，首要的工作就是确立诚信的道德理念。通过在单位内部加强诚信的宣传教育，提高每一个员工的诚信意识。

二是要形成督查、激励机制。诚信的养成不是自然而然的过程，只有通过坚持不懈、持之以恒的教育和自我教育才能化作自觉的行动。对日常生产经营中一旦发现诚信缺失的行为，予以相应处罚，引以为戒，对讲诚信、守信用的员工予以表扬和奖励，营造一种讲诚信的氛围，塑造一种守信用的企业文化。

三是建立科学高效的售后服务体系。市场经济是诚信经济，是服务经济。售后服务至关重要。必须做到有承诺必兑现。

三、市场营销策略

市场营销是由实现产品向商品转换的一个过程，是一种商业行为，但要想把这一行为扩大化，进而形成可持续发展产业，应遵循以下几点。

1. 市场营销的基本理念

市场营销就是在众多的产品销售竞争中，尽可能把自身的产品销售给消费者，从而赚取利润，并通过消费者之间的相互宣传，销售更多的产品。因此市场营销的方法：一是通过多渠道、多途径、多方法销售尽可能多的产品，二是通过较高的销售价

格，获取较丰厚的利润。欲达到上述效果，则开展的市场营销应遵循“人无我有、人有我优、人优我精”的基本理念，才能在市场竞争中领先其他生产者，才能在竞争中永葆产品活力。例如崇明白山羊原先的销售模式是以整只羊腿为销售单位，消费者购买羊肉，只能整腿购买，这是延续已久的消费习惯，随着社会发展、生活节奏加快，生活水平的提高，人们的消费观念也在发生变化，人们对羊肉的消费希望以尝鲜为主，而且每次应新鲜、食用方便。为适应这种变化，市场出现了按需购买的零售新模式，上海崇明古宗白山羊合作社瞄准商机，顺应了该种消费模式，推出了小包装产品，如每包 500~750g，适应了现代家庭三口之家的消费需求，成为市场销售的风向标，很快市场上跟着出现大量的小包装羊肉产品，这时古宗白山羊合作社根据消费调查又迅速进行了调整，根据个人的消费习惯和喜好，又推出了羊排、羊蹄膀、羊肉、羊杂、羊肉卷等系列产品。在此基础上，古宗白山羊合作社又不惜投入大量资金开展了小包装羊肉的气调包装，通过在包装中充入氮气、二氧化碳等惰性气体，使其保质期从 2~3 天延长至 7 天，顺应了快递业的需要，为长途运输创造了条件。

2. 注意市场行情及价格变动等因素影响

市场是处于时刻变化之中的，因此销售价格也会随着市场供需关系的变化而变化，因而无论是生产者、还是销售商，不能墨守成规，应时刻注重市场价格的变化，并能预估市场行情的变化，及时出手。如崇明白山羊的销售季节一般为每年的 10 月至翌年的春节前，其中元旦至春节为最旺销时间段，销售价格处于顶峰。因此较多的白山羊养殖户有存羊至元旦后销售以图高回报的想法。如 2015、2016 年连续两年国庆节过后白山羊销售价格一般在 7.5~8 元/kg，最高价位一度上升至 20 元，随后苏北白山羊大量入崇，市场价格随之下跌，但不少养殖户仍抱有幻想，未能根据市场的变化及时销售，结果元旦过后，随着更多的苏北白山羊的入祟，白山羊的市场价一度跌落至 6.5~7 元/kg，期间虽有所回升，但总的态势已成定局，甚至已低于成本价，使不少白山羊养殖户遭受大损失，经过此两年的消耗，白山羊养殖户的积极性受到影响，缩减养殖规模，减少母羊养殖数量，产业的发展遭受挫折。至 2017 年时，市场上难觅羔羊，10kg 左右的断奶羔羊销售价在 550~650 元，至 2018 年时更是达到了 700~800 元的历史高位。

3. 根据产品的市场需求状况，选择产品的加工与销售方式

现代社会的生活方式是短、平、快，所以要求产品的销售也能适应这种方式。传统的整条腿购买的消费方式因加工不便、一次未能全部食用完需冷冻处理过于烦琐而逐渐淡出市场，随之以小包装羊肉的出现则顺应了当前消费需要，特别是青年一代的消费需求，更有以半成品的方式销售，大大方便了消费者，真正做到了一切以消费者为中心，以方便、实用为服务宗旨。如上海古宗白山羊合作社瞄准市场商机，创新开发山羊羊肉卷，深入内蒙古和蒙古国进行考察，不惜重金从内蒙古聘请制作羊肉卷的师傅，经反复多次技术攻关，最终用山羊肉也成功制作羊肉卷，产品一经推出即受到市场好评，产品供不应求，为国内消费市场填补了一项空白，白山羊羊肉卷的制作成功，满足了市场的需要，为白山羊消费增添了一种新的方法，同时对经营户而言，羊肉卷与其他产品比较，由冷冻代替了冷藏，延长了保质期限，对白山羊养殖户而言，如在消费淡季却有白山羊上市销售或滞销时，可通过出售给古宗白山羊合作社后制作成羊肉卷后再存放，也减轻了养殖户的困难。同样，在市场营销中也须根据市场的消费习惯决定销售策略。如崇明白山羊的消费主要集中在 10 月至翌年 2 月，其他时间则趋于淡季，因此，农户从春季开始养殖，饲养 10 个月后上市销售，羊价处于高位，可得到较好的养殖利润，而奉贤地区羊肉的消费则主要集中在 7—8 月羊肉节期间，其他

时间则为淡季，如果奉贤的养殖户按崇明的消费习惯销售白山羊，则会遭受较大的损失，所以不同地方的养殖户应根据当地的消费习惯、结合白山羊的饲养周期，决定养殖时间。在实际生产中，白山羊是常年存栏饲养的家畜，往往有些白山羊在非销售旺季也已达到上市体重，则建议饲养户除向加工企业出售外，也可通过错位营销的方法，如崇明地区的养殖户在 7、8 月间有白山羊出售的，可通过向奉贤区销售，以获取较高的养殖效益。

4. 充分利用各种新闻媒介、电子商务平台及可利用的资源，拓宽销售渠道

市场营销讲究的是八仙过海、各显神通。以前崇明白山羊的销售主要依靠小刀手，市场价格由小刀手操纵，农户一年养一头羊的收入，有时还不如小刀手一天销售一头羊的收入。为此，在部分养殖户的引领下，养殖户的销售理念开始发生了转变，由卖活羊开始向销售产品转变，不但掌握了销售的主动权，还提升了产品的附加值，实现了产业链的延伸。在由活羊销售向产品销售转变的过程中，产生了多种可复制、可推广的模式，现将崇明地区主要产销一体化模式介绍如下。

（1）养殖与饭店结合模式。通过养殖场与饭店联盟，由饭店负责经销养殖场提供的白山羊。该类模式又有两种不同的方式。

模式一：是养殖场自行开设饭店，销售本场产品。如崇明的荟萃白山羊养殖专业合作社通过在崇明南门地区开设饭店，主营本场养殖的白山羊，3 年下来，在原饭店的基础上，在南门新城又租用一栋四层楼商业用房用于饭店经营，生意红火；臻兴白山羊养殖合作社则利用其在浦东周浦地区已开设一家小型餐馆的优势，每天限量销售 2 头本场养殖的白山羊，3 年下来，凭借崇明白山羊的美味和经营有方，使其周边的另两户小餐馆门可罗雀，最终关门停业，最近臻兴白山羊养殖合作社将附近关门停业的两

餐馆予以盘存，扩大了经营面积，装修后继续主营崇明白山羊，生意兴隆，每天从早到晚，食客不断。

模式一优点：一是实现了产品的销售，掌握了销售的主动权。二是实现了产业链的延伸，提升了产品的附加值，减少了市场价格波动对养殖环节的影响，得到了较好的回报。

模式一缺点：一是经营饭店需要一定的资金投入和相应的管理能力。二是白山羊产品的销售程度取决于饭店的业绩及消费者的认可程度，如消费群体呈递减态势，则直接影响产品后续销售。

模式二：白山羊养殖场与饭店签约，每天根据饭店需要定量供应。如崇明小姚白山羊专业合作社与老西门饭店签约，每天将白山羊胴体送至饭店，凭借饭店在消费者心目中的地位实现产品的销售。

模式二优点：一是省却了投资饭店所需的大量资金投入。二是同样实现了产业链的延伸，提升了产品的附加值，获得比售活羊更高的回报。

模式二缺点：一是销售的主动权还是控制在他人手中，不同的只是从原小刀手换成了饭店经营者，欲想保持长久的共享关系，取决于双方的感情基础。二是销售程度及持续时间同样取决于饭店的经营业绩。三是收入回报要低于自主经营饭店类。

（2）充分利用现代电子商务平台，实施线上、线下两种销售模式。现代通信技术的发展，诞生了一种新兴产业，即网上销售业，它不同于传统的实体店经营模式，消费者只能根据经销商提供的产品资料和消费者的评价情况决定是否购买该类商品。崇明的古宗白山羊合作社、万益农产品专业合作社就开始了网上销售的尝试。其将白山羊胴体按不同部份分割成小包装产品，每包500g/750g，由消费者进行挑选，再由物流送到消费者家中。

该类销售模式优点：一是省去了开办实体店的资金投入。二

是扩大了产品的销售渠道，使产品不再局限于在本地区营销，提高了产品知名度。三是节省了聘用销售人员成本的支出。

该类模式缺点：一是由于为非接触性购买，商品质量好坏未知、双方的诚信度未知，因此，该类模式消费仅凭双方的感觉及对彼此间的互信度，养殖企业如欲与消费者建立稳固的长期合作关系，应不断加强内部管理，提升产品形象。二是由于运输需一定的时间，所以对产品的包装、产品的质量（保质期）有较高的要求，否则可能会使产品变质而影响食用。

除通过电子商务平台开展网上销售外，古宗白山羊合作社、万益农产品专业合作社还通过以前建立的稳固的客户开展线下交易，根据客户的订购数量，及时安排加工生产，并送达客户指定地点，实现产品营销。线上、线下相结合的营销模式，是对传统营销模式的补充和拓展，扩大了产品的购买力，提升了产品价值。

（3）开通会员制销售模式。这又是一种新型的消费模式，生产者通过前期的广告宣传等方式，将自身拥用的产品告知消费者，并承诺一旦成为会员将以优惠的价格供货，实现从田头至餐桌的直接供应，省去了中间环节。这类消费方式也能吸引一部分消费者。如崇明的万禾农业科技有限公司，利用其种植的100多种3 000多亩的蔬菜和养殖的1 000多头的白山羊，吸纳了300多个会员，每天根据会员的意愿将新鲜蔬菜和白山羊产品送达会员家中。会员制的消费模式主要以中青年的白领为主，该类人群有较高的收入，也舍得投入，但平时工作忙、压力大，闲暇工夫少，因而送货上门的销售模式迎合了此类人消费理念。

该类模式优点：一是通过会员的加入，可以使用会员的会员费作为投入资金发展生产，从而有更多的资金用于生产，且不用支付利息。二是产品的销售有了较稳定的客户源，生产者只需在产品的质量方面开展研究和投入，不必为寻找客户而花费较多的

时间和精力。

该类模式的缺点：一是由于会员对产品质量要求较高，特别是新鲜度，所以生产者在产品采摘、包装后在半天内自行运输送达，相比较而言，运输成本较高，如交由物流运输，则未必能保证产品采摘、包装后在同一天内送达，直接影响产品的新鲜度和口感。二是会员制的销售模式仅局限于当地，产品的影响力有限。

（4）以超市为主的消费模式。随着超市的不断兴起，人们对超市的依赖程度越来越高，特别是大型超市，极大方便了消费者购物，同时超市在消费者心目中又是质量保证的代名词。因而不少精明的商家将产品销售瞄向了超市，通过借助超市的消费群体实现产品的销售。如崇明的瀛羊白山羊专业合作社，通过与"盒马鲜生"超市订立供货合同，将崇明白羊胴体分割成小包装后定位于超市供应，从原先的卖活羊向产品销售迈出了一大步，不但增加了收益，提升了产品价值，而且还扩大了知名度。

该类模式优点：一是建立起了较稳定的供货渠道，实现了产品的销售。二是由于超市已有的和潜在的消费群体，扩大了产品的知名度，提高了企业的声誉，只要质量能保证，不用担心产品的销售。

该类模式缺点：一是需要有稳定的货源持续供应，为此生产者必须建有与供货数量要求相匹配的养殖基地，且养殖数量达到供货要求，为此需要大量资金投入。二是包装成本较高。三是有一定的产品损耗。羊肉产品保质期较短，临近保质期的食品仍由供货商自行解决，如果某一类产品滞销而积压过多，短期内又无法消化，则不可避免地会产生损耗，无形中增加成本支出。四是需要有充足的资金。进入超市需有场地费、同时超市产品售出后也不会马上与供货商结账，往往需延后结算，期间的生产、加工等均需投入相应资金，故要求生产者有相应的资金保障，方能避

免捉襟见肘。五是通过超市产生的利润要低于以上其他几种，因超市通过营销也要获取一部份利润，故带给生产者利润有限。

以上几类均为单打独斗的销售模式，属于小打小闹型，抗击市场风险比较脆弱，特别是面对集团消费或大的营销单位需求量较大时，则显得力不从心，因此为加强市场竞争力，实现产品的持续供应，就诞生了一种新型的产销模式。

（5）建立养殖联盟，统一销售。为加强白山羊产品在市场竞争中能力和持续供应能力，可由相邻的几个乡镇的规模养羊场（户）组建集团联盟，联盟内部各场统一种源、统一饲养标准、统一防疫、统一投入品监管、统一产品质量标准，产品统一营销。为加强对生产、销售过程的管理，推举产生其中一规模羊场为“领头羊”，具体负责对外联络、销售等，一般“领头羊”由销售渠道较广、管理经验较丰富的羊场担任。如崇明古宗白山羊合作社联络了附近的 12 家白山羊合作社组建成立崇明白山羊联盟，按照六个统一的要求，由各场组织生产，为确保对产品的有效控制，古宗白山羊合作社的收购价一般高于市场价 1~2 元，同时在年初古宗白山羊合作社与其他合作社一一订立购货合同，每份合同双方各拿出20 000元作为收购保证金存放在区绿联会，一旦违约，违约方的保证金即归对方。再如上海万益农产品专业合作社为扩大供货数量，与周边及附近乡镇 51 户农户进行签约，每户养殖母羊在 6~10 头，饲草（料）在保证品质合格前提下自行解决，兽药、疫苗由合作社提供，饲养至 10 月龄以上，体重 35~40kg 按略高于市场价回收，并对养殖户予以适当经济补贴，提高了养殖户的积极性，通过分散养殖、集中供应模式，实现了产品的持续供应，促进了产业链的延伸，推动了产业的发展。

该模式优点：一是产品集中销售，解决了部份养殖户销售渠道不畅所致产品难销或销售价格低的困境。二是整个生产过程分散实施，降低了疫病的风险。三是改变了单打独斗的销售模式，

产品实行集中销售，为发展大订单业务、扩大产品知名度创造了条件。

该模式缺点：一是对过程的管理，包括生产、销售有一定的难度，由于户数较多，想法各异，需有一部份精力投入。二是需要一部份闲置资金，与每个合作社签约均需 2 万元保证金，如古宗白山羊合作社与 12 个合作社签约，其需拿出 24 万元保证金，这对于发展中的养殖场来说，特别是近几年白山羊市场低迷、白山羊产业微利甚至亏本，是个不小的投入。

5. 积极申报绿色、有机产品，提高品牌形象

在开展产品营销过程中，已取得绿色或有机标识的产品，不但售价高于普通商品，而且更易受到消费者的青睐。为进一步提升产品形象，上海古宗白山羊合作社、上海万禾农业科技公司从 2018 年起开始申请绿色（有机）产品，目前正在申请之中，有望 2020 年年初可通过认定。

6. 加强产品保护力度，防止假冒伪劣产品充斥市场，影响自身产品的声誉

当一个产品声名鹊起时，市场上会出现较多的仿冒伪劣产品予以充斥、以假乱真，而消费者往往不明就理，上当受骗，长此以往对品牌在消费者心目中的形象缺损较大。如近几年崇明在崇明白山羊品质提升、品牌建设等方面花费较多心血，赢得了市场认可和消费者的青睐，随之在上海部份农贸批发市场出现了大量的“崇明白山羊”经销店，主营的均是“崇明白山羊”，其实质崇明白山羊的销售主要在岛内，只有极少部分进入上海市区销售，为此崇明畜牧协会与上海市崇明县白山羊协会联合开展了市场打假，恳请当地市场管理部门会同工商部门加强市场管理，凡以崇明白山羊的名义进入市场销售的，应提供其产地检疫证明，以切实维护崇明白山羊的声誉，维护消费者的合法权益，使消费者明明白白消费，同时维护崇明白山羊的产品形象。

因此，在大力发展生产、创建品牌的同时，也要关注市场行情，避免辛苦换来的成效被不法商人利用，有损已建立起的产品形象。

四、生产成本核算

在白山羊养殖与生产经营活动中，为获取尽可能高的经济效益，不可避免地会注重成本核算，并尽量降低生产或经营成本，因此作为一名生产者或是经营者，有必要了解成本核算的相关内容。

（一）成本核算的原理与方法

养羊场成本核算应根据养殖规模、饲养方式、饲料来源、产品销售模式等内容，主要包含以下几方面。

1. 养殖环节的成本核算

（1）成本支出。

①基建设施：包括羊舍、青贮窖、储草及饲料加工车间、办公室及宿舍等。

②设备机械及运输车辆投资：包括青贮机总费用，兽医药械费用，饲料、饲草等加工设备费用，运输车辆费用等。

③种羊投资。

④饲养期需干草、青贮料、配合精料。

⑤兽药、疫苗、水电、运输、业务管理、低值易耗品、维修费。

⑥年工人工资。

⑦土地租金。

（2）收入。

①年售商品羊（含淘汰羊）：

总上市数×出栏重/只×价格/kg 活羊

②羊粪收入：

羊粪收入=总粪量×价格/m^3

以上两项合计为总收入。

(3) 经济效益分析。

总盈利=总收入-年种羊饲养总成本-年育成羊饲养总成本-年医药、水电、运输、业务管理-年总工资-年固定资产总摊销-年种羊总摊销

每售1只育肥羊盈利：年总盈利÷总育肥羊上市数

2. 营销环节成本核算

(1) 成本支出。

①肉羊的收购：含自繁自养肉羊及从签约农户（合作社）处按协议收购的肉羊，肉羊数量×体重×元/kg

②屠宰加工：

运输费：活羊运至定点屠宰场及胴体运至产品加工点的费用。

屠宰加工费：各地标准不一。

分割白山羊胴体需人工费。

产品包装费用：根据不同的包装材料定相应的价格。

产品预冷、排酸期间所耗用的电费，一般在冷库排酸时间为6h。

③产品运输费用：根据产品不同的销售定位，如运至饭店、会员、超市等对象不同，确定相应的运输价格。

④固定资产投入：

加工用房建设资金。

冷库。

胴体分割、包装设备及设施。

年固定资产折旧=（加工用房建设资金+冷库建设资金+设施设备投入）/15年

⑤其他：

营销人员费用。

门店租赁费、超市场地费、土地租金等。

（2）收入部分。

①产品收入。

②加工副产品收入：羊杂、羊血、羊毛。

（二）成本分析实例

上述各部分基本反映了养殖或经销环节成本组成情况，我们仍以养殖环节为例讨论如何降低成本，以上海某专业合作社养殖成本核算表为例（表 9-2、表 9-3）。

表 9-2　某规模羊场养殖成本核算表

情况	数值	同类成本中占比（%）	总成本中占比（%）	备注
一、基本情况				
1. 能繁母羊数	450 只			全年加权平均数
2. 提供活羊数	885 只			全年产活羔数-全年死亡数
3. 本场销售羊数	830 只			全年销售总数
4. 棚舍面积	2 160m²			
5. 羊场建设投入资金	1 550 万元			含设施设备投入
6. 羊场工作人员数	10 人			含管理人员
二、直接成本				
1. 饲料（草）支出	808 200 元	52.3	29.3	2017 年
2. 疫苗、兽药	20 000 元	1.3	0.7	2017 年
3. 人工（养殖环节）	485 000 元	31.4	17.6	2017 年
4. 低值易耗品	30 000 元	1.9	1.1	2017 年
5. 水、电、通信费	40 000 元	2.6	1.4	2017 年
6. 维修费	25 000 元	1.6	0.9	2017 年
7. 运输费	60 000 元	3.9	2.1	2017 年

（续表）

情况	数值	同类成本中占比（%）	总成本中占比（%）	备注
8. 粪污处理费	75 000 元	4.9	2.7	2017 年
9. 小计	1 543 200 元		56	
三、间接成本				
1. 房屋、设备折旧	1 033 500 元	85.2	37.5	按使用 15 年折算
2. 土地租金	180 000 元	14.8	6.5	2017 年
3. 小计	1 213 500 元		44	
成本合计	2 756 700 元			

表 9-3　某规模羊场母羊生产情况分析

类别	项目	金额	备注
支出	母羊引种	270 000 元	购买种母羊时发生的费用
	初次配种前费用	180 000 元	种母羊引入至能够配种期间的费用＝饲养天数×每天饲料成本×2
	母羊生产期总费用	1 314 000 元	按母羊繁殖期 4 年计，共 1 460 天，生产期总费用＝1 460×每天饲料成本×2
	支出合计	1 764 000 元	支出合计＝母羊引种费+初次配种前费用+母羊生产期总费用

从上述 2 张表中可以看出：固定资产投入及由此产生的折旧费、土地租金等费用基本固定，不可能凭主观意志能调控，对生产者而言，唯一能实行的是从降低直接成本支出方面入手，其中主要是饲草（料）的支出和人工成本控制。

饲料、饲草的支出。该笔支出占直接成本支出的 50%～60%，因此避免饲料、饲草的浪费是节约成本支出的有效措施，可通过机器切短的方法加工粗饲料，再利用 TMR 技术将粗、精料充分搅拌均匀，可有效减少饲料（草），特别是秸秆饲料的浪费现象。除此之外饲料、饲草的选用在满足多样化的前提条件下，应遵循当地、就近的原则，不足部分再从其他地方补充，特别要注重农作物秸秆的利用，如小姚白山羊合作社充分利用当地芦笋秸秆作为饲草，万禾白山羊合作社则利用其3 000多亩蔬菜采摘后的下脚料作为饲草，古宗白山羊合作社则利用花菜叶为饲草，因这些农作物秸秆基本是免费供应的，可节约不小的成本支出，同时当地、就近采购饲草（料）也降低了运费成本。

除从饲草（料）方面入手节约成本外，养殖场也可通过以下途径节省养殖成本

1. 人工费用

随着最低工资逐年上涨以及规范用工等法律法规的要求，人工费用呈逐年递增态势，当前已占直接成本的30%。降低人工费用措施：一是部分作业可用机械代替人工，如饲草的加工、搅拌，清粪、喂料等，降低劳动强度，提高劳动效率，减少用工量；二是一人多活兼职，如可集兽医、配种、档案记录于一人，饲养员兼配种辅助员等；三是加强管理，提高人均生产效率，如提高人均饲喂数等。目的是少用人员，减少工资支出，降低成本。

2. 疫苗、兽药的支出

该类费用一般占直接费用的5%左右。可通过平时加强生物安全防控，贯彻预防为主的原则实施日常饲养管理也可适当降低药费支出。

3. 母羊的引种费用

对于新建养殖场来说，这是一笔不可减少的开支，但对于已建的养殖场，可通过自繁自养的方式减少引种的费用，首先是降低了成本支出，更重要的是规避了频繁引种带来的疫病风险。

4. 水电费用

羊场用电主要是饲草料的加工、调置，夏季通风、冬季羔羊保温等方面，其中将羊舍由密闭式改建成敞开式可减少夏季用电，另可设定配种日期，避开最冷时段，也可降低用电量；在节

约用水方面，主要是减少饮用水的浪费，可通过用碗式饮水方式代替乳头式或长流水饮水方式减少水的浪费，同时减少冲棚次数和用水量，实现源头节约。

（三）选择最佳的融资方式

从事养殖生产或产销一体化经营模式，不可避免地涉及资金的投入，由于养羊业为微利行业，生产者不可能有较多的资金用于再生产，为此需通过适当的方式进行融资，满足生产过程的资金需要。为此需了解农业贷款的相应知识。

1. 农业贷款的对象、类型、特点。

（1）对象。就现阶段我国农业经济发展的实际情况看，贷款对象包括以下几种。

①国有农业企业：包括农垦、农业、林业、畜牧、水产、水利、华侨、劳改、农机、气象、解放军总后勤部、国防科工委以及其他系统所属的国有农林牧渔场；国有农办工业、商业、物资供销、服务业、交通运输业、建筑业、采矿业、农机修造业等企业；各种农业的企业集团、租赁企业、股份企业、中外合资企业以及实行企业化经营的全民所有制事业单位。

②农业生产集体经济组织：包括农村从事农、林、牧、副、渔业及为农业产前、产中、产后服务的集体经济组织。

③农村生产合作经济组织：包括各种形式、各种规模的经济联合体。

④农户：包括农业承包户，自营户和从事农、林、牧、副、渔、工商业经营的农村居民。

⑤农村信用合作社。

（2）类型。

现行金融统计制度中，把农业贷款分为农业短期贷款和农业中长期贷款。

①农业短期贷款是指贷款期限在一年以内（含一年）的短

期农业流动资金贷款，这类贷款主要用于农业生产费用、农副产品加工及运销和农业科技活动等方面。

②农业中长期贷款是指贷款期限在一年以上的贷款，主要是用于农业固定资产投资方面的贷款。

（3）特点。与工商业贷款相比，其主要特点如下。

①期限较长：农业生产周期长，其资金周转也比工商业慢。因此农业贷款的期限也比工商业贷款期限长。

②利息较低：农业生产受自然条件影响大，风险也大；同时农业状况对整个国民经济发展有很大影响。

因此，许多国家的政府为求得社会的安定，均实行鼓励和支持农贷低利的政策。农业生产者自己的信用合作社也实行贷款低利的原则，有的还由政府补贴，提供无息贷款。

2. 农业贷款的申请条件、基本流程、注意事项、风险防范措施

（1）申请条件。农业贷款对象虽然具有范围广和对象众多的特点，但并不是漫无边际的。只有具备下列条件的才能向银行和信用社申请贷款。

①借款单位应是经济实体，具有法人资格。借款个人应具有合法身份的证明文件。

②借款单位从事的生产经营项目，要符合国家的法令、政策及农业区域归划；物资、能源、交通等条件落实，具有相应的管理水平；产品符合社会需要，预测经济效益好，能按期归还贷款本息。

③借款单位是自主经营、自负盈亏、独立核算的经济组织，有健全的财务会计制度，有合理的收益分配办法，能独立自主承担对外债权债务关系。

④借款单位和个人应有符合规定比例的自有资金，大额贷款还要有相应的经济实体担保，或有足够清偿贷款的财产作抵押。

⑤借款单位要在农业银行和信用社开立账户，恪守信用，接受银行和信用社的监督和检查，并按规定向银行和信用社提交有关生产经营活动的财务会计报表及其他经济资料。

（2）基本程序。

①受理借款申请：借款人按照贷款规定的要求，向所在地开户银行提出书面借款申请，并附有关资料。如有担保人的，包括担保人的有关资料。

②贷款审查：开户银行受理贷款申请后，对借款进行可行性全面审查，包括填列借款户基本情况登记簿，或个人贷款基本情况登记簿和借款户财务统计分析表等所列项目。

③贷款审批：对经过审查评估符合贷款条件的借款申请，按照贷款审批权限规定进行贷款决策，并办理贷款审批手续。

④签订借款合同：对经审查批准的贷款，借贷双方按照《借款合同条例》和有关规定签订书面借款合同。

⑤贷款发放：根据借贷双方签订的借款合同和生产经营、建设的合理资金需要，办理借贷手续。

⑥建立贷款登记簿。

⑦建立贷款档案：按借款人分别设立，档案上要记载借款人的基本情况、生产经营情况、贷款发放、信用制裁、贷款检查及经济活动分析等情况。

⑧贷款监督检查：贷款放出后，对借款人在贷款政策和借款合同的执行情况进行监督检查，对违反政策和违约行为要及时纠正处理。

⑨按期收回贷款：要坚持按照借贷双方商定的贷款期限收回贷款。贷款到期前，书面通知借款人准备归还借款本息的资金。借款人因正当理由不能按期偿还的贷款，可以在到期前申请延期归还，经银行审查同意后，按约定的期限收回。

⑩非正常占用贷款的处理：既要进行监测考核，又要采取相

应有效措施，区别不同情况予以处理。

（3）相关注意事项。

①申请贷款条件：

身体健康，具备劳动生产经营能力、能恪守信用的农户或农村个体经营户。

从事农业相关经营活动，拥有稳定经营场所的城镇个人。

申请人必须已婚。

农户贷款最高5万元（部分地区额度更高，详情请咨询当地邮储银行分支机构）。单笔贷款最低限额为1 000元，以100元为浮动单位。

贷款期限：1个月至12个月，以月为单位，您可以根据生产经营周期、还款能力等情况自主选择贷款期限。

贷款利率：具体利率水平以当地邮政储蓄银行的规定为准。

②手续费：

等额本息：贷款期限内每月以相等的金额偿还贷款本息。

阶段性等额本息：贷款宽限期内只偿还贷款利息，超过宽限期后按照等额本息还款法偿还贷款。

一次性还本付息：到期一次性偿还贷款本息。

贷款担保：可选择采用自然人保证或联保的形式，保证贷款需要1~2名具备代偿能力的自然人提供保证，农户联保贷款需要3~5名农户。

可在当地提供小额贷款服务的邮储银行办理或登录网上银行在线申请，最快3个工作日出具审批意见，详情请咨询当地邮储分支机构。

③贷款需提供材料：

小额贷款申请表。

有效身份证件的原件和复印件。

当地常住户口薄或居住满一年的证明材料。

办理贷款所需的其他材料。

结婚证或者婚姻证明。

（4）风险及防范措施。

①农业贷款存在的风险：

市场型风险：由于农村市场信息闭塞，许多农产品的生产难以跟上市场需求变化。在小生产与大市场的对接过程中，农业产销企业对市场信息判断的把握不正确，直接关系到农产品销售价值的实现。一旦出现判断失误，其影响和后果就对我行、企业和农民产生不利影响。

规模型风险：规模化、产业化较小、抗风险能力较弱。县城现代农业发展以家庭为主。

灾害型风险：自然灾害具有不可抗力因素，特别是突发性自然灾害对农业生产项目造成损失最大，有时甚至是毁灭性的打击。而农贷支持服务的对象是以农业产销项目为主的企业，大多以种养植农业为主，受自然环境约束大，一旦发生自然灾害对支农资金安全造成直接威胁，投放的农贷无法按期回收，将面临损失的风险。

信用型风险：农贷信用风险的来源是多方面的，主要分为两大类：第一类是企业的履约能力出现了问题。农贷的偿还一般通过农业生产取得经营收入、出售农副产品，或者通过其他的途径借入资金而实现。因此，借款企业收入的多少直接关系贷款资金安全。第二类是借款企业的履约意愿出现了问题，这主要是其品格决定的。这就要求借款企业必须是诚实可信的，并且能够努力从事生产经营，能够主动承担各种义务及责任。

②防范措施：

做好放款风险预测。包括四个方面，一是通过运用定性和定量的分析方法，对贷款的各种风险因素、风险性质及风险程度进行识别和测定；二是做好政策风险预测，是指以国家和地方政府

相关政策、政策性资金来源的落实与承诺保证情况、贷款利息补贴和挂账贷款本金消化资金的到位情况为依据，对贷款的政策风险进行预测；三是做好经营风险预测，根据不同企业的生产经营状况，对风险性质及成果进行识别和预测；四是做好操作风险预测，不断提高我行风险决策能力、业务素质和综合能力。

建立健全农贷风险防范体系。农业生产项目属于弱势产业项目，受各方面环境因素制约较大，加上当前县城农业基础设施较落后，防灾抗灾能力低，对自然环境依赖性强，经营风险较高。这就要求在农业贷款资金支持上做好体系建设。

一是贷前调查一定要客观全面，选择规模大、有优势的企业择优扶持，充分利用企业征信、周边走访等方式来判断客户的信用状况；充分发展联保贷业务，通过企业成员之间互相监督，互相承担连带保证责任等方式减少信用风险；深入了解客户的真实经营状况，查明贷款的实际用途，以防贷款用途不真实，给信贷资金带来风险；对贷款客户在经营上出现困难的，应积极采取措施，如降低贷款额度、加大清收力度、履行实际控制人担保等方式来降低风险。

二是选择有发展前景、抗风险能力强的企业逐步加大支持力度，以点带面辐射全体。

三是积极建议农业企业与县农开办、扶贫办等部门联系，获得政策、资金各方面的支持，防止和化解农业贷款风险。

四是加强贷后管理体系建设，经常走访企业了解企业经营状况、发展变化及企业急需解决的问题，及时识别和防范化解企业风险。

五是拓宽企业融资渠道，降低经营风险，使企业发展健康、持续、高效。

加强县域信用环境建设与宣传，加大信用重要性在县域范围的宣传力度并深入人心，从而控制好信用风险。

（四）财务成本管理

在日常的生产管理或营销管理中，同样也会涉及财务成本管理内容，人们通常希望花费小的成本投入，实现利益的最大化。这就牵涉财务成本管理方面的内容。

一般来说，成本管理具体包括成本规划、成本核算、成本分析、成本控制和成本考核 5 项内容。

1. 成本规划

成本规划主要是指成本管理的战略制定。它从总体上规划成本管理工作，并为具体的成本管理提供战略思路和总体要求。

2. 成本核算

成本核算是成本管理的基础环节，是指对生产费用发生和产品成本形成所进行的会计核算，它是成本分析和成本控制的信息基础。成本核算的精度与企业发展战略相关，成本领先战略对成本核算精度的要求比差异化战略要高。

3. 成本控制

成本控制是成本管理的核心，是指企业采取经济、技术和组织等手段降低成本或改善成本的一系列活动。成本控制的关键是选取适用于本企业的成本控制方法，它决定着成本控制的效果。

成本控制的原则主要有以下三方面：一是全面控制原则，即成本控制要全部、全员、全程控制。全部控制是指要对产品生产的全部费用加以控制；全员控制是指要发动全体员工树立成本意识，参与成本控制；全程控制是指要对产品设计、制造、销售的全流程进行控制。二是经济效益原则。提高经济效益不单是依靠降低成本的绝对数，更重要的是实现相对的节约，以较少的消耗取得更多的成果，取得最佳的经济效益。三是例外管理原则。即成本控制要将注意力集中在不同寻常的情况上。

4. 成本分析

成本分析是成本管理的重要组成部分，是指利用成本核算，结合有关计划、预算和技术资料，应用一定的方法对影响成本升降的各种因素进行科学的分析和比较，了解成本变动情况，系统地研究成本变动的因素和原因。

5. 成本考核

成本考核是定期对成本计划及有关指标实际完成情况进行总结和评价，对成本控制的效果进行评估。其目的在于改进原有的成本控制活动并激励约束员工和团体的成本行为，更好地履行经济责任，提高企业成本管理水平。成本考核的关键是评价指标体系的选择和评价结果与约束激励机制的衔接。考核指标可以是财务指标，也可以是非财务指标，如实施成本领先战略的企业应主要选用财务指标，而实施差异化战略的企业则大多选用非财务指标。

上述 5 项活动中，成本分析贯穿于成本管理的全过程，成本规划在战略上对成本核算、成本控制、成本分析和成本考核进行指导，成本规划的变动是企业外部经济环境和企业内部竞争战略变动的结果，而成本核算、成本控制、成本分析和成本考核则通过成本信息的流动互相联系。

第三节　羊场管理

管理是科学地组织生产力，正确调整生产管理，保证经济效益不断提高的重要手段，是现代化养羊的重要组成部分。

一、羊场管理的主要内容

1. 羊场的生产管理

(1) 羊群的分组。羊群一般分为种公羊、成年母羊、后备羊、育成羊、羔羊和去势羊等级别，其中成年母羊以可分为空怀期母羊、妊娠母羊和哺乳母羊。羔羊是指出生后未断奶的小羊。

除后备羊以外，其余羊只均可用于育肥或出售。

（2）种羊的利用年限。种用母羊一般使用 6 年左右，当牙齿脱落、繁殖效率较差或患有不易医治的疾病时，应提前淘汰。种公羊是从后备公羊中选留的，一般在 12～18 月龄时成熟并开始使用，使用期一般为 5 年。

（3）羊群结构。是指各个组别的羊只在羊群中所占的比例。在以产肉为主的羊场，因幼羊或去势羊往往育肥到周岁就出售或当年生羔羊当年屠宰利用，故成年母羊在羊群中占比较大，一般可达到 70%～80%。种公羊在羊群中的比例与羊场采用的配种方式密切关系，例如，在采用本交配种时，每只种公羊承担 40～50 只母羊，而采用人工授精时，则每只公羊的精液可配 200～1 000 只母羊。成年母羊中适繁母羊的比例越高，羊群繁殖率越高，对提高生产效益有利。而在以生产种羊为主的羊场，适繁母羊占 60%以上，公羊 3%～4%，后备母羊 25%～30%，老龄羊 3%以下。

（4）羊群规模。根据经济效益、生产方向、品种资源、饲草饲料资源和市场需求等因素建立适量的羊群规模。

2. 羊场的制度管理

规章制度是规模羊场生产部门加强和巩固劳动纪律的基本方法。规模羊场主要的劳动管理制度有岗位制、考勤制、基本劳动日制、作息制、质量检查制、安全生产制、技术操作规程等。羊场由于劳动对象的特殊性，特别应注意根据羊的生物学特性及不同生长发育阶段的消化吸收规律，建立合理的饲喂制度。做到定时、定量、定次、定序，并应根据季节、年龄进行适当调整，以保证羊的正常消化吸收，避免造成饲料浪费。饲养人员必须严格遵守饲喂制度，不能随意经常变动。制度的建立，一是要符合羊场的劳动特点和生产实际；二是内容具体化；三是要经过全场职工认真讨论通过，并经场领导批准后公布执行；四是必须具有一

定的严肃性，一经公布，全场干部职工必须认真执行；五是必须具备连续性，并在生产中不断完善。

（1）建立健全严格的岗位责任制。在羊场的生产管理中，要使每一项生产工作都有人去做，并按期做好，使每个职工各尽所能，能够充分发挥主观能动性和聪明才智。建立岗位责任制，还要通过各项记录资料的统计分析，不断进行检查。用计分方法科学计算出每名职工、每个部门、每个生产环节的工作成绩和完成任务的情况，并以此作为考核成绩及计算奖罚的依据，从而充分调动每个人的积极性。

（2）明确劳动职责。

场长职责：认真贯彻执行国家有关的法规和政策；决定羊场的经营计划和投资方案；确定羊场年度预算方案、决算方案、利润分配方案及工资制度；确定羊场的基本管理制度；决定羊场内部管理机构的设置，聘任或者解雇员工；决定羊产品价格和收费标准。

技术主管职责：按照本场的自然资源、生产条件及市场需求，组织羊场技术人员制订全场生产年度计划和繁荣市场计划，审查生产基本建设和投资计划，掌握生产进度，提出增产措施和育种方案；制定各项养殖技术操作规程，并进行技术监督；负责拟订全场各类饲料采购、贮备和调配计划；组织养殖技术经验交流、技术培训和科学实验等工作。

兽医主管职责：制定本场消毒、防疫检测制度和免疫程序，并进行监督；及时组织会诊疑难病例；负责拟订全场兽医药械的分配调配计划。

畜牧技术人员职责：根据生产任务和饲料条件，拟订生产计划；根据畜牧技术规程，拟订饲料配方和饲喂定额；制定育种、选种、选配方案；负责羊场的饲养任务、畜牧技术操作和羊群生产管理；总结本场的畜牧技术经验，填写各项技术记录，并进行

统计管理。

兽医技术人员职责：负责羊群卫生保健、疾病监控和治疗，贯彻防疫制度，填写病历和有关报表。实行兽医记录电脑管理；认真细致地进行疾病诊治；每天巡视羊群，发现问题及时处理；普及卫生保健知识，提高员工素质；配合畜牧技术人员，共同搞好羊群饲养管理，降低发病率。

饲养人员职责：按照不同畜群饲料定额、定时、定量、定序饲喂，少喂勤添，确保质量；熟悉羊群情况、体况，不同的应区别对待；细心观察羊群食欲、精神和粪便情况，发现异常及时汇报；节约饲料，减少浪费，根据实际情况，对饲料的配方、定额及饲料质量向技术人员提出意见和建议；每次饲喂前应保证饲槽清洁卫生，提高饲喂质量；保管、使用喂料车和工具，节约水电，并做好交接班工作。

配种员职责：制订配种繁殖计划，同时参与制订选种选配计划；负责发情鉴定、人工授精、胚胎移植、妊娠诊断、生殖道疾病诊断与治疗；及时填写发情记录、配种记录、妊娠检查记录、流产记录、产羔记录、生殖道疾病记录、繁殖卡片等；按时整理分析各种繁殖技术资料，并及时如实上报。

3. *羊场的劳动管理*

(1) 劳动形式。羊场的劳动形式可根据实际情况确定，通常有生产责任制、承包责任制和股份合作制 3 种方式。生产责任制可以充分调动职工生产积极性，加快生产发展，规范经营管理，提高劳动效率，创造良好的经济效益。根据不同工种配备不同人员及任务，使得每一个员工都有明确的职责范围、具体的任务和满负荷工作量，严格考核，奖惩分明。承包责任制，职工会将自己置身于主人位置，可以更好地管理和经营，以承包经营合同的形式，确定了企业与承包者的权、利、责之间的关系，承包者自主经营、自负盈亏。股份合作制既可解决资金不足的问题，还可明确产权关系，充分调动全体职工的积极性。

（2）劳动报酬。羊场的劳动计酬形式可分为四种，即基本工资制、浮动工资制、资金和津贴、联产计酬。

（3）劳动激励。羊场管理者应善于针对具体情况，采取有效的管理措施，满足员工需要，激发员工的动机和行为，从而实现管理目标。

崇明白山羊保种场为提高员工工作的积极性，强化员工工作的责任心，与每个员工均签订了岗位责任书，制定了绩效考核方案。员工收入由基本工资+绩效工资两部分组成。绩效工资由月度绩效工资+年度绩效工资组成，月度绩效主要由本月产胎数和断奶羔羊数组成，按实际数量计算，不设最低要求，年度绩效主要考核年度成活率（分为羔羊断奶成活率和其他羊成活率）和年度受配率，根据历史数据设置考核要求。这样的设计将员工的工作量与收入直接挂钩，绝对指标与相对指标设计有利于提高数据的准确性，短期考核与长期考核相结合，可持续的提高员工的工作积极性和责任性。

4. 羊场的成本管理

成本管理充分动员和组织企业全体人员，在保证产品质量的前提下，对企业生产经营过程的各个环节进行科学合理的管理，力求以最少生产耗费取得最大的生产成果。养羊场的成本可分为直接成本和间接成本两类。

（1）直接成本。直接成本主要包括饲草料费用、人员工资、防疫治疗费用、水电通信费用、低值易耗品费用等。

（2）间接成本。间接成本主要包括固定资产折旧、种羊摊销费用等。

5. 销售管理

销售管理是为了实现各种组织目标，创造、建立和保持与目标市场之间的有益交换和联系而进行的分析、计划、执行、监督和控制。通过计划、执行、监督及控制企业的销售活动，以达到企业的销售目标。羊场在保证产品质量的前提下，要利用各种机会和渠道刺激消费，拓展产业链，提高产品附加值。

二、生产工艺流程

1. 山羊生态养殖

生态养殖简称 ECO，ECO 是 Eco-breeding 的缩写，指根据不同养殖生物间的共生互补原理，利用自然界物质循环系统，在一定的养殖空间和区域内，通过相应的技术和管理措施，使不同生物在同一环境中共同生长，实现保持生态平衡、提高养殖效益的一种养殖方式。

崇明白山羊的生态养殖主要体现在以下几个方面。

（1）污水的减量化。崇明白山羊保种场在设计时，就充分考虑了污水的减量化问题，除雨污分离外，还根据本地区地下水位较高的地质特点，在羊舍设计上抬高了羊舍地面的高度，防止地下水渗出增加污水量，采用了碗式饮水器，减少了因羊玩耍导致的污水增加的可能。

（2）饲草料利用合理化。羊场采用了 TMR，TMR 的配方是根据羊的需要经精确计算产生的，各种原料均根据羊的生理习性进行了合理的初加工，饲草料的利用率达到了较高的水平。

（3）农作物秸秆的资源化。羊场通过多年的摸索，利用山羊耐粗性强的特点，通过前处理，将原本当成废弃物的本地农作物秸秆资源（如稻草、芦笋根、花菜叶等）适量的添加 TMR 中，作为羊的饲料，促进了农作物秸秆的资源化，一定程度了减轻了种植业处理这些秸秆的压力，保护了生态环境。

（4）粪污处理生态化。羊场采用的自动刮粪系统，每天通过系统将各羊舍的粪污集中到指定地点后装袋，经过一定时间的发酵后还田用于果树、蔬菜和经济作物的生产，实现了种养

结合。

（5）养殖过程的合规化。羊场所有的投入品均严格执行国家相关法律法规的规定，并尽量应用符合绿色要求的产品。

崇明区动物疫病预防控制中心 2014 年对本地区常用的 17 种农作物秸秆的主要营养成分检测的结果如下（表 9-4）。

根据山羊的生理特性和羊场的生产计划，合理选择和利用各种农作物秸秆和相关农副产品，并根据不同的产品特性进行合理搭配和使用。

（1）豆秸。豆秸是大豆收获后的副产物，崇明地区一般收购时间在每年的 9 月中下旬至 10 月上中旬，收购时需注意质量，由于本产品的含水量比较少，比较耐贮存。本产品经 1.5cm 左右孔径筛网的粉碎机粉碎后，直接添加到 TMR 中，可得到较高的利用率，TMR 中可添加到 30%以上。缺点是粉碎时和转运时粉尘较严重，需要做好防护工作。

（2）青贮玉米秸秆。本地区青贮玉米秸秆制作时间一般在每年的 7—8 月，制作时需要压实密封，可保存较长时间，制作时已经经过初步的粉碎，故本品可直接添加到 TMR 中，添加量可达 50%左右，使用时注意通过添加小苏打来调节酸碱度。在制作时需要注意做好污水处理工作，防止渗出液影响环境。

（3）芦笋秸秆和芦笋根。本地区有较多的芦笋种植，芦笋除去人食用部分后余下的下脚料有芦笋秸秆和芦笋根，利用时间每年可达 8 个月以上，应用时最好能预先做切碎或铡短处理。

（4）稻草。本地区是南方水稻的产区之一，每年有大量的稻草需要处理，通过草食动物过腹后还田是生态化的处理方式之一。本品的适口性不是很好，使用前需预先粉碎成 1cm 左右的粉末后添加到 TMR 中，能提高山羊的采食率，添加量建议不超过总量的 10%。

表 9-4 崇明地区羊常用农作物秸秆检测结果

序号	粗饲料名称	检测指标											原始水分（%）
		水分（%）	粗蛋白（%）	粗脂肪（%）	粗纤维（%）	粗灰分（%）	能量（MJ/kg）	钙（%）	总磷（%）	中性洗涤纤维（%）	酸性洗涤纤维（%）	硒（mg/kg）	
1	稻草	10	3.97	2.4	31.2	10.1	14.6	0.6	0.02	63	41.8	0.042	
2	苜蓿草	10.89	13.72	1.6	29.2	8.4	19.2	1.12	0.16	45.1	35.3	0.073	
3	羊草	11.67	7.62	1.7	31.7	6	16	0.65	0.09	59.7	36.7	0.019	
4	豆秸	11.96	4.83	0.9	47	4.8	15.8	0.69	0.07	67.7	54.1	0.024	
5	水花生	12.34	6.69	1.2	14.7	15.6	13.8	0.82	0.06	32.1	25.5	0.16	
6	玉米皮	12.36	8.28	3.5	15.8	0.8	16.9	0.16	0.07	70.6	16.5	0.018	
7	花生秧	12.7	6.67	0.2	56.1	4.2	16.1081	0.7	0.06	71.9	59.7	0.0218	
8	豆皮	12.87	9.81	1.7	34.7	4.5	15.3	0.82	0.09	59.5	42.2	0.014	
9	芦笋秸秆	13.5	7.25	1.7	32.6	10	15.3202	0.87	0.1	51.8	33.1	0.0495	
10	小麦秸秆	15	3.47	0.6	36.2	7.6	14.7	0.36	0.04	69.7	44.5	0.026	
11	葡萄藤	46.8	3.27	0.1	22	1.6	15.337	0.4	0.11	35.2	26.2	0.0224	
12	玉米秸秆（青贮）	74.9	2.42	2.4	18.2	5.2	15.5	0.41	0.23	39.7	22.1	0.016	70.6
13	黑麦草	82.5	4.56	0.6	2.1	2.2	16.2409	0.09	0.07	6.4	2.6	0.0908	
14	花菜叶-2（新河）	84.6	3.87	0.4	1.4	2.7	15.3688	0.62	0.04	2.5	2.1	0.0672	
15	花菜叶-1（港沿）	85.5	2.96	0.5	5	2.2	15.7285	0.51	0.03	2.5	2.4	0.243	
16	南瓜	87.5	2.05	1.1	1.3	0.9	17.454	0.02	0.06	1.8	1.8	0.0558	
17	芦笋根	92.9	1.09	1.1	20.4	6.1	12.8	0.24	0.22	32.8	22	0.0037	90.3

在应用时需注意不可长期使用单一农作物品种，可通过将适口性好的与差的，禾本科作物与豆科作物配合应用，提高产品的利用率。

2. 山羊养殖场的生产工艺流程

山羊养殖可划分为后备、空胎、妊娠、哺乳、断奶、育肥等阶段，生产工艺流程如下图。

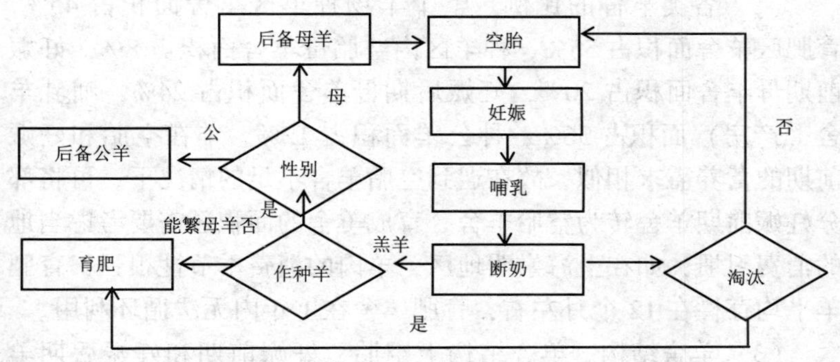

图　山羊养殖生产工艺流程

能繁母羊从空胎开始，配种后进入妊娠，妊娠 145 天左右产羔进入哺乳阶段，哺乳约 60 天后断奶，断奶时建议先将能繁母羊转棚，对于淘汰的能繁母羊转入育肥舍，不淘汰的能繁殖母羊转入空胎舍进行下一个繁殖周期。断奶的羔羊在原棚待 7 天左右，进行初步鉴定，不可作种羊的转入育肥舍，可作种羊的根据性别分别进入后备公羊舍或后备母羊舍。由于羊群内有一定的等级制度，不同群的母羊在并棚时会发生打斗现象，故在转群时不宜混群，特别是重胎阶段，否则易导致流产。

按照山羊养殖的生产工艺流程，养殖场在建设时就需要规划配套好各种羊舍的面积，根据各阶段羊的生理特点，合理配置设施设备。全场的羊舍可分为种羊区和育肥羊区。种羊区包括空胎

羊舍、妊娠前期羊舍、妊娠后期羊舍、哺乳羊舍（产房）和种公羊舍5种羊舍，育肥羊区主要是育肥羊舍，各类羊舍的面积可根据羊的需要在羊场建设时做初步规划。

（1）饲养密度。以每只空胎母羊占用1个单位计，则妊娠前期母羊占1个单位，妊娠后期占2个单位，哺乳羊舍（产房）面积占3个单位，种公羊占6个单位。

（2）各类羊舍的比例。整个羊场种羊区羊舍面积占45%，育肥区羊舍面积占55%，种羊区内空胎母羊舍面积占8%，妊娠前期母羊舍面积占20%，妊娠后期母羊舍面积占24%，哺乳羊舍（产房）面积占36%，种公羊面积占12%。羊在空胎和妊娠前期的营养需求相似，故在遇到空胎羊舍不足的情况下，可将部分妊娠前期羊舍转为空胎羊舍。育成羊舍的面积还需要考虑当地的消费习惯，如在上海崇明地区，羊肉的消费季节性很强，育肥羊平均存栏在12个月左右，育肥羊舍在1年内无法循环利用。

（3）羊舍结构。羊舍结构上空胎、妊娠前期和妊娠后期羊舍采用单栏形式，哺乳舍可采用以3间为一单元，两侧饲养母羊，中间开小门，羔羊可以自由出入，以方便进行补料和断奶。种公羊单只单栏饲养，给予一定的运动空间。

以总存栏1 000只，能繁母羊250只的羊场为例，一个繁殖周期内空胎时间为30~40天，妊娠前期为90天，妊娠后期为60天，哺乳时间为60天，则各阶段能繁母羊较理想的羊群结构是：空胎母羊30~40只，妊娠前期母羊90只，妊娠后期母羊60只，哺乳母羊60只。种公羊按本交计，共饲养10只，育成羊按平均每只能繁母羊2年3胎，每胎2.5只计算，平均每年每母羊提供羔羊3.75只，250只基础母羊每年可产羔937只，按80%的成活率计算，共可提供羔羊750只。假设空胎和妊娠前期母羊占地$1m^2$/只，妊娠后期母羊$2m^2$/只，哺乳母羊$3m^2$/只，种公羊$6m^2$/只，育成羊$0.75m^2$/只均需要，则空胎羊舍需要$40m^2$，妊娠前期羊舍需要 90m^2，妊娠后期羊舍需要 120m^2，哺乳舍（产房）180m^2，种公羊舍 60m^2，育肥羊舍 560m^2，总的棚舍面积约为 1 050m^2。在实际生产中，考虑到周转效率，羊发情的季节性因素和一些不可预料的情况，上述面积均需要按一定的比例同步增加。

三、档案管理与信息上报

1. 根据山羊生产过程中的各类档案管理要求，开展规范登记工作

山羊生产过程中的档案可分类为物资管理、生产管理和人员管理 3 个部分。

（1）物资管理类档案。物资管理类档案主要包括羊场饲料及饲料添加剂进出库存记录、兽药疫苗进出库记录、设施设备记录、易耗品进出库记录，物资采购申报与审批记录等。

（2）生产管理类档案。生产管理类档案主要包括配种记录、产羔记录、断奶记录、疾病诊疗记录、死亡无害化处理记录、销售记录、免疫记录、消毒记录、巡棚记录、测定记录、采样记录等。

（3）人员管理类档案。人员管理类档案主要包括考勤记录等。

2. 羊场生产和防疫信息收集上报的内容与要求

上级主管部门和企业管理人员均需对羊场的生产情况进行及时的了解，以便于分析和解决生产中遇到的问题。羊场信息上报的要求如下。

（1）真实性。羊场信息的上报需遵循真实性基本原则，所有数据必须是生产实践中产生的数据，任何作假的数据都可能使决策者产生错误的判断，给生产经营带来损失。

（2）准确性。生产的数据的填报需尽可能的准确，避免人

为的数据偏差。

（3）及时性。养殖生产的数据是一个不断变化的动态数据，信息产生有一定的时效性，所以信息的填报需要及时。

3. 羊场管理的信息化

以计算机为基础的羊场管理信息系统，是一个由人和计算机组成的综合性系统，以羊场规范化的管理系统为依托和为其服务为最终目的，通过对羊场信息的收集、传输、处理和分析，能够辅助各级管理人员的决策活动，是提高羊场管理质量和效率的重要途径之一。崇明白山羊保种场从 2013 年开始实施和应用信息化管理，实现了“生产中产生数据，数据用于指导生产”的良性循环，取得了明显的效果，下面将实施和应用过程中取得一些经验与大家分享。

（1）基础设施准备。

①个体标识是对羊群管理的首要步骤，也是实现信息化管理的前提条件，目前常用的主要是耳标识牌。

②羊棚羊舍编号：对场内所有羊棚羊舍按照规则进行编号。

③硬件设施设备：电脑、打印机、U 盘、网络等基础设施。

④人员配置：配备会电脑基本操作的工作人员 1～2 名，可兼职。根据崇明白山羊保种羊场当前近千只羊规模的经验，常规数据录入工作量每天 0.5 个小时左右。

（2）系统设计原则。

①网络化、开放式的管理软件：信息化管理软件尽可能采用开放式的，便于日后的维护；采用网络版的，不要采用单机版的，以便为以后物联网及智慧羊场等夯实基础。崇明白山羊保种场选用了报表软件平台，在平台的基础上根据场内管理的需要进行了开发。应用平台软件的好处在于场内技术人员可根据生产管理的要求，随时对软件的内容进行优化和完善，避免了定制软件一旦开发完成就很难修改的问题。

②数据采集容易，录入方便直接：信息化管理软件的数据录入应设计得简单直接，根据生产中实际发生的数据直接记录，而不应需要进行计算等。做管理软件的目的在于提高工作效率，数据的采集应是最原始的数据，发生的即是所记录的，后续的计算应由计算机完成。崇明白山羊保种场管理软件内数据录入的表格均是生产中实际发生的原始数据，如配种记录内只要记录公羊号、母羊号和配种日期；产羔记录只要记录产羔日期、母羊号与羔羊号，而不需要记录母羊产了几只等可通过计算得到的数据等；系谱结构可以从配种记录与产羔记录中计算产生。

③具有复杂数据报表直接生成和自动发送功能：人员安排原则上数据录入人员与数据报表制作与报送人员应为同一人，报表通过计算机调用基础数据自动完成，督促数据录入员及时准确的录入生产数据。

④确保数据安全，进行多重备份：在系统设计之初就要考虑数据安全问题，应对系统数据进行多重备份，确保在硬件设施出现问题时，能快速的对数据进行恢复。崇明白山羊保种场信息化系统数据进行了 U 盘和网盘的双重备份。

（3）信息化管理系统的应用。

①对数据进行挖掘利用，指导生产：定期对系统内的历史数据进行挖掘利用，寻找和解决存在的问题。崇明白山羊保种场定期对历史数据进行挖掘，寻找数据的共同点，从而找到问题，摸索解决方法。例如，崇明白山羊保种场曾对死亡羔羊的日龄分布情况进行数据分析，发现绝大数羔羊死亡均在 30 日龄内，查阅资料，试验各种方法，摸索羔羊保健方法，有效的提高了羔羊的成活率。通过对存栏繁殖母羊的状态进行数据分析，对每只母羊繁殖性能进行评估，选出优秀母羊，淘汰劣质母羊，提高羊场的生产效率。

②自动生成工作提醒，安排日常生产工作：信息化管理软件

不但是记录数据的工具，而且要将数据用于指导生产，安排工作，达到“有数据才能生产，生产了又产生新的数据”良性循环，制定合理的工作流程和方法，做到既要便于生产过程数据的记录，又要便于数据的录入。如崇明白山羊保种场信息化管理系统可自动生成日常工作提醒，提前一天将工作提醒打印派发给相关人员，相关人员按工作提醒要求完成工作后，在工作提醒上记录完成的细节数据，再交给数据录入人员录入到系统内，以此形成良性循环。

③根据设定自动生成统计报表和分析报表：崇明白山羊保种场每月需报送多份报表，虽然不同部门对报表内容要求的侧重点有所不同，但报表的内容均由基础数据经过计算得到。在没有信息化管理系统之前，统计员出现月初较闲，月末忙得不可开交的现象，报表的准确性和准时性均无法保证。通过信息化管理系统的报表自动生成和发送功能，报表制作人员只需提前根据要求做好报表格式，同时确保每天录入数据的准确即可，较大的减轻了工作压力。

主要参考文献

陈怀涛. 2014. 羊病诊疗原色图谱［M］. 北京：中国农业出版社.

国家畜禽遗传资源委员会. 2011. 中国畜禽遗传资源志：羊志［Animal Genetic Resources in China：Sheep and Goats］［M］. 北京：中国农业出版社.

黄明睿，王锋. 2015. 肉用山羊养殖与疫病防治新技术［M］. 北京：中国农业科学技术出版社.

上海市崇明区动物疫病预防控制中心，上海市崇明畜牧协. 2017. 崇明白山羊［M］. 上海：上海科学技术出版社.

附件　崇明白山羊保种场生产技术规范

范围

本规程规定了崇明白山羊保种基地的崇明白山羊饲养管理等技术方面的规程。

规范性引用文件

下列文件中的条款通过本规程的引用而成为本规程的条款。凡是注日期的引用文件，其随后所有的修改单（不包括勘误的内容）或修订版均不适用于本规程。凡是不注日期的引用文件，其最新版本适合于本规程。

GB 13078 饲料卫生标准

NY 5027 无公害食品 畜禽饮用水水质

NY 5150 无公害食品 肉羊饲养饲料使用准则

NY 5149 无公害食品 肉羊饲养兽医防疫准则

NY 5148 无公害食品 肉羊饲养兽药使用准则

NY/T 388 畜禽场环境质量标准

GB 16549 畜禽产地检测规范

GB 16567 种畜禽调运检测技术规范

GB 16548 畜禽病害肉尸及其产品无害化处理规范

GB 4258—89 农药使用标准

GB/T 8321. 1—2000 农药合理使用准则

DB 31/199—1997 上海市污水综合排放标准

术语

3.1　羔羊：羔羊指从出生到断奶这一年龄段的幼龄羊。

3.2　育成羊：育成羊是指断奶至第一次配种这一年龄段的幼龄羊。

3.3　净道：羊群周转、饲养员行走、场内运送饲料的专用道路。

3.4　污道：粪便等废弃物出场的道路。

3.5　羊场废弃物：主要包括羊粪、尿、尸体及相关组织、垫料、过期兽药、残余疫苗、一次性使用的畜牧兽医器械及包装物和污水。

羊场的布局

羊场的布局分为三大区域：一是生产区，二是生活区，三是隔离区，三者相对独立和相对隔离。

5.1　生产区：建有符合标准的羊舍、兽医室、实验室、饲料加工及储存车间等。生产区入口处建有消毒室、更衣室、紫外线灭菌灯等，场内道路净道、污道分开，互不交叉。

5.2　隔离区：建有引种用的隔离羊舍和羊场废弃物处理设施，包括微生物发酵的驻粪场和符合 DB 31/199—1997 规定的污水净化处理设施。

5.3　羊舍

5.3.1　羊舍模式：长方形封闭式羊舍。

5.3.2　羊舍布局：从西向东依次为后备公羊（肉羊）、种公羊、轻空胎母羊、重胎母羊、产房和后备母羊（肉羊）。

5.3.3　羊舍高度：2.4~3.0m。

5.3.4　门窗与采光：采用卷帘模式，考虑到保温和通风需要，可分上下两层。

5.4　场内设施：羊舍内设置食槽和水槽，产房配备保暖、补料等设施。

5.4.1　食槽：食槽呈倒梯形，不锈钢制成，食槽深 15~25cm，上宽 25~30cm，下宽 20~25cm，食槽的长度按照羊只饲养的数量来定。

5.4.2　水槽：自动加水式饮水盆。

5.4.3　补饲栏：两个带羔羊母圈合用一个补饲圈，中间隔离栏下端开小门，小门高 25cm，宽 20cm 左右。

5.4.4　青贮窖：崇明地区宜采用地上式，窖的四周与底部用砖、混凝土砌成倒拱形，要求青贮窖坚固结实，不漏气，内部光滑平坦。

饲料的加工与配制

崇明白山羊以粗饲料为主，精饲料为辅进行饲养。粗饲料应符合 GB 4285—89 和 GB/T 8321.1—2000 的规定。精饲料应符合 GB 13078 和 NY 5150 的规定。

6.1　粗饲料：常用的粗饲料有玉米秸秆青贮、大豆秸秆、花菜叶、芦笋根、蚕豆皮、大豆皮等。

6.1.1　青贮的制作：将乳熟期的全株玉米青刈铡短至 2~4cm，青贮秸秆含水量在 65%~70%为佳。青贮饲料装填采取快速装填，压实封严，分层装填，分层压实，靠近墙角的地方不能留有空隙。经 40~50 天发酵后即可开窖取用。为防青贮二次发酵，每次开窖后应及时封闭好开口。

6.2　精饲料：精饲料有玉米、大麦、麦麸、豆粕等。

6.2.1　精饲料要根据当地的饲料资源和各种饲料的营养成分，结合不同生长时期崇明白山羊的营养需要，因地制宜选用多种饲料品种进行加工配制。

6.2.2　精料配方中应含有食盐和一定比例的常量和微量元素，并定期检查饲喂效果。

6.2.3　精料与精饲料混饲时要注意搅拌均匀。

6.3　严禁饲喂存在霉烂变质、冰冻、农药残留等问题的有毒有害饲草饲料。

繁殖与配种

7.1　引种

7.1.1　种羊的选择：应从持有种畜禽生产经营许可证的场引种。引种时查看种羊的档案资料，并按照羊的品种特征进行筛选。

7.1.2　引种的时间：春秋季节为宜。

7.1.3　引种后管理：种羊到达目的地后，种羊应单独隔离饲养不少于 15 天，检查没有任何疾病后，转入种羊羊舍饲养，先供给清洁饮水，稍作休息后，再喂给少量的精饲料，以后逐步增加到正常饲喂饲料量。

7.2　发情鉴定：崇明白山羊发情特征较明显，主要有鸣叫、摇尾、外阴红肿有黏液等。

7.3　配种：在初配后 12~24h 再复配一次，严禁在有亲缘关系的公母羊之间进行近亲交配。

7.4　接产

7.4.1　产前准备：产房应做好消毒，保持清洁、干燥，冬天温暖，夏天通风；其次准备好接产用具，如药棉、碘酒、剪刀、秤等。当母羊出现举止不安、食欲突然下降，回头顾腹及腹部下沉，阴户红肿有分泌物等临产征兆时，应用 0.1%的高锰酸钾溶液洗净乳房，挤出几滴，再将母羊的尾根、外阴部、肛门洗净。

7.4.2　接产：羔羊出生后，立即用消毒过的纱布抹净口腔、鼻、耳内的黏膜，并让母羊舔净羔羊身上的黏液。若羔羊不能自断脐带，在距脐窝 5~8cm 处人工剪断，再用 5%碘酊消毒。

7.5　难产处理：如遇母羊难产，则需助产，待羔羊头露出外阴部，一手托住羔羊头部，一手握住前肢，在母羊腹部收缩时，顺势将羔羊轻轻拉出。如遇胎位不正，可将母羊后躯垫高，将胎儿已露出部分送回，助产员将消毒处理过的手伸入产道校正胎位，再随母羊努责将胎儿拉出。

饲养与管理

8.1 日常管理要点

8.1.1 编号：编号是为了便于管理和种羊的选种选配。畜禽标识，实行一畜一标，若初生时不宜打耳标，可用易于辨别的方式标识，在 30 日龄内将编号耳标固定在左耳中部，并进行登记。

8.1.2 分圈：羔羊断奶后应用按公母、大小、强弱分圈。母羊按不同的生理阶段（空怀、妊娠、哺乳）分圈，种公羊一般一羊一圈或二羊一圈。

8.1.3 修蹄：长期舍饲的羊只应及时修蹄。

8.1.4 阉割：不作种用的公羔应及时去势。

8.1.5 清洁与卫生：羊舍的食槽、水槽每天要进行清理，羊舍、生产用具及周围环境要定期消毒，如发生疫病要及时隔离，并增加消毒次数。

8.1.6 防暑与保温：高温天气不利于羊的健康，要适时打开门窗（卷帘），注意通风，或者降低饲养密度。冬季应注意保温尤其是产羔舍的保温措施一定要及时到位。

8.2 饲料与饲养

8.2.1 青贮料饲喂：饲喂青贮料时，比例不宜过大，不可超过日喂总量的 50%，同时适当添加缓冲剂，防止酸中毒。

8.2.2 TMR 饲喂：按 TMR 操作规程操作，注意多种饲草料的搭配应用和搅拌的均匀度。

8.2.3 饲喂方法：做好定时定量，一般日喂 2 次。

8.2.4 饮水：保证充足的饮水，饮用水符合 NY 5027 规定。

8.3 种公羊的饲养管理

8.3.1　种公羊每天保证一定的运动量，以增加体质。

8.3.2　种公羊应单圈饲养，防止发生角斗，羊舍应保持清洁、干燥。

8.3.3　种公羊在18月龄开始配种，5~6岁及以上的种公羊应淘汰。

8.3.4　冬季草料不丰富时，要保证公羊有一定的多汁饲料，夏季应注意防暑降温，不宜养得过肥，否则会影响配种和采精。

8.4　种母羊的饲养管理

8.4.1　空怀母羊：从配种前4~6周开始加强饲养，以满膘迎接配种。

8.4.2　妊娠母羊：妊娠前期（3个月），需要饲喂营养丰富的草料，注意多种饲草搭配，适当增加精料，羊舍内忌大声喧哗，避免拥挤、惊吓，禁止饮用冰水，防止流产。妊娠后期（3个月后），增加营养供应，提高饲料能量和蛋白质浓度，增加钙、磷等矿物质饲料。

8.4.3　哺乳母羊：母羊胎衣排出后应立即取走，若产羔后6h胎衣不下时，需要进行治疗。分娩3天后逐渐提高营养水平和饲料供量，增加蛋白质、矿物质以及多汁饲料喂量。羔羊断奶时，提前几天减少母羊多汁饲料的补喂量，防止乳腺炎。

8.5　羔羊的饲养管理

8.5.1　羔羊出生后要及时吃上初乳。对失去母亲或母羊奶量不足的羔羊，可用奶瓶人工喂养。

8.5.2　羔羊毛干后，立即称初生重，填写产羔记录表，并做好辨别标识。

8.5.3　羔羊应在产后10天左右训练吃料，在羊圈内设置补饲栏，让羔羊自由进出。

8.5.4　羔羊断奶时间一般为50~60日龄，断奶时，要做好称重，公母分群，填写断奶记录表等项工作。

疫病防治：根据农业部和市行政主管部门规定，落实“预防为主”的防疫政策，羊场内禁止混养其他畜禽，羊场工作人员应定期体检。羊场所用药物及生物制品符合 NY 5148 和 NY 5149 的规定。

9.1　免疫接种

9.1.1　每年春、秋两季各进行一次口蹄疫普免，根据免疫要求进行，避开重胎羊。羔羊于断奶后 1 个月左右进行首免，30 天后进行二免，每年进行一次羊痘的普免。

9.1.2　每年进行一次三联四防和传染性胸膜肺炎的普免。

9.1.3　每年进行小反刍兽疫的补免。

9.2　定期驱虫：定期对全场羊进行驱虫。体外驱虫采用药浴或使用伊维菌素注射液，体内寄生虫可使用丙硫咪唑。

9.3　定期消毒：选用高效、低毒、低残留的消毒药液，定期对羊舍和周围环境进行消毒，尽量做到羊栏净、羊体净、食槽净、用具净。

9.4　药物治疗：疫病在确诊的基础上，对症治疗，选用其敏感性药物，以提高治疗效果，并经常更换，以免发生抗药性。对特殊病例治疗病症消降后，应维持用药 2~3 天，以巩固药效，但要严格注意药物的体药期。

9.5　疫病监测：制定监测计划，对口蹄疫、布病一年监测两次，其他疫病按要求进行。

9.6　疫情处理：发生口蹄疫等重大疫病时，应根据中华人民共和国动物防疫法的规定，对病死羊只按 GB 16548 的规定进行无害化处理。粪便污物应运到驻粪场堆积发酵，处理后作为肥料还田。

9.7　资料记录：在饲养管理的过程中要做好各项记录，包括引种、繁殖、产羔、羔羊生长、免疫接种、销售、消毒、监测等记录，记载要及时、完整、准确、清楚，并按时汇总、归档和

上报。

9.8　产地检疫：无论出售还是种用，屠宰还是疫病研究或娱乐观赏等，都应在出售前向当地检测部门申请检疫，执行 GB 16549 规范，经检疫合格后方可出场。